U0142872

研究&方法

資料處理：
使用Python語言

林進益 著

五南圖書出版公司 印行

序言

　　本書是筆者用 Python 語言（底下簡稱為 Python）所撰寫的第 3 本書。本書的內容應該也可以用 R 語言撰寫，不過後者的程式碼可能會更繁雜。R 語言的主要功能是統計分析，但是就「資料處理」而言，Python 可能更適合。筆者有幸能同時接觸 Python 與 R 語言，並且也見識到二種程式語言的威力。Python 與 R 語言的確讓人印象深刻，其特色是二者背後皆有強大的「模組」或「程式套件」支援；因此，若有新的程式語言能凌駕於 Python 或 R 語言之上，其前提是該程式語言必須也能同時提供龐大的支援或輔助說明，否則豈不是對應的「模組」或「程式套件」需自己撰寫嗎？

　　老實說，（就筆者而言）Python 並不容易學習，其理由可有：

(1) 因 Python 的功能較「全面性」，故若無電腦資訊科技等相關知識背景，初學者並不容易進入。

(2) 其實不應該怪 Python，原因是實際社會環境太過於複雜，當 Python 逐步將實際納入電腦分析內，自然指令或狀況就特多且繁雜。

(3) 畢竟 Python 是自由軟體且其為一種物件導向程式語言，任何「自設的函數」或模組皆可支援。由於撰寫的習慣不一，使得不同函數的內部指令格式未必一致，故面臨一種新的模組或函數，首先必須清楚對應的內部指令用法。由於不一，故有點麻煩。

(4) 許多模組的「使用手冊」仍太過於簡化或範例太少，此有待我們持續以嘗試錯誤的方式找出其用法。

(5) Python 的指令或操作容易犯錯。

　　雖說如此，Python 仍是筆者接觸過許多程式語言後的首選，而且學習 Python 似乎符合實際的需要。

　　本書提供一些學習 Python 的方式，可以分述如下：

(1) 本書建議初學者可於 Spyder 的環境下操作。

(2) 使用「Run selection or …」的方式（詳見第 1 章），即寫完指令後可立即檢視修正。

（3）如前所述，許多模組內的函數指令未必一致，故應隨時上網查詢不同模組內各函數指令的用法；換言之，讀者應習慣上網查詢。

（4）看完許多函數指令用法的說明，通常仍是「百思不得其解」，此時可先從「範例」著手。

（5）由於模組內各函數指令的功能頗多，對應的指令有些複雜，故應多實際操作。

基本上，本書是以教程（tutorials）的方式進行，書內幾乎皆有提供對應的指令與結果，為了節省篇幅或不想徒增困惱，許多模組內的函數指令本書並未多作說明，故需要讀者與筆者配合，自行上網查詢。當然，所附的光碟內有全書完整的程式碼。

本書的目的是欲彌補《統計》與《歐選》之不足，因此全書幾乎「從源頭說起」，故本書適合初學者使用；換句話說，本書與筆者之前的著作有些不同。本書的進入門檻或專業性質並不高，故應該也適合一般社會大眾使用。全書共分 9 章。第 1 章是 Python 的簡介說明，其中包括如何建立「類別（class）」與模組（module）。第 2 章介紹 Python 的基本語法。第 3 章則敘述如何於 Python 內操作矩陣以及一些基本的矩陣運算。第 4 章介紹主要的資料結構型態：資料框，以及如何進行資料框內的操作。第 5 章則說明如何建立時間序列型態資料，即如何於 Python 內顯示日期與時間。第 6 章屬於第 4 章的延續，該章說明「進階的資料框」或稱為「多層次資料框」的建立。第 7 章則介紹不同資料框之間的合併操作。第 8 章屬於資料的輸入與輸出，其中包括如何讀取網路上的資料。第 9 章是資料的探索與繪圖的說明。最後，值得一提的是閱讀本書的最好方式應該是「一邊閱讀，一邊操作」，不要只用純粹閱讀的方式。切記！

筆者曾經無意中在網路上發現某高中圖書館竟然也有《統計》與《衍商》二書的收藏（筆者有些意外），此或許隱含著電腦程式語言已經默默地往下紮根；或者說，電腦程式語言的確相當吸引人，即使高中生也無法拒絕其吸引力，上述高中應該是有看到 R 語言與 Python，才會特別注意（畢竟上述二書屬於大學用書）；換言之，程式語言的魅力，應該已無法擋。筆者也慶幸能逐漸搭上此潮流趨勢。不過，畢竟仍只是在起步，有待筆者繼續努力；雖說如此，「老先生」可以學習，年輕的應該更可以。隨書仍附上兒子的一些作品。感謝內人的一些建議。筆者才疏識淺，倉促成書，錯誤難免，望各界先進指正。最後，祝操作順利。

林進益

寫於高雄甲仙

2021/5/31

Contents

Chapter 1

Python 的簡介

Python 是一種著名的程式語言，其是由 Guido van Rossum[1]於 1991 所開發出來。Python 可應用於網路發展（伺服器端）、軟體開發、數學運算以及系統手稿語言（system scripting）[2]。因此，Python 的用途至少可有：

(1) Python 可用於扮演一個網路開發的伺服器。
(2) Python 伴隨著軟體開發可創造出更多的工作流程。
(3) Python 能與資料庫系統連結，即其不僅能「讀」同時亦能「修改」。
(4) Python 不僅能處理「大數據（big data）」，同時亦能操作複雜的數學運算。
(5) Python 能迅速從事軟體的開發。

是故，我們可以進一步檢視為何需使用 Python，其亦可整理為：

(1) Python 可於不同的平台（如 Windows、Mac、Linux 等）內操作。
(2) Python 的語法類似於英文與數學，故顧名思義，Python 的語法較為直接。
(3) 若與其他的電腦程式語言比較，Python 的語法較為簡易，即其可以以較少行取代多行程式碼。
(4) Python 可於一個編譯體系內執行，隱含著寫完程式碼幾乎可立即執行，故能迅

---

[1] Guido van Rossum 為荷蘭籍電腦程式設計師，其為 Python 程式語言的最初設計者及主要架構師。Python 的名稱是取自英國蒙提派森的飛行馬戲團（Monty Python's Flying Circus）。
[2] 系統手稿語言是指為了縮短傳統的「編寫、編譯、連結、執行」過程而建立的電腦語言。

速從事軟體的開發。

(5) Python 是一種程式程序（procedural）、函數（functional）與物件導向程式（object-oriented programming, OOP）的程式語言。

因此，若與其他電腦語言如 R 語言比較，Python 的用途相當廣泛；換言之，Python 的功能相當多元，絕非只有數據或統計分析目的而已。或者說，也許本書底下所介紹的所有內容亦可以用 R 語言表示，只是後者相對上較為複雜。其實，我們也不需要再多介紹了，多接觸後自然可以感受到 Python 的用處。

如序言所述，其實 Python 並不易學。完成《統計》與《歐選》二書後，我們必須重新檢視 Python，因為許多觀念或語法的使用，我們並沒有多加解釋；或者說，我們必須重新澄清或釐清一些指令。換句話說，若一開始我們就完整地介紹 Python，應該會陷入於「不知有何用處？」的困境；或者說，太專注於完整的 Python 語法上的解釋，反而會有「不知何時才會結束？」的窘境。有了《統計》與《歐選》二書的「範例」應用，最起碼可以讓非資訊專業的讀者對 Python 有相當程度的認識。現在，我們嘗試重新介紹 Python。老實說，筆者並不喜歡目前坊間介紹程式語言的方式，只好用自己的方式重新嘗試，希望透過此一方式，對於 Python 有興趣的讀者有一定的助益。

本書屬於基本 Python 語法的介紹，內容偏向於資料框（dataframe）的建構與使用。因純粹是 Python 的基本介紹，使得本書的內容有點「枯燥乏味」，希望讀者能克服。本書使用 Python 3.8.2（IDLE）與 Spyder 4.1.5 二版本，前者可於 https://www.python.org 處下載，而後者則可於 https://www.anaconda.com/products / individual 處下載。有關於 Python 3.8.2（IDLE）的使用方式，可以參考《統計》。雖說本書的所有內容亦可以於 Python 3.8.2（IDLE）的環境下操作，不過筆者還是建議初學者應於 Spyder 的環境下操作。

根據筆者的經驗，學習程式語言的最好方式是讀者必須親自實際操作，因此本書的內容反而類似於「教程」，即本書所有的內容皆有對應的 Python 程式碼供讀者參考（完整的部分皆置於光碟）；雖說如此，不過因 Python 的內容過於龐大，本書無法囊括全部，因此讀者應習慣於網路上查詢不懂或不清楚的指令。

1.1 本書的操作方式

Python 3.8.2 版本的輸入點為：

<<<

遇到時，我們再說明；換言之，本書所有內容幾乎是於 Spyder 的環境下操作。為了「省力」，底下介紹本書的操作方式。即本書所有的 Python 指令，可用下列的方式操作。

於 Spyder 的環境下，共有三個小視窗。其中右下角視窗有下列畫面：

```
Python 3.8.5 (default, Sep  3 2020, 21:29:08) [MSC v.1916 64 bit (AMD64)]
Type "copyright", "credits" or "license" for more information.

IPython 7.19.0 -- An enhanced Interactive Python.

In[1]:
```

其中輸入點為 In[1]:。我們可以於上述視窗內進行一般的算術運算；或者說，Python 亦可當作計算機的使用。

通常我們並不會於右下視窗內直接輸入指令，不過其倒是可以用於簡單的計算。例如：逐一輸入下列指令並按「Enter」後應會得出結果來，先試試：

```
In[1]:2+2
In[2]:2**4
In[3]:6/(7-2)
```

其中第二個指令為計算 2^4，即「次方」是用「**」表示。

上述逐一輸入指令的確有些麻煩，或者說輸錯了需再重新輸入更是累人，因此我們可以利用左視窗來寫程式。於左視窗內按「File」鍵，挑選「New file…」鍵後，應會出現下列畫面：

```
# -*- coding: utf-8 -*-
"""
Created on Fri Apr  2 09:02:45 2021

@author: USER
"""
```

第 1 行是 Python 編碼器的使用，其會自動顯示；其次，"""…"""，其內的文字只是提供「註釋」之用。

　　本章底下我們會介紹一些基本的觀念與語法，所有的程式碼皆以 chxxx.py 檔案存於本章內（光碟），可以留意 Python 的檔案可儲存而寫成 XXX.py。當然，因受限於篇幅，我們的介紹未必完整，可以隨時參考網路（筆者最常使用）、使用手冊或其他介紹 Python 的書籍如 Lutz（2009）、Beazley 與 Jones（2013）或 Mckinney（2018）等。

　　首先，於左視窗內輸入下列指令（程式碼）：

```
password = input("I am your reader. Password please: ") # 第 1 行
if password == "Lin001":
    print("You successfully logged in!")
else:
    print("Fail. Please try again!") # 第 5 行
```

為了能立即看到結果，可以使用滑鼠從上述指令的第 1 行開始輕按左鍵不放直至第 5 行為止，此時左視窗應會出現「深藍」區塊。再將滑鼠移至上述區塊後輕按右鍵，再挑「Run selection or …」鍵，隨即會在右下視窗內看到：

```
I am your reader. Password please:
```

於右下視窗內輸入上述密碼 Lin001，應會出現 You successfully logged in! 等字。

　　上述程式碼是一種典型的 Python 指令，其具有下列特色：

(1) 每行最後不需再加上分號「；」。
(2) 條件式（即 if 開頭）內不須加上「括號」而只用冒號「:」取代。
(3) 條件式的第 2 行必須「內縮（indentation）」，即試下列指令：

```
if 5 > 2: # 第 1 行
    print("5 is greater than 2!") # 5 is greater than 2!
if 5 > 2: # 第 3 行
print("5 is greater than 2!") # expected an indented block
if 5 > 2: # 第 5 行
 print("5 is greater than 2!") # 5 is greater than 2!
```

上述指令可以每隔 2 行使用上述「Run selection or … 」的方式檢視結果，自然可以發現第 3 行開始的指令並不可行。其實，想想也沒錯，條件式後的指令必須內縮才能完成整個動作，至於內縮多少「格」倒也沒有多大限制（有關於條件式指令的詳細介紹，可以參考本書第 2 章）。通常筆者的習慣是於第 1 行的冒號後按「Enter」鍵，其會自動「內縮數格」。讀者可以試試。於上述指令內有用「#」，其後的文字，電腦並不讀取，故其只提供「注釋」之用，以提醒撰寫者。

再試下列的指令：

```
password # 'Lin001' # 第 1 行
x = "Hello World"
x1 = 'Hello World'
x # 'Hello World' # 第 4 行
x1 # 'Hello World'
print(x) # Hello World # 第 6 行
```

讀者可以逐行或「全部」（即第 1 行至第 6 行）執行檢視（結果顯示於右下視窗），記得可用「Run selection or … 」的方式。讀者應會發現執行第 4 行或執行第 6 行的結果型態雖然有些不同，但是結果的內容卻是相同；因此，本書底下除非有特別說明，否則會以其中一種方式顯示。讀者若有執行上述指令，應可於右上視窗內的「Variable explorer」鍵內發現至目前已經建立的 Python「物件（objects）」或「資料（data）」的特性；換言之，至目前為止，我們應該可以發現 Spyder 環境下三個視窗的功能，故於該環境下操作，隨時可檢視，的確較為方便。

物件可以包括一堆資料或函數等標的，通常我們可以用變數如上述的 x 或 x1 表示 [3]。可以留意 print(.) 函數指令，該函數指令是一種「內建函數（build-in function）」指令，而於 Spyder 環境下是用「橘色」顯示。我們可以檢視 Python 內共有哪些或有多少種內建函數指令，再試下列指令：

```
dir(__builtins__) # 第 1 行
X = dir(__builtins__)
len(X) # 159, 第 3 行
print(X) # 第 4 行
```

---

[3] 於 Python 內，「" "」與「' '」是相同的，可以留意其使用時機。

```
# ['ArithmeticError', 'AssertionError', 'AttributeError', 'BaseException',
'BlockingIOError',
# 'BrokenPipeError', 'BufferError', 'BytesWarning', 'ChildProcessError',
'ConnectionAbortedError',
# 'ConnectionError', 'ConnectionRefusedError', 'ConnectionResetError',
'DeprecationWarning',
# 'EOFError', 'Ellipsis', 'EnvironmentError', 'Exception', 'False', 'FileExistsError',
'FileNotFoundError', # 'FloatingPointError', 'FutureWarning', 'GeneratorExit', 'IOError',
'ImportError', 'ImportWarning',
# 'IndentationError', 'IndexError', 'InterruptedError', 'IsADirectoryError', 'KeyError',
# 'KeyboardInterrupt', 'LookupError', 'MemoryError', 'ModuleNotFoundError', 'NameError',
'None',
# 'NotADirectoryError', 'NotImplemented', 'NotImplementedError', 'OSError',
'OverflowError',
# 'PendingDeprecationWarning', 'PermissionError', 'ProcessLookupError', 'RecursionError',
# 'ReferenceError', 'ResourceWarning', 'RuntimeError', 'RuntimeWarning',
'StopAsyncIteration',
# 'StopIteration', 'SyntaxError', 'SyntaxWarning', 'SystemError', 'SystemExit', 'TabError',
'TimeoutError', # 'True', 'TypeError', 'UnboundLocalError', 'UnicodeDecodeError',
'UnicodeEncodeError',
# 'UnicodeError', 'UnicodeTranslateError', 'UnicodeWarning', 'UserWarning', 'ValueError',
'Warning',
# 'WindowsError', 'ZeroDivisionError', '__IPYTHON__', '__build_class__', '__debug__', '__
doc__',
# '__import__', '__loader__', '__name__', '__package__', '__spec__', 'abs', 'all', 'any',
'ascii', 'bin', 'bool', # 'breakpoint', 'bytearray', 'bytes', 'callable', 'cell_count', 'chr',
'classmethod', 'compile', 'complex',
# 'copyright', 'credits', 'debugcell', 'debugfile', 'delattr', 'dict', 'dir', 'display',
'divmod', 'enumerate', 'eval', # 'exec', 'filter', 'float', 'format', 'frozenset', 'get_
ipython', 'getattr', 'globals', 'hasattr', 'hash', 'help', 'hex',
# 'id', 'input', 'int', 'isinstance', 'issubclass', 'iter', 'len', 'license', 'list', 'locals',
'map', 'max', 'memoryview', # 'min', 'next', 'object', 'oct', 'open', 'ord', 'pow', 'print',
'property', 'range', 'repr', 'reversed', 'round',
# 'runcell', 'runfile', 'set', 'setattr', 'slice', 'sorted', 'staticmethod', 'str', 'sum',
'super', 'tuple', 'type', 'vars',
# 'zip']
```

先執行第 1 或 4 行可看出 Python 3.8.5 內有哪些內建函數指令，再執行第 3 行可知共有 159 種內建函數指令，其中 len(.) 亦是一種內建函數，其可用於檢視小括號內之「變數 X」內元素的個數。

　　一開始我們當然不需要逐一檢視上述內建函數指令，以後自然會遇到；或者說，遇到時再查詢即可。乍看之下，雖說 Python 有不少的內建函數，不過於實際應用上明顯不足，故需要自設函數輔助（以後我們會說明如何自設函數）；另一方面，物件亦可用 X（一堆函數）表示，於右上視窗內亦可發現 X 的型態（type）屬於一種「串列（list）」的特性，則 len(X) 或 print(X) 豈不是用於支援物件或資料的函數指令嗎？因此，簡單地說，Python 是一種物件導向的程式語言，其可分成二個步驟：先定義物件再使用函數指令說明該物件的一些特性，只是上述物件與輔助的函數指令未必簡單，即後二者亦皆可以複雜化。

　　最後，再試下列指令：

```
y = 100.5 # 第 1 行
y # 100.5 # 第 2 行
print(y) # 100.5 # 第 3 行
```

即若使用「Run selection or …」的方式檢視結果，應可發現第 2 行與第 3 行的結果完全相同；雖說如此，二者還是有些不同，讀者可留意。讀者至此應該可以體會到為何本書強調 Spyder 環境操作的用處吧！我們先利用左邊視窗寫程式碼，寫錯了可立即更改；另一方面，使用「Run selection or …」的方式檢視部分或全部的結果，即「密密麻麻」的程式碼，有可能是利用上述方式（不斷嘗試錯誤或修正）所寫出來的結果。

習題

(1)　試敘述本書的操作方式。
(2)　試分別輸入 dir（__builtins__）與 dir（_builtins_）。有何不同？
(3)　本節的輸出有何不同？
(4)　何謂物件？
(5)　我們如何不斷嘗試錯誤修正？

1.2 資料的型態

　　如前所述，物件可以表示一堆資料，而於程式語言內，資料的型態是相當重要的。之前我們已經使用「變數」來儲存不同型態的資料；當然，不同型態的資料有不同的用途，我們會逐漸遇到。

Python 內建的資料型態可分成；

(1) 文案字體型態（text type）：「str」。

(2) 數值型態（numeric types）：「int」、「float」或「complex」。

(3) 序列型態（sequence types）：「list」、「tuple」與「range」。

(4) 映射型態（mapping type）：「dict」。

(5) 集合型態（set type）：「set」與「frozenset」。

(6) 布爾值型態（Boolean type）：「bool」。

(7) 二進位型態（binary types）：「bytes」、「bytearray」或「memoryview」。

除了型態 (7)[④]，我們逐一檢視看看。先試下列指令：

```
x = "Hello World" # 第 1 行
type(x) # str 第 2 行
print(type(x)) # 第 3 行
# <class 'str'>
#
x1 = 10 # 第 4 行
type(x1) # int
print(type(x1))
# <class 'int'>
#
x2 = 20.5 # 第 7 行
type(x2) # float
print(type(x2))
# <class 'float'>
#
int(x2) # 20
print(int(x2)) # 20
float(x1) # 10.0
float(x) # could not convert string to float: 'Hello World'
x3 = str(x1) # '10' # 第 14 行
type(x3) # str
```

[④] 二進位型態只是說明文字型態與二進位資料型態於處理上有何差別，即其牽涉到文字與資料之儲存與傳輸的觀念，對於我們只是利用 Python 來應用而言並不適合於此介紹，故省略。

顯然地，於第 1 行內可看出 x 內存有文字型資料，而第 4 行的 x1 與第 7 行的 x2 則分別存有數值型資料，其中 x1 爲整數（int）而 x2 則爲實數（float）[⑤]。可以留意的是，例如使用 print（type(x)）指令，其結果爲 <class 'str'>，其中「str」屬於「類別（class）」；因此，「int」或「float」皆包含於「類別」內。有關於「類別」的意義，底下自會說明。

從上述指令內可看出「int」或「float」之間可相互轉換。有意思的是，檢視第 14 行內的 x3，其內所存的資料已從數值型資料轉換成文字型資料；是故，爲了與數值型資料區別，文字型資料必須使用「" "」或「' '」如上述之「"Hello World"」或「'10'」。

再試下列指令：

```
x4 = 1-2j
type(x4) # complex
print(type(x4))
# <class 'complex'>
z = complex(3,5) # (3+5j)
z.real # 3.0
z.imag # 5.0
x4.real # 1.0
x4.imag # -2.0
```

顯然 x4 與 z 變數皆爲虛數（complex numbers）。可以注意如何於 Python 建立虛數以及如何找出（叫出）其內之實數與虛數成分。有關於虛數的應用，可參考《歐選》。

接下來，再試下列指令：

```
x5 = ['林1','蘋果','Python']
type(x5) # list
print(type(x5))
# <class 'list'>
x6 = ("apple", "陳2", "王3")
type(x6) # tuple
print(type(x6))
```

[⑤] 若 x = 20 與 y = 20.0，顯然 x 與 y 的型態並不相同，其中前者爲整數而後者爲實數。

```
# <class 'tuple'>
x7 = range(6)
x7 #  range(0, 6)
type(x7) # range
print(type(x7))
# <class 'range'>
list('林1','蘋果','Python')
list(x5) # ['林1', '蘋果', 'Python']
# print(list(x5))
tuple(x5) # ('林1', '蘋果', 'Python')
tuple(x7) # (0, 1, 2, 3, 4, 5) # 第a行
list(x7) # [0, 1, 2, 3, 4, 5]# 第b行
x7a = {"姓名" : "林2", "年齡" : 22}
type(x7a) # dict
print(type(x7a))
# <class 'dict'>
```

即 x5、x6 與 x7 皆屬於序列型態的資料，可以留意小括號「（）」與中括號「[]」的使用。也許，我們不是很清楚 x7 的意義，不過可以檢視上述程式碼之第 a 與 b 行指令的結果；換言之，list(.) 與 tuple(.) 亦皆為 Python 的內建函數指令。於後面的章節內，我們可以看出來 list(.) 與 tuple(.) 函數指令的重要性。接下來，我們來看 x7a，其型態屬於 dict（dictionary）（字典），可以留意其是使用大括號「{}」。第 2 章會再詳細說明。

最後，試下列指令：

```
x8 = frozenset({'林1','蘋果','Python'})
x8 # frozenset({'Python', '林1', '蘋果'})
x9 = set({'林1','蘋果','Python'})
x9 # {'Python', '林1', '蘋果'}
type(x8) # frozenset
type(x9) # set
print(type(x8))
# <class 'frozenset'>
print(type(x9))
# <class 'set'>
x10 = True
x10 # True
type(x10) # bool
print(type(x10)) # <class 'bool'>
```

即留意 frozenset(.) 與 set(.) 二函數指令結果之不同；換言之，此處多了小括號與大括號「{}」使用上之不同。於後面我們嘗試建立資料檔案時，自然可看出其中的差異。最後，檢視 x10，其結果為布爾值（Boolean value），第 2 章會說明其意義與用途。

習題

(1)　range(4) 內的元素為何？

(2)　續上題，如何顯示上述元素？

(3)　y = '10'，試檢視 y 的型態。

(4)　續上題，如何將 y 改為數值？

(5)　何謂序列？有何方式可以建立序列？

1.3 類別

於尚未介紹之前，我們先介紹如何自設函數。試下列指令：

```
def Max(x, y):
    '''列出二整數之最大值
    '''
    x = int(x) # convert to integers
    y = int(y)
    if x > y:
        print(x)
    else:
        return y
```

即函數的定義為 def…return 或 def…print，注意需使用冒號「：」同時「內縮」應對齊。

　　上述我們自設一個稱為 Max(.) 的函數指令，內含二個輸入值 x 與 y。我們有興趣是取 x 與 y 的整數值並取其中之最大值。我們先試試該函數的使用方式，即試下列指令：

```
Max(3.2, 2.2)  # 3
Max.__doc__
# '列出二整數之最大值 \n    '
help(Max) # 列出二整數之最大值
```

即 x = 3.2 與 y=2.2 的整數值的最大值為 3。有意思的是，若於 Max 後加入 __doc__ 竟然顯示出上述函數的注釋（即說明）部分。「__doc__」是 Python 的一種奇特表示方式，其可稱為「文檔字符串（docstring）」。文檔字符串是提醒使用上述函數指令的使用者（或撰寫者），該函數如何使用；當然，若可以的話，應更加說明清楚。還好，我們亦可以利用 help（Max）得知上述文檔字符串 ⑥。

類別（class）的定義頗類似於函數的定義，試下列指令：

```
class House:
    def __init__(self, color, rooms):
        self.color = color   # 顏色屬性
        self.rooms = rooms   # 房間數
    def my(self):
        print(f"My house is {self.color} and has {self.rooms} rooms.")
My = House("White", 5)
My.my()  # My house is White and has 5 rooms.
```

類別是將物件「歸類」⑦；或者說，想像欲蓋一棟新房子，讀者打算蓋何種「類型」的房子？因此，類別相當於已經歸類的物件。

再試下列指令：

---

⑥ 因此，若遇到陌生的函數指令，亦可以利用 XX.__doc__ 或 help(XX) 查詢。試 print.__doc__ 與 help(print)。

⑦ 上述程式碼有「奇特」的顯示方式，試下列指令：

```
color = '白色';rooms = 4
print(b'My house is {color} and has {rooms} rooms') # b'My house is {color} and has
{rooms} rooms'
print(f'My house is {color} and has {rooms} rooms') # My house is 白色 and has 4
rooms
```

```
class arithoper:
    def __init__(self, x, y):
        self.x = float(x)
        self.y = float(y)
    def plus(self):
        return self.x+self.y
    def minus(self):
        return self.x-self.y
    def multiply(self):
        return self.x*self.y
    def divide(self):
        if self.y == 0.0:
            print('y can not be zero')
        return self.x/self.y
```

即類別 arithoper 內含「加、減、乘與除」四種基本的算術運算函數指令，我們看看如何操作？試下列指令：

```
A = arithoper(2, 8) # <__main__.arithoper at 0x1f350fe0c10>
A.plus() # 10
A.minus() # -6
A.multiply() # 16
A.divide() # 0.25
B = arithoper(2, 0)
B.plus() # 2.0
B.minus() # 2.0
B.multiply() # 0.0
B.divide() # y cannot be zero
```

比較上述 House 與 arithoper 二種類別的操作方式，讀者不難看出之間的相似之處。

```
print(u'My house is {color} and has {rooms} rooms') # My house is {color} and has
{rooms} rooms
print(b'3') # b'3'
print(u'白色') # 白色
print(f'{color}') # 白色
讀者可否看出端倪。
```

我們可以進一步檢視它們的物件，例如：

```
isinstance(A.plus(), arithoper) # False
isinstance(A, arithoper) # True
isinstance(B, arithoper) # True
isinstance(My, House) # True
isinstance(My.my(), House) # False
```

即 A 與 B 是類別 arithoper 的實例（instance），而 A.plus（）與 B.minus（）卻不是，依此類推；另一方面，我們亦可以檢視物件的屬性（attribute），試下列指令：

```
My.color # 'White'
My.rooms # 4
A.x # 2.0
A.y # 8.0
```

即 A 內的 x 與 y 已轉成實數（從類別 arithoper 處得知）。可以留意取得物件屬性的表示方式。

　　我們再重新檢視。House 與 arithoper 二種類別內皆有 def __init__(.) 函數指令，該函數指令可用於定義物件的性質。換言之，也許於類別 House 內看不出 def __init__(.) 函數指令的用處，不過於類別 arithoper 內已可看出上述函數的用處，即總不能每次設一個函數就重複定義一次吧！因此，可看出 def __init__(.) 函數指令所扮演的角色（尤其面對較為複雜或龐大的類別時）。

　　我們舉一個較為實際的例子看看，試下列指令：

```
from scipy.stats import norm # 第1行
import numpy as np # 第2行

class BSM:
    def __init__(self, option_type, St, K, r, T, vol, q=0):
        self.s = float(St) # 標的資產價格
        self.k = float(K) # 履約價
        self.r = float(r) # 無風險利率
        self.q = float(q) # 股利支付率
        self.T = float(T) # 到期（年率）
        self.sigma = float(vol) # 波動率
```

```python
        self.type = option_type # option type: "p" 賣權，"c" 買權
    def F(self, x):
        # CDF of standard normal distribution
        return norm.cdf(x, 0, 1)

    def f(self, x):
        # PDF of standard normal distribution
        return norm.pdf(x, 0, 1)

    def d1(self):
        d1 = (np.log(self.s/self.k)+(self.r-self.q+self.sigma**2* 0.5)*self.T) \
            /(self.sigma*np.sqrt(self.T))
        return d1

    def d2(self):
        d2 = (np.log(self.s/self.k)+(self.r-self.q-self.sigma**2*0.5)*self.T) \
             /(self.sigma*np.sqrt(self.T))
        return d2

    def BSM_price(self):
        d1 = self.d1()
        d2 = d1 - self.sigma * np.sqrt(self.T)
        if self.type == 'c':
            price = np.exp(-self.r*self.T)\
                    *(self.s*np.exp((self.r-self.q)*self.T)*self.F(d1)-self.k*self.
F(d2))
            return price
        elif self.type == 'p':
            price = np.exp(-self.r*self.T)*(self.k*self.F(-d2) \
                    -(self.s*np.exp((self.r-self.q)*self.T)*self.F(-d1)))
            return price
        else:
            return print(" 選擇權型態只能 'c' or 'p'")
```

上述程式碼的第 1 行與第 2 行，我們有使用二個模組（modules），即模組（scipy.
stats）與模組（numpy）。有關於模組的設定與用處，可以參考 1.4 節。後面章節
會再使用模組（scipy.stats）與模組（numpy）。

上述程式碼[8]建立一個計算歐式買權與賣權價格的 BSM 模型之「類別」，有關於 BSM 模型的介紹或說明，可以參考《衍商》或《歐選》。可以注意類別 BSM 的建立方式（其內之函數位置必須對齊）。因計算 BSM 模型價格必須輸入至少 6 個「已知值」，故使用 def __init__(.) 函數指令的確比較方便。我們來看如何操作，試下列指令：

```
cPrice = BSM('c', 100, 105, 0.05, 100.0/365, 0.2)
cPrice.BSM_price() # 2.6994945051215278
cPrice1 = BSM('m', 100, 105, 0.05, 100.0/365, 0.2)
cPrice1.BSM_price() # 選擇權型態只能 'c' or 'p'
cPrice.s # 100.0
cPrice.sigma # 0.2
```

另外，利用類別 BSM 的優點是可以取得 BSM 模型價格的一些特性。例如：

```
cPrice.d1() # -0.2828690159126946
cPrice.d2() # -0.38755380043073734
cPrice.F(0.5) # 0.6914624612740131
cPrice.f(0.3) # 0.38138781546052414
```

應可發現上述「已知值」已不需要再重新輸入。

習題

(1) 何謂類別？試解釋之。

(2) 我們如何建立類別？

(3) 我們如何使用類別？

(4) 試擴充上述類別（House）。

(5) 試擴充上述類別（arithoper）。

---

[8] 若程式碼過長可用「\」而以多行的方式表示。

1.4 模組

　　直覺而言，為了提高電腦的容量與計算速度，許多非必要的類別與函數指令著實不需要列入，即有需要時再呼叫即可；換言之，將性質相同的程式碼「打包」，有需要時再引用，自然可以提高執行上的效率。其實 1.3 節的「類別」或「歸類」就有上述的性質：將性質相同的函數碼「歸成同一類」。

　　於 1.3 節內我們曾經遇到模組（numpy）與模組（scipy.stats），其特色是平時並不使用，需要時再引用（import）；因此，如何模組化變成為本節的重要課題。簡單地說，所謂「模組化」就是將關聯性較高的函數碼或程式碼放在同一個檔案內，我們先試試。檢視下列二檔案：

```
def greeting(姓名):
  print("Hello, " + 姓名)
person1 = {
  "姓名": "林1",
  "年齡": 20,
  "國家": "台灣"
}
```

上述檔案名稱為 mymodule.py。另外一個檔案為：

```
def add(a, b):
  return a+b
def sub(a, b):
  return a-b
def p(content):
    return print(content)
```

其名稱則為 test_math.py。

　　上述二檔案分別可於 Python(IDLE) 與 Spyder 的環境下操作。就前者而言，必須將上述二檔案先存於 Python(IDLE) 內，然後逐一輸入下列指令，即：

```
>>> import mymodule as mx
>>> import test_math as m
>>> a = mx.person1["年齡"]
>>> a
20
>>> print(m.add(1, 2))
3
>>> m.p(m.sub(2, 3))
-1
>>>
```

讀者可以試試。

於 Spyder 的環境下，我們則輸入下列指令：

```
import mymodule as mx
import test_math as m
a = mx.person1["年齡]
a # 20
#
print(m.add(1, 2)) #3
m.p(m.sub(2, 3))   #-1
```

即上述 mymodule.py 與 test_math.py 已先存於 Python（IDLE）內。

我們如何使用上述二檔案？根據上述指令，其實我們已將 mymodule.py 與 test_math.py 模組化了！即 mymodule 簡稱為 mx 以及 test_math 簡稱為 m（使用 import 指令）。接下來，再按照類似於「類別」的方式呼叫出其內容或函數如 mx.xxx 或 m.xxx。我們再試試：

```
MX = dir(mx)
print(MX)
# ['__builtins__', '__cached__', '__doc__', '__file__', '__loader__', '__name__',
# '__package__', '__spec__', 'greeting', 'person1']
len(MX)
# 10
```

可知 mx 內有 10 種內在函數指令，我們再分別檢視：

```
mx.__name__  # 'mymodule'
mx.__cached__  # 'F:\\DataPython\\ch1\\__pycache__\\mymodule.cpython-38.pyc'
mx.__doc__  # '\nCreated on Fri Apr  2 07:47:39 2021\n\n@author: USER\n'
mx.__file__  # 'F:\\DataPython\\ch1\\mymodule.py'
mx.__loader__  # <_frozen_importlib_external.SourceFileLoader at 0x1bab9cc5160>

mx.__package__  # ''
mx.__spec__
# ModuleSpec(name='mymodule', loader=<_frozen_importlib_external.SourceFileLoader
#            object at 0x000001BAB9CC5160>, origin='F:\\DataPython\\ch1\\mymodule.
py')
mx.greeting  # <function mymodule.greeting(姓名)>
mx.__builtins__
```

讀者可以逐一檢視看看。

　　既然已經知道如何建立模組，我們試檢視模組（platform）：

```
import platform
x = platform.system()
print(x)  # Windows
X = dir(platform)
print(X)
len(X)  # 63
```

即使用模組（platform），而該模組內共有 63 個函數。

　　我們試著再叫出模組（numpy）。試下列指令：

```
import numpy as np
Y = dir(np)
print(Y)
len(Y)  # 620
```

即模組（numpy）簡稱為 np，而其內共有 620 個函數指令。我們再試下列指令：

```
np.pi # 3.141592653589793
np.log(100) # 4.605170185988092
np.exp(50) # 5.184705528587072e+21
np.log10(100) # 2.0
y1 = np.arange(0, 10)
y1 # array([0, 1, 2, 3, 4, 5, 6, 7, 8, 9])
y1.mean() # 4.5, 平均數
y1.std() # 2.8722813232690143, 標準差
s2 = np.var(y1) # 變異數
s2 # 8.25
y2 = np.zeros(5)
y2 # array([0., 0., 0., 0., 0.])
y3 = np.ones(10)
y3 # array([1., 1., 1., 1., 1., 1., 1., 1., 1., 1.])
type(y3) # numpy.ndarray
```

可以注意其操作方式。同理，並不需要逐一檢視模組（numpy）內的函數，有需要時再查詢即可。上述結果有用陣列（array）的方式顯示，有關於陣列的意義，可以參考第 3 章。

習題

(1) 試敘述如何建立模組。

(2) 試檢視模組（m）的內容。

(3) 後面的章節我們會使用模組（yfinance），試找出該模組的版本。

(4) 本章所使用的模組（numpy）的版本為何？

(5) 續上題，我們如何知道模組（numpy）的功能？

(6) 我們如何知道 np.arange(.) 函數有何功能？

Chapter 2

基本語法

　　大致了解 Python 的架構後，現在可以檢視 Python 的基本語法。直覺而言，基本語法是重要的，即若無支援的模組或函數，必須自設函數，此時就是考驗基本語法的熟悉度。

　　如前所述，我們皆於 Spyder 的環境下操作。試於 Spyder 的左邊視窗內輸入下列指令：

```
2-2 # 0
2*2 # 4
2/2 # 1.0
2**3 # 8
```

讀者可用「Run selection …」的方式逐行檢視上述結果。

　　再試下列指令：

```
# 變數
x = 12.5
y = 10;z = 1.0
x+y # 22.5
# 字串
S ='我是學生'
S3 = S*3 #'我是學生我是學生我是學生'
S4 = S+S3 #'我是學生我是學生我是學生我是學生'
S/S3 # unsupported operand type(s) for /:'str' and'str'
```

```
S-S3 # unsupported operand type(s) for -:'str' and'str'
len(S4) # 16
type(x) # float
type(y) # int
type(S) # str
len(str(1234)) # 4
help(len)
help(type)
```

通常，為了書寫方便，我們會使用變數。變數可以分成「數值」與「字串（strings）或文字」。數值變數又可分成實數（float）與整數（int）二種。若上述指令全部一齊（從 # 變數至 help(len) 為止）同時使用「Run selection …」的方式操作，應會於 Spyder 的右上視窗的「Variable explorer」鍵內發現上述變數的性質。例如：檢視 S、x 與 y，自然會發現 S 屬於字串、x 為實數以及 y 為整數變數。

　　前述指令至少有 5 個特色值得我們注意：

(1) 有些時候，為了縮小程式的範圍（或長度），我們可將 2 行合併成 1 行。例如：y = 10;z = 1.0，即若執行此行，y 與 z 皆會輸入電腦內。可以注意「;」的使用。
(2) Python 的內建函數指令於 Spyder 內是用橘色顯示。
(3) 何謂函數指令？可以檢視例如 help(len) 或 help（type）等。
(4) len(s) 是指我們想要知道 S 內有多少個數或元素，即 S 的長度（length）。len(.) 函數指令我們以後會經常使用。
(5) 數值資料可用「加減乘除」運算，字串資料只可使用「加法與乘法」，不過後二者屬於「合併」。

　　大概了解如何操作 Python 後，我們可以開始介紹 Python 的基本語法。

2.1 基本語法 1

　　Python 的基本資料結構大致可以分成元組（tuple）、串列（list）、字典（dictionary）（簡寫成 dict）與集合（set）四類；也就是說，Python 有上述四種內建資料型態用於收集資料。表現出來的是，我們必須謹慎注意 ()、[] 與 {} 等三種括號使用上之不同；或者說，可以留意複雜的 Python 程式碼如《統計》或《歐選》

所附的程式碼內，上述三種括號的使用方式。因此，倒不需要特別在意上述「名稱」的意義。也許中文看起來「怪怪的」，我們用英文表示反而比較習慣。

2.1.1 tuple

tuple 可以收集多個元素而以一個變數表示，其具有 4 個特色，即：

(1) 其內元素具有「次序」且不能改變，另外元素可為數值資料與文字型資料。
(2) 其內之元素可用「索引」指令叫出。
(3) 其內之元素可重複。
(4) tuple 使用小括號「()」。

試下列的指令：

```
a1 = ("apple",105, "cherry", "apple", "cherry")
print(a1) # ('apple', 105, 'cherry', 'apple', 'cherry')
a1 # ('apple', 105, 'cherry', 'apple', 'cherry')
type(a1) # tuple
```

檢視 a1，可發現 a1 是一種同時包括數值資料與文字型資料元素的 tuple，可以留意其是用小括號「收集」其內之 5 個元素（資料）。我們當然想要知道如何叫出 a1 內之元素，試下列指令：

```
a1[0] #'apple'
a1[1] # 105
a1[3] #'apple'
a1[4] #'cherry'
a1.index('apple') # 首次出現'apple'
# 0
a1.index('cherry') # 首次出現'cherry'
# 2
a1.index(105) # 首次出現 105
# 1
```

a1[.] 表示「索引指令」，因電腦是從 0 開始數，故 a1[2] 表示叫出其內之第 3 個元素，即「'cherry'」，其餘可類推或參考上述指令。值得注意的是，a1 內的元素有重複。再檢視下列指令：

```
a2 = (1, 5, 7, 9, 3)
a2 # (1, 5, 7, 9, 3)
a2[2] # 7
a4 = 1, 2, 3
a4 # (1, 2, 3)
a4[1] # 2
a5 = (4, 5, 6), (7, 8)
a5 # ((4, 5, 6), (7, 8))
a5[0] # (4, 5, 6)
a5[0][1] # 5
```

比較特別的是 a4 與 a5，其中前者提醒我們有另外一種建立 tuple 的方式，而後者內卻有二個 tuple 元素；換言之，我們如何叫出 a5 內之元素？當然是使用「雙重索引指令」，即 a5[.][.]；是故，應可了解上述指令的意思。或者猜猜 a5[1][0] 的元素為何？

我們亦可以叫出 tuple 內的部分元素如：

```
# 從 0 開始數
a1[2:4] # 第 2 個（含）至第 4 個（不含）
# ('cherry', 'apple')
a1[2:] # 第 2 個（含）至最後
# ('cherry', 'apple', 'cherry')
a1[:2] # 開始至第 2 個（不含）
# ('apple', 105)
a1[:] # 0~4
# ('apple', 105, 'cherry', 'apple', 'cherry')
a5[:] # ((4, 5, 6), (7, 8))
a5[0][:1] # (4,)
a5[0][:2] # (4, 5)
```

初期的確不習慣上述的叫出方式，還好隨時可用「Run selection …」的方式檢視。

更甚者，我們亦可以使用「負索引（negative indexing）指令」叫出 tuple 內的元素。例如：

```
a1[-1] # 倒數第 1 個
#'cherry'
a1[-4:-1] # 倒數第 4 個（含）倒數至第 1 個（不含）
# (105, 'cherry', 'apple')
```

即負數表示「倒數」。

接下來，我們檢視 tuple(.) 函數指令的用法，即：

```
a6 = tuple(a1)
a6 # ('apple', 105, 'cherry', 'apple', 'cherry')
a7 = tuple([4, 0, 2]) # (4, 0, 2)
a7 # (4, 0, 2)
a7[1] # 0
```

可注意 a7 的建立方式。再利用 len(.) 函數指令檢視：

```
len(a1) # 5
len(a5) # 2
len(a5[0]) # 3
len(a7) # 3
a = (1, 2, 2, 2, 2, 3)
a.count(2) # 4
```

注意 a5 內的元素個數以及 a.count(.) 的用法。

我們再檢視下列指令：

```
a+a1 # (1, 2, 2, 2, 2, 3, 'apple', 105, 'cherry', 'apple', 'cherry')
a-a1 # unsupported operand type(s) for -: 'tuple' and 'tuple'
a8 = a*2
a8 # (1, 2, 2, 2, 2, 3, 1, 2, 2, 2, 2, 3)
a9 = a1*3
print(a9)
# ('apple', 105, 'cherry', 'apple', 'cherry', 'apple', 105, 'cherry', 'apple',
#  'cherry', 'apple', 105, 'cherry', 'apple', 'cherry')
#
a1.append('orange') # 'tuple' object has no attribute 'append'
```

tuple 倒有點像一開始介紹的字串如 S，故可留意 a+a1、a8 與 a9 的結果；最後，因 tuple 內的元素無法改變，故無法使用例如 a1.append(.) 函數指令，後者的性質底下自可看出。

最後，我們再看 tuple 的「打包」功能，試下列指令：

```
fruits = ("apple", "banana", "cherry")
fruits # ('apple', 'banana', 'cherry')
```

即 fruits 內有三種水果，將其「解開」並用顏色表示，即：

```
(green, yellow, red) = fruits
print(green) # apple
print(yellow) # banana
print(red) # cherry
```

即 fruits 內的元素可用不同顏色表示。最後，試下列指令：

```
dir(a1)
print(dir(a1))
# ['__add__', '__class__', '__contains__', '__delattr__', '__dir__', '__doc__',
# '__eq__', '__format__', '__ge__', '__getattribute__', '__getitem__', '__getnewargs__',
# '__gt__', '__hash__', '__init__', '__init_subclass__', '__iter__', '__le__', '__len__',
# '__lt__', '__mul__', '__ne__', '__new__', '__reduce__', '__reduce_ex__', '__repr__',
# '__rmul__', '__setattr__', '__sizeof__', '__str__', '__subclasshook__', 'count', 'index']
```

即 a1 的延伸函數有 count(.) 與 index(.)。再試：

```
a1.count('apple') # 2
```

習題

(1) 我們如何使用 tuple(.) 函數？

(2) 試敘述不同 tuple 之間的合併。

(3) 利用本節的 a1，試比較 a1*2、print(a1*2) 與 print(*a1*) 的結果。

(4) tuple 可用於何處？

(5) 試比較下列指令結果：

```
(a1*2).index('apple')
a1*2.index('apple')
```

2.1.2 list

接下來，我們來看 list。先試下列指令：

```
b1 = ["apple", 105, "cherry", "apple", "cherry"]
type(b1) # list
b2 = ["abc", 34, True, 40, "male"]
b2a = ("abc", 34, True, 40, "male")
type(b2) # list
type(b2a) # tuple
list(b1) # ['apple', 105, 'cherry', 'apple', 'cherry']
list(("apple", 105, "cherry", "apple", "cherry")) # ['apple', 105, 'cherry', 'apple',
'cherry']
b1[1] # 105
b1[2:4] #  ['cherry', 'apple']
b1[2:] # ['cherry', 'apple', 'cherry']
b1.index('apple') # 0
b1.index('cherry') # 2
b1.index(105) # 1
b1[-1] #'cherry'
b1[-4:-1] # [105, 'cherry', 'apple']
b = [1, 2, 2, 2, 2, 3]
b.count(2) # 4
b+b1 # [1, 2, 2, 2, 2, 3, 'apple', 105, 'cherry', 'apple', 'cherry']
b*2 # [1, 2, 2, 2, 2, 3, 1, 2, 2, 2, 2, 3]
print(b1*3)
# ['apple', 105, 'cherry', 'apple', 'cherry', 'apple', 105, 'cherry', 'apple',
#  'cherry', 'apple', 105, 'cherry', 'apple', 'cherry']
b-b1 # unsupported operand type(s) for -:'list' and 'list'
len(b1) # 5
len(b*2) # 12
```

乍看之下，除了 list 是用中括號「[]」表示之外，其餘倒有點類似於 tuple；不過，二者還是有差異，再試下列指令：

```
b1. append('orange')
b1 # ['apple', 105, 'cherry', 'apple', 'cherry', 'orange']
b1. insert(2, 15)
b1 # ['apple', 105, 15, 'cherry', 'apple', 'cherry', 'orange']
b1[1:2] = ['kiw1']
b1 # ['apple', 'kiw1', 15, 'cherry', 'apple', 'cherry', 'orange']
b1[3:5] = ['waterlemon','tomato']
b1 # ['apple', 'kiw1', 15, 'waterlemon', 'tomato', 'cherry', 'orange']
b1. remove(15)
b1 # ['apple', 'kiw1', 'waterlemon', 'tomato', 'cherry', 'orange']
b3 = b1. copy()
b3 # # ['apple', 'kiw1', 'waterlemon', 'tomato', 'cherry', 'orange']
a1. insert(2, 15) # 'tuple' object has no attribute 'insert'
a1[1:2] = ('kiwi') # 'tuple' object does not support item assignment
a1. copy() # 'tuple' object has no attribute 'copy'
```

即於 list 內可以「擴充」、「植入」、「更改」、「去除」以及「複製」元素，但是於 tuple 內卻無法執行上述動作。

因此，tuple 內的元素是無法變更的，但是 list 內的元素卻可以。雖說如此，我們亦有一個「取巧」的方式企圖變更 tuple 內的元素，即搭配上述 tuple(.) 與 list(.) 函數指令的使用以變更 tuple 內的元素。試下列指令：

```
a1 # ('apple', 105, 'cherry', 'apple', 'cherry')
b4 = list(a1)
b4[1] = "kiwi"
a1b = tuple(b4)
a1b # ('apple', 'kiwi', 'cherry', 'apple', 'cherry')
```

即「將 tuple 轉成 list，變更後再轉回 tuple」。

雖說 tuple 與 list 有差異，但是轉換成向量或矩陣卻是相同的，不過此時需使用模組（numpy）。試下列指令：

```
import numpy as np
b1v = np.array([b1])
print(b1v) # [['apple' 'kiwi' 'waterlemon' 'tomato' 'cherry' 'orange']]
b1v.shape # (1,6)
B1 = np.array([b1,b1])
print(B1)
# [['apple' '105' 'cherry' 'apple' 'cherry' 'orange']
#  ['apple' '105' 'cherry' 'apple' 'cherry' 'orange']]
B1.shape # (2, 6)
A1 = np.array([a1])
print(A1) # [['apple' '105' 'cherry' 'apple' 'cherry']]
A1.shape # (1, 5)
A2 = np.array([a1,a1])
print(A2)
# [['apple' '105' 'cherry' 'apple' 'cherry']
#  ['apple' '105' 'cherry' 'apple' 'cherry']]
A2.shape # (2, 5)
```

換句話說，透過 np 的使用，我們可以建立（一個）向量或矩陣，其中向量或矩陣內的元素可以來自 tuple 或 list。例如：由 a1（tuple）所建立 A2 矩陣，其型態為 2×5。有關於向量或矩陣的建立，可以參考第 3 章。

Python 內有一些「習慣」用法，試下列指令：

```
c, d = 1, 2
c # 1
d # 2
e = 1, 2, 3, 4, 5
f, g, *i = e
f # 1
g # 2
print(i) # [3, 4, 5]
print(*i) # 3 4 5
*i # can't use starred expression here
f, g, *_ = e
*_ # can't use starred expression here
print(*_) # 3 4 5
```

變數的定義可以同時操作如 c 與 d。可以留意 *i 與 *_ 的用法，其中 _ 表示「沒用的或不想要的」變數。

　　最後，我們來看資料的排序。試下列指令：

```
c1 = [7, 2, 3, 9, 50, 60, 0, 1]
# sorting
c1.sort()
c1 # [0, 1, 2, 3, 7, 9, 50, 60]
c2 = c1.sort()
c2 # c2
# sorted
c3 = [5, 2, 9, 0, 1.5]
c3a = sorted(c3)
c3a # [0, 1.5, 2, 5, 9]
c4 = (5, 2, 9, 0, 1.5)
c4a = sorted(c4)
c4a # [0, 1.5, 2, 5, 9]
```

面對數值資料，我們可以進行「排序」。讀者可看出 c2 與 c3a 之不同嗎？變數 .xx()
並不需要再以另一個變數表示，可於右上角視窗內檢視 c2 值為何。Tuple 亦可以進
行「排序」，只不過結果是用 list 顯示。

習題

(1)　試比較 list 與 tuple 之異同。

(2)　試說明 list(.) 函數指令的用法。

(3)　k = [1,2,3,4] 有多種建立方法，試舉例說明。

(4)　試敘述 list 的合併。

(5)　續題 (3)，我們如何知道 k 內有哪些延伸函數指令？

(6)　續上題，試舉一例說明 k.extend(.) 函數指令。

2.1.3　dict

　　於尚未介紹 dictionary 之前，我們先來複習如何於 Python 內建立一個函數指
令，即參考下列指令：

```
# function
def plus(a, b):
    return a+b
# try
plus(2, 3) # 5
```

可以注意上述函數指令的建立方式：用冒號、分行以及內縮（於冒號後按 Enter），即可與下列函數指令比較：

```
def pm(a, b):
    return a+b, a-b
# try
ab = pm(2, 3)
ab # (5, -1)
ab[0] # 5
ab[1] # -1
```

函數指令 plus(.) 與 pm(.) 的名稱是筆者隨意取的，讀者可以嘗試更改名稱。可以注意 plus(.) 與 pm(.) 的結果並不相同，即後者有二個元素，我們可以分別叫出。

接下來，我們檢視 dict。試下列指令：

```
d1 = {'a':'林2', 'b':[1, 2, 3, 4]}
type(d1) # dict
d1['a'] # '林2'
d1['b'] # [1, 2, 3, 4]
d1['c'] = 'an integer'
d1 # {'a': '林2', 'b': [1, 2, 3, 4], 'c': 'an integer'}
d1.get('a') # '林2'
```

dict 指令倒是有點像將 Python 的原始物件「命名」，可以留意應使用大括號「{}」。從上述指令可知可有二種方式叫出 d1 內之元素。

我們來看 dict 有何用處？試下列指令：

```
def pm1(a, b):
    ab = {'a+b':a+b, 'a-b':a-b}
```

```
    return ab
# try
ab1 = pm1(2, 3)
ab1['a+b'] # 5
ab1['a-b'] # -1
```

上述 pm(.) 與 pm1(.) 函數指令的最大不同是後者將前者的結果「命名」，以提高函數建立的完整性。

　　dict 與 list 的性質相同，即我們可以變更其內容，試下列指令：

```
# add item
d1['year'] = 1984
d1 # {'a': '林2', 'b': [1, 2, 3, 4], 'c': 'an integer', 'year': 1984}
d1.update({'color':'green'})
d1
# {'a': '林2',
#  'b': [1, 2, 3, 4],
#  'c': 'an integer',
#  'year': 1984,
#  'color': 'green'}
print(d1) # {'a': '林2', 'b': [1, 2, 3, 4], 'c': 'an integer', 'year': 1984, 'color':
'green'}
# change item
d1['year'] = 1996
print(d1) # {'a': '林2', 'b': [1, 2, 3, 4], 'c': 'an integer', 'year': 1996, 'color':
'green'}
d1
# {'a': '林2',
#  'b': [1, 2, 3, 4],
#  'c': 'an integer',
#  'year': 1996,
#  'color': 'green'}
# remove
d2 = d1.pop('c')
d2 # 'an integer'
d1 # {'a': '林2', 'b': [1, 2, 3, 4], 'year': 1996, 'color': 'green'}
d1.remove('a') # 'dict' object has no attribute 'remove'
del d1['a']
d1 # {'b': [1, 2, 3, 4], 'year': 1996, 'color': 'green'}
```

讀者倒是可以練習「刪除」的三個指令 del、remove 與 pop，看看有何不同？

接著，我們檢視 dict(.) 函數指令，試下列指令：

```
e1 = dict(one=1, two=2)
e1 # {'one': 1, 'two': 2}
e2 = dict(Age=22, Score=78)
e2 #  {'Age': 22, 'Score': 78}
e3 = dict(年齡 =22, 姓名 =' 林 2')
e3 # {' 年齡 ': 22, ' 姓名 ': ' 林 2'}
```

試比較 e1、e2 與 e3 之不同。最後，我們檢視 dict_values() 與 dict_key() 二個函數指令，試下列指令：

```
D1 = {'S':" 黑桃 ", 'H':" 紅心 ", 'D':" 方塊 ", 'C':" 梅花 "}
D1.values() # dict_values([' 黑桃 ', ' 紅心 ', ' 方塊 ', ' 梅花 '])
D1.keys() # dict_keys(['S', 'H', 'D', 'C'])
list(D1.keys()) # ['S', 'H', 'D', 'C']
list(D1.values()) # [' 黑桃 ', ' 紅心 ', ' 方塊 ', ' 梅花 ']
```

即 ['S', 'H', 'D', 'C'] 與 [' 黑桃 ', ' 紅心 ', ' 方塊 ', ' 梅花 '] 分別為 D1 的 values 與 keys，可以注意我們如何叫出。

習題

(1)　試敘述如何自設函數。

(2)　姓名：林 1，國文：62，試以 dict 指令表示。

(3)　續上題，試分別叫出姓名與國文以及林 1 與 62。

(4)　試舉一例說明 dict(.) 函數指令。

(5)　續上題，如何擴充或改變內容。

2.1.4 set 與 frozenset

set 像數學上的「集合」，試下列指令：

```
f1 = {"abc", 34, True, 40, "male"}
f1[0] # 'set' object is not subscriptable
f1['abc'] # 'set' object is not subscriptable
f1['male'] = 'female' # 'set' object does not support item assignment
f2 = ["abc", 34, True, 40, "male"]
f2[4] = 'female'
f2 # ['abc', 34, True, 40, 'female']
type(f1) # set
```

set 是使用大括號「{}」，不像 list，set 內的元素無法叫出也無法修改。再試下列的指令：

```
d1 # {'b': [1, 2, 3, 4], 'year': 1996, 'color': 'green'}
d3 = set(d1)
d3 # {'b', 'color', 'year'}
d3.remove('b')
d3 # {'color', 'year'}
```

原來，set 可收集 dict 內的「名稱」，而我們可以用 xx.remove() 指令刪除 set 內的元素。我們再檢視 set(.) 函數指令如：

```
d4 = set(f1)
d4 # {34, 40, True, 'abc', 'male'}
d5 = set(f2)
d5 # {34, 40, True, 'abc', 'female'}
f3 = ('abc', 34, True, 40, 'female')
d6 = set(f3)
d6 # {34, 40, True, 'abc', 'female'}
```

雖說 f1、f2 與 f3 有不同，但是 d4、d5 與 d6 卻皆屬於 set。

雖然我們無法利用「索引指令」叫出 set 內的元素；不過，若使用迴圈（loop）指令，反倒可以叫出。例如：

```
for x in d6:
    print(x)
# True
```

```
# 34
# female
# 40
# abc
#
print('abc' in d6) # True
print(34 in d6) # True
print(False in d6) # False
```

迴圈的觀念或指令我們底下就會介紹（2.3 節）；另外，利用 print(.) 函數指令，我們亦可以檢視 set 內的元素。

　　既然可以用 remove 指令，於 set 內亦可以使用下列指令，即：

```
d6.add('gh')
d6 #  {34, 40, True, 'abc', 'female', 'gh'}
d3.add('姓名')
d3 #  {'color', 'year', '姓名'}
d3.union(d6) #  {34, 40, True, 'abc', 'color', 'female', 'gh', 'year', '姓名'}
d2 = set(d1)
d2 #  {'b', 'color', 'year'}
d2.update(d6)
d2 #  {34, 40, True, 'abc', 'b', 'color', 'female', 'gh', 'year'}
```

d3.union(d6) 表示 d3 ∪ d6，故交集可爲：

```
d7 = {"apple", "banana", "cherry"}
d8 = {"google", "microsoft", "apple"}
d7.intersection(d8) #  {'apple'}
```

是故，利用 Python，我們亦可以從事數學上「集合」的操作。

　　至於 frozenset，先試下列指令：

```
i1 = range(10)
i1 # range(0, 10)
i2 = frozenset(i1)
i2 # frozenset({0, 1, 2, 3, 4, 5, 6, 7, 8, 9})
```

```
i2[0] # 'frozenset' object is not subscriptable
type(i2) # frozenset
i2.add('gh') # 'frozenset' object has no attribute 'add'
```

顧名思義，i1 遭「凍結（frozen）」成為 i2，即 i2 內的元素無法改變。

習題

(1) 試建立一個空集合（empty set）。
(2) 下列的指令為何？

```
A3 = set([i for i in range(0, 5)])
```

(3) 續上題，試找出 A3 的延伸函數指令。
(4) 若 A2 = {'2'}，則 A2 與 A3 的交集與聯集為何？
(5) A3.isdisjoint(A2) 的結果為何？

2.1.5 zip

最後，我們來看壓縮（zip）指令。zip 指令可用於「配對」，試下列指令：

```
# zip
s1 = ['林 1', '陳 2', '王 3']
s2 = ['one', 'two', 'three']
zip(s1, s2) # <zip at 0x1ebb6054a40>
list(zip(s1, s2)) # [('林 1', 'one'), ('陳 2', 'two'), ('王 3', 'three')]
s3 = [False, True, True]
list(zip(s1, s2, s3)) # [('林 1', 'one', False), ('陳 2', 'two', True), ('王 3', 'three',
True)]
zip1 = zip(s1, s2)
zip1 # <zip at 0x2831ad53640>
```

注意 zip(.) 需搭配 list(.) 指令。於後面的章節內，我們可以看出其功能。我們再試
試：

```
arrays = [
            ["林1", "林1", "陳2", "陳2", "王3", "王3", "黃4", "黃4"],
            ["one", "two", "one", "two", "one", "two", "one", "two"],
        ]
tup1 = list(zip(*arrays))
tup1
# [('林1', 'one'),
#  ('林1', 'two'),
#  ('陳2', 'one'),
#  ('陳2', 'two'),
#  ('王3', 'one'),
#  ('王3', 'two'),
#  ('黃4', 'one'),
#  ('黃4', 'two')]
tup2 = list(zip(arrays))
tup2
# [(['林1', '林1', '陳2', '陳2', '王3', '王3', '黃4', '黃4'],),
#  (['one', 'two', 'one', 'two', 'one', 'two', 'one', 'two'],)]
```

明顯地，就矩陣的型態而言，tup1 與 tup2 的型態並不相同，可以注意 zip(*arrays) 與 zip(arrays) 的用法。再試下列指令：

```
s4 = [1, 2, 3]
s5 = [4, 5, 6]
s6 = [4, 5, 6, 7, 8]
zipped = zip(s4, s5)
print(zipped) # <zip object at 0x000002831AD3FAC0>
list(zipped) # [(1, 4), (2, 5), (3, 6)]
zipped1 = zip(s4, s6)
list(zipped1) # [(1, 4), (2, 5), (3, 6)]
zipped2 = zip(*zipped)
list(zipped2) # []
print(list(*zipped)) # []
#
datas = [('林1','巨蟹','經濟學'), ('葉2','金牛','統計學'), ('林2','雙魚','繪畫'),('陳1','雙子','數學')]
zipped3 = zip(*datas)
print(list(zipped3))
# [('林1', '葉2', '林2', '陳1'), ('巨蟹', '金牛', '雙魚', '雙子'),
#  ('經濟學', '統計學', '繪畫', '數學')]
```

讀者逐一執行上述指令後，應知上述指令的意思（配對）；其次，我們的確需用點時間解釋「矩陣」的型態，可以參考第 3 章。

習題

(1) 何謂 zip 指令？試解釋之。

(2) zip 指令通常與何指令搭配？

(3) 試叫出本節內 tup1 的元素。

(4) 續上題，有無存在使用 tup1[][][] 指令的可能？

(5) 續上題，有無存在使用 tup1[][][][] 指令的可能？

2.2 使用模組

如前所述，直覺而言，為了提高電腦的容量與計算速度，許多深入或進階的計算過程必須以「外掛」的方式呈現，Python 自不例外；換言之，Python 附有許多應用於不同專業的模組，當我們需要使用時，自然要先呼叫它們。

2.2.1 模組（math）與模組（numpy）

試下列指令：

```
exp(10) # name 'exp' is not defined
log(10) # name 'log' is not defined
# import
import math
import numpy as np
## using math
dir(math)
len(dir(math)) # 60
b = 30
math.exp(b) # 10686474581524.463
math.log(b) # 3.4011973816621555
math.pi #  3.141592653589793
math.pow(b,2) # 900.0
b**2 # 900
# using np
```

```
dir(np)
len(dir(np)) # 620
np.exp(b) # 10686474581524.463
np.log(b) # 3.4011973816621555
np.pi # 3.141592653589793
np.power(b,2) # 900
#
a = [1,2,3,4,5]
np.mean(a) # 3
np.std(a) # 1.4142135623730951, 標準差
np.var(a) # 2.0, 變異數
np.quantile(a,0.05) # 1.2000000000000002, 分位數
```

上述指令說明欲計算例如 e^{30} 或 log(30) 之值 [1]是不可行的,我們必須藉由使用模組內的函數指令計算。我們分別使用模組(math)與模組(numpy)(簡寫為 np);換言之,math.exp(30) 與 np.exp(30) 是指分別以模組(math)與模組(numpy)計算,其餘可類推。模組(math)與模組(numpy)內分別有 60 與 620 個函數指令,如前所述遇到時再研究即可。利用 np,我們亦可計算 a 的一些基本的敘述統計量如平均數、變異數或分位數等。

　　np 內仍有相當多「好用」的函數指令,往後我們經常會使用。例如:

```
x = np.arange(0,10)
x # array([0, 1, 2, 3, 4, 5, 6, 7, 8, 9])
y = np.arange(0,10,3)
y # array([0, 3, 6, 9])
z = np.linspace(0,10,20)
z
# array([ 0.        ,  0.52631579,  1.05263158,  1.57894737,  2.10526316,
#         2.63157895,  3.15789474,  3.68421053,  4.21052632,  4.73684211,
#         5.26315789,  5.78947368,  6.31578947,  6.84210526,  7.36842105,
#         7.89473684,  8.42105263,  8.94736842,  9.47368421, 10.        ])
len(z) # 20
```

np.arange(.) 函數指令頗類似於之前 range(.) 函數指令,讀者可以練習看看;或者,先猜猜上述 y 值為何?其次,np.linspace(0,10,20) 函數指令是將 0 至 10 分割成 20

---

[1] 本書的 log(.) 是指自然對數。

等份，而利用該函數指令對於繪圖有相當的助益。

習題

(1) 試比較 np.arange(.) 與 np.linspace(.) 函數指令的異同。

(2) 試比較 np.arange(.) 與 range(.) 函數指令的異同。

(3) 分別試 dir（np）與 dir（random）指令。

(4) 續上題，分別試 help（np.random.normal）與 help（np.random.randn）指令，其結果為何？如何使用 np.random.normal(.) 與 np.random. randn(.) 函數指令？

(5) 續上題，np.random. randn（2,3）的結果為何？其形態為何？

(6) 續上題，重複操作下列指令數次，其結果為何？即：

```
np.random.seed(1234)
np.random.randn(2, 3)
```

(7) 續上題，重複操作下列指令數次，其結果為何？即：

```
np.random.seed(1234)
np.random.normal(0, 1, (2, 3))
```

2.2.2 模組（yfinance）、模組（scipy.stats）與模組（pandas）

我們再檢視下列指令：

```
# pip install yfinance
import yfinance as yf
data = yf.download("^TWII", start="2000-01-01", end="2019-07-31")
data
```

模組（yfinance）（簡寫成 yf）是指透過該模組我們可以從 Yahoo 處下載一些財金的歷史資料。以台灣加權股價指數（TWI）為例，上述指令是下載 TWI 之 2000/1/4~2019/7/30 期間的所有資料並令之為 data，讀者可檢視看看。於 Spyder4.1.5 的環境下原本已經附有一些基本的模組，不過 yf 卻必須讀者自己下載，試下列下載指令：pip install yfinance。

　　若讀者有檢視上述 data 檔案（右上角視窗），應會發現其屬於一種資料框
（DataFrame）的結構。資料框是一種常見的資料處理檔案，其結構倒頗類似於
Excel 檔，於後面章節內，我們會介紹如何建立資料框以及如何取出資料框的資
料，並進行簡易的計算。不過於此處我們倒是可以練習如何於上述 data 檔案叫出
TWI 的日收盤價，即：

```
St1 = data['Close']
St = data.Close # 收盤價
St.head(3)
# Date
# 2000-01-04     8756.549805
# 2000-01-05     8849.870117
# 2000-01-06     8922.030273
# Name: Close, dtype: float64
St.tail(2)
# Date
# 2019-07-29     10885.730469
# 2019-07-30     10830.900391
# Name: Close, dtype: float64
```

data 檔案內有開盤價（Open）、最高價（High）或收盤價（Close）等資料，其
有 St1 與 St 二種方式可以得到 TWI 的日收盤價；另一方面，利用 St.head(n) 與
St.tail(n) 指令可以分別得到 St 的「頭與尾」n 個資料，後二者通常用於檢視變數例
如 St 的下載是否有誤（上述指令的結果有 dtype: float64，指的是日收盤價 Close 變
數型態是定義於實數內）。讀者可以練習例如 St.head(20) 與 St.tail(20) 指令看看。

　　於《統計》或《歐選》二書內，我們經常利用 St 進一步計算對應的日（對數）
報酬率，其指令可爲：

```
# 報酬率
St_1 = St.shift(1) # 落後 1 期
rt = 100*np.log(St/St_1)
rt.head(2)
# Date
# 2000-01-04           NaN
# 2000-01-05     1.060081
```

```
# Name: Close, dtype: float64
rt1 = rt[1:len(rt)]
rt1.head(2)
# Date
# 2000-01-05    1.060081
# 2000-01-06    0.812075
# Name: Close, dtype: float64
rt1.tail(2)
# Date
# 2019-07-29   -0.057398
# 2019-07-30   -0.504960
# Name: Close, dtype: float64
rta = (100*np.log(St/St_1)).dropna()
rta.head(2)
# Date
# 2000-01-05    1.060081
# 2000-01-06    0.812075
# Name: Close, dtype: float64
```

留意 rt 內有 NaN 值（not a number，非數值），可以檢視我們如何將 NaN 值刪除 如 rt1 或 rta 所示，即 rt1 與 rta 是相同的序列。

有了 rt1 或 rta，我們可以輕易地計算其簡易的敘述統計量如：

```
rta.skew() # -0.2768145183345424, 偏態係數
rta.kurtosis() # 3.765170040737796, 超額峰態係數
from scipy.stats import norm
import pandas as pd
y1 = norm.rvs(0, 1, 100)
y1.describe() # AttributeError: 'numpy.ndarray' object has no attribute 'describe'
np.random.seed(132)
x = pd.DataFrame(norm.rvs(0, 1, 100))
x1 = x.kurtosis() # 0    0.495325
x1[0] # 0.4953246130557174
np.round(x1[0], 4) # 0.4953, 四捨五入
x.describe()
#                  0
# count   100.000000
# mean     -0.061578
```

```
# std       0.856412
# min      -2.609351
# 25%      -0.639842
# 50%      -0.073000
# 75%       0.485078
# max       2.010570
```

y1 與 x 皆是標準常態分配的觀察值（利用模組（scipy.stats））[2]，讀者試著解釋上述指令看看，即檢視 y1 與 x 有何不同？上述指令有使用到模組（scipy.stats）與模組（pandas）（簡稱 pd）二個，利用 pd 可以將資料以資料框的型態表示，才能使用 xxx.describe() 函數指令。

習題

(1) 本節的 y1 與 x 皆是標準常態分配的觀察值，我們如何取得。

(2) 續上題，標準常態分配的觀察值當然不止只有上述的 y1 與 x，再模擬（或稱抽取）一次。其結果為何？

(3) 若每次皆想得到相同的模擬值，該如何做？

(4) 其實亦可以使用模組（numpy）取得相同的模擬值，該如何做？

(5) 利用模組（yfinance）亦可下載 S&P500 指數的歷史資料，該如何做？提示：可先上網查詢 S&P500 指數的代號。

2.3 基本語法 2

　　就資料處理而言，Python 的確是一種非常好用的（輔助）工具；雖說如此，Python 的目的絕非在此。基本上，Python 卻是一種（原始）的程式語言，其功能非常強大（從眾多或不斷推陳出新的模組就可看出）；或者說，透過程式的撰寫，Python 反而可以做更多的事。其實，我們從 2.1 節內有關於大、中以及小括號的劃分或程式建構因子的區分，大概就可看出 Python 為「未來鋪路」的端倪。

　　雖說本書只是利用 Python 來從事資料處理而已，我們還是要對基本的 Python

---

[2] 有關於常態分配觀察值的模擬，即 norm.rvs(.) 函數指令的使用，可以參考《統計》。

語法有一定的認識。即本節內容延續 2.1 節 ③ 。

表 2-1　TWI 日（對數）報酬率之敘述統計量（2000/1/5~2020/7/30）（單位：%）

個數	平均數	變異數	最小值	Q1	Q3	最大值	偏態係數	峰態係數
4815	0.0	1.8	-9.94	-0.58	0.67	6.52	-0.28	3.77

說明：1. Q1 與 Q3 分別表示第 1 與 3 四分位數。

　　　2. 峰態係數係指超額峰態。

　　　3. 資料來源：Yahoo。

2.3.1 編表

利用 2.1 與 2.2 節的觀念，其實我們馬上可以利用 Python 編製簡易的表如表 2-1 所示。表 2-1 所對應的 Python 程式碼可為：

```
table1 = [{'個數':len(rt),'平均數':np.mean(rt),'變異數':np.var(rt),'最小值':min(rt),
          'Q1':np.quantile(rt,0.25),'Q3':np.quantile(rt,0.75),'最大值':max(rt),
          '偏態係數':rt.skew(),'峰態係數':rt.kurtosis()}]
df1 = pd.DataFrame(table1)
df1
df2 = np.round(df1,2)
df2
#    個數  平均數  變異數   最小值    Q1    Q3   最大值  偏態係數  峰態係數
# 0  4815   0.0    1.8   -9.94  -0.58  0.67   6.52   -0.28    3.77
```

其中 rt 表示前述之 TWI 日（對數）報酬率序列。可以注意上述指令須使用 np 與 pd（模組）；因此，表 2-1 其實只是一種簡易的資料框，可以留意 df1 的組成成分。後面章節自會說明如何建立複雜的資料框。

2.3.2 讀取與儲存資料

如前所述，資料框的結構類似於 Excel 檔案，我們嘗試將表 2-1 內的結果儲存至第 2 章所附的資料檔內，試下列指令：

---

③ 於 Spyder 的環境內，基本的語法是用「紅色」表示。

```
# save
df1.to_excel('F:/DataPR/ch2/data/Table21.xlsx')
df1.to_csv('F:/DataPR/ch2/data/table21.csv')
```

即我們儲存的檔案名稱分別為 Table21.xlsx（Excel 檔）以及 table21.csv（文字檔）。
接下來再讀回該檔案，即：

```
# read
Table21 = pd.read_excel('F:/DataPR/ch2/data/Table21.xlsx')
Table21
Table21 = pd.read_csv('F:/DataPR/ch2/data/table21.csv')
np.round(table21, 2)
# Unnamed: 0  個數   平均數  變異數  最小值   Q1     Q3    最大值   偏態係數   峰態係數
# 0          0   4815   0.0   1.8  -9.94  -0.58  0.67   6.52    -0.28    3.77
```

最後，再檢查看看是否有誤：

```
np.round(table21['偏態係數'], 2)
# 0    -0.28
# Name: 偏態係數, dtype: float64
sk = np.round(table21['偏態係數'], 2)
sk.item() # -0.28
```

我們可以用 xx.item() 指令取得純數值部分。

2.3.3 比較

　　通常於電腦內判斷「對（True）」與「錯（False）」的結果可稱為布爾值，而
我們可將上述的「對與錯」分別轉換成 1 與 0。試下列指令：

```
# 比較
x1 = 3>5 # False
x11 = x1*1 # 0
x2 = 10 >= 9 # # True
x21 = x2*1 # 1
x3 = 10 == 10 # True
x31 = x3*1 # 1
x4 = (3>5)|(5>4) # True
x5 = ((3>5) & (5>4))*1 # 0
```

即 x1 是錯的，其可轉換成 0 如 x11（即布爾值 *1 可轉換成 1 或 0）。可以注意 x3，其是詢問 10 是否等於 10，我們應該用「==」而不是用「=」，因爲後者難以區別例如 x = 10。另一方面，「|」與「&」分別表示「or」與「and」。試解釋上述指令之結果。

我們舉一個例子再練習看看。考慮表 2-1 內的 4,815 個報酬率資料序列 rt。我們打算從 rt 內找出報酬率大於等於 0 以及介於 0 與 0.5% 之間的二部分資料，試下列指令：

```
p1 = rt >= 0
p2 = p1*1
p1.head(2)
# Date
# 2000-01-05    True
# 2000-01-06    True
# Name: Close, dtype: bool
p2.head(2)
# Date
# 2000-01-05    1
# 2000-01-06    1
# Name: Close, dtype: int32
rp2 = rt*p2
len(rp2) # 4815
len(rt[p1]) # 2515
p3 = (rt >= 0) & (rt <= 0.5)
len(rt[p3]) # 1057
```

即上述二部分分別爲 rt[p1] 與 rt[p3]，而其內的元素個數則分別爲 2,515 與 1,057。讀者亦可以練習看看如何取出例如 rt 內小於 0 或小於 -5% 的部分。

習題

(1) 表 2-1 的建立是用何觀念？試敘述之。

(2) 何謂資料框？

(3) 利用上述 rt 資料，試找出小於 0 的資料，其個數爲何？

(4) 利用上述 rt 資料，試找出小於 -5（%）的資料，其個數爲何？

2.3.4 自設函數與 if 指令

有了布爾值的觀念，我們就可以使用條件指令 if 或是 if…elif…else 了。試下列指令：

```
def myif(h, k):
    if h > k:
        return print('h > k')
    elif h < k:
        return print('h < k')
    else :
        return print('h==k')
# try
myif(3, 4) # h < k
myif(4, 4) # h==k
myif(5, 4) # h > k
```

其中 elif 是 else if 的簡稱。於上述指令內，我們有自設一個稱為 myif(.) 的函數指令，可以留意其設定方式。讀者可以嘗試解釋上述指令的意思（若…則…，又若…則…，否則…）。

我們再練習看看。試下列指令：

```
# if... else...
def pos(r0):
    if r0 >= 0:
        return print('1')
    else:
        return print('0')
# try
pos(0.03) # 1
pos(-0.03) # 0
```

即若…則…，否則…的用法。

有關於自設函數或函數的「輸入」與「輸出」型態，有下列的擴充：

(1) 輸入（參數）值的輸出，考慮下列指令：

```
def sum4(w, x, y, z, print_a = False):
    if print_a:
        print(w, x, y, z)
    return w + x + y + z
sum4(1, 2, 3, 8, print_a=False) # 14
sum4(1, 2, 3, 8, True)
# 1 2 3 8
# 14
sum4(1, 2, 3, 8, print_a=True)
# 1 2 3 8
# 14
```

(2) 未知輸入值可寫成 *args，未知輸入值可用 tuple 型態呈現，即：

```
def sum_many(*args):
    print (type (args))
    return (sum(args))
# try
sum_many(1, 2, 3, 4, 5, 7, 8)
# <class 'tuple'>
# 30
```

(3) 未知輸入值可寫成 **kwargs，未知輸入值可用 dict 型態呈現，即：

```
def sum_key(**kwargs):
    print (type (kwargs))
    return (sum(kwargs.values()))
sum_key(i=10, j=20, k=100)
# <class 'dict'>
# 130
```

上述 (1)~(3) 指令顯示出函數的設定型態並非只局限於已知的輸入值。

　　至目前為止，我們的自設函數型態皆較為簡易，我們可以考慮建立一個較為複雜的函數型態。考慮第 1 章的 BSM 模型。我們的自設函數為：

```
from scipy.stats import norm
def BSM(S, K, T, r, q, sigma):
    d1 = (np.log(S/K) + (r-q+0.5*sigma**2)*T)/(sigma*np.sqrt(T))
    d2 = (np.log(S/K) + (r-q-0.5*sigma**2)*T)/(sigma*np.sqrt(T))
    c = (S*np.exp(-q*T)*norm.cdf(d1,0.0,1.0)-K*np.exp(-r*T)*norm.cdf(d2,0.0,1.0))
    p = (K*np.exp(-r*T)*norm.cdf(-d2,0.0,1.0)-S*np.exp(-q*T)*norm.cdf(-d1,0.0,1.0))
    results = {'買權價格':c,'賣權價格':p}
    return results

S0 = 8200.43;T = 51/252;r = 1.13/100;sigma = 0.1723;K = 8400;q = 0
re = BSM(S0, K, T, r, q, sigma)
re['買權價格'] # 176.14154980493913
re['賣權價格'] # 356.52349879024223
```

使用 if 指令，我們亦可將上述 BSM(.) 函數更改為：

```
def BSM1(S, K, T, r, q, sigma, option = 'call'):
    d1 = (np.log(S/K) + (r-q+0.5*sigma**2)*T)/(sigma*np.sqrt(T))
    d2 = (np.log(S/K) + (r-q-0.5*sigma**2)*T)/(sigma*np.sqrt(T))
    if option == 'call':
        result = (S*np.exp(-q*T)*norm.cdf(d1,0.0,1.0)-K*np.exp(-r*T)*norm.cdf(d2,0.0,1.0))
    if option == 'put':
        result = (K*np.exp(-r*T)*norm.cdf(-d2,0.0,1.0)-S*np.exp(-q*T)*norm.cdf(-d1,0.0,1.0))
    return result

BSM1(8200, 8400, 51/252, 1.13/100, 0, 0.1723,'call') # 175.96771021750328
BSM1(8200, 8400, 51/252, 1.13/100, 0, 0.1723,'put') # 356.7796592028071
```

或是，使用 if…elif…else 指令可以再更改為：

```
def BSM2(S, K, T, r, q, sigma, option = 'call'):
    d1 = (np.log(S/K) + (r-q+0.5*sigma**2)*T)/(sigma*np.sqrt(T))
    d2 = (np.log(S/K) + (r-q-0.5*sigma**2)*T)/(sigma*np.sqrt(T))
    if option == 'call':
        result = (S*np.exp(-q*T)*norm.cdf(d1,0.0,1.0)-K*np.exp(-r*T)*norm.cdf(d2,0.0,1.0))
    elif option == 'put':
        result = (K*np.exp(-r*T)*norm.cdf(-d2,0.0,1.0)-S*np.exp(-q*T)*norm.cdf(-d1,0.0,1.0))
    else:
```

```
        print("option type can only be call or put")
    return result

BSM2(8200, 8400, 51/252, 1.13/100, 0, 0.1723, 'call')  # 175.96771021750328
BSM2(8200, 8400, 51/252, 1.13/100, 0, 0.1723, 'put')   # 356.7796592028071
BSM2(8200, 8400, 51/252, 1.13/100, 0, 0.1723, 'p')     # option type can only be call or put
```

即於 BSM(.) 內加進 if 或是 if…elif…else 等條件指令，可以注意其函數的設置形態。

習題

(1) 本節有檢視何種的函數型態？試解釋之。

(2) 試自設一個函數說明未知輸入值可寫成 *args。

(3) 試自設一個函數說明未知輸入值可寫成 **kwargs。

(4) 於網路上有看到下列的指令 [④]，試試看，即：

```
score = int(input('請輸入考試分數 (1-100)：'))
if score > 100:
    print('請勿亂輸入！')
elif score >= 90 and score <= 100:
    print('成績：A+')
elif score >= 80 and score < 90:
    print('成績：B+')
elif score >= 70 and score < 80:
    print('成績：B')
else:
    print('成績：C')
```

2.3.5 迴圈

若有重複的動作，此時使用迴圈可能較為省事。試下列指令：

```
x = [1.0, 2.0, 3.0, 4.0, 5.0]
```

[④] "https://www.footmark.info/programming-language/python /python-if-elif-else/"。

```
x1 = x/2 # TypeError: unsupported operand type(s) for /: 'list' and 'int'
m = len(x)
y = [5,6]
for i in range(m):
    a = x[i]/2
    y.append(a)
print('y = ',y) #  y = [5, 6, 0.5, 1.0, 1.5, 2.0, 2.5]
# y = [5, 6, 0.5, 1.0, 1.5, 2.0, 2.5]
```

第 2 行指令說明了 list 不能用於計算。第 5 行指令內的 range(m) 指令是列出 0, 1, 2,
…, $m-1$ 的整數；另外，上述第 7 行指令內的 y.append(a) 指令是 y 內的元素再加進
a。上述第 5~7 行指令就是迴圈的表示方式，其是指 i 分別等於 0, 1, 2, …, $m-1$（整
數），依序於 y 內加進 $x[i]/2$ 元素。讀者可預期 y 內的元素為何。值得注意的是，
迴圈不能寫成：

```
for i in range(m):
a = x[i]/2
y.append(a)
```

即 for 後的行須「內縮」。

我們再舉一個的例子。仍考慮前述之 rt 資料，我們打算使用「迴圈搭配 if 指
令」，即：

```
#
neg = []
index = np.arange(0,len(rt))
for i in index:
    if rt[i] <= 0.0:
        neg.append(rt[i])
len(neg) # 2303
pd.DataFrame(neg).head(2)
#            0
# 0 -0.812075
# 1 -1.947626
```

即我們欲找出 rt 內小於等於 0 的資料。最後，再試一個例子：

```
from numpy.random import randn
np.random.seed(1234)
a = {i : randn() for i in range(7)}
np.round(a[0],2) # 0.47
np.round(a[1],2) # -1.19
np.round(a[6],2) # 0.86
```

讀者可以猜猜 a 為何？

2.3.6 while 指令

　　while 指令亦可稱為 while 迴圈指令，即其過程有些類似於迴圈。先猜猜下列指令的結果，即：

```
x = 5
j = 0
while j < x:        #  只要 j < x, 就執行下列指令
    print('TSMC')
    j = j+1    # 逐增 1
```

結果可檢視所附的程式碼。

　　再試下列指令：

```
i = 1
while i < 6:
  print(i)
  i += 1
else:
  print("i is no longer less than 6")
```

即 while 指令內亦可再加入 else 指令（表示條件已不成立），其中 i += 1 就是 i = i+1；換言之，讀者亦可猜猜上述指令的結果。

　　最後，猜猜下列指令的結果：

```
i = 1
while i < 6:
  print(i)
  if i == 3:
    break
  i += 1
#
i = 0
while i < 6:
  i += 1
  if i == 3:
    continue
  print(i)
```

結果可檢視所附的程式碼。

我們亦可以舉一個例子說明 while 指令的應用，即：

```
# implied volatility
def impVolc(S0, K, r, q, T, c0):
    sigma = 0.2
    up = 10
    down = 0.0001
    k = 0
    error = BSM1(S0, K, T, r, q, sigma, option = 'call')-c0
    while abs(error) > 0.00001 and k < 1000:
        if error < 0:
            down = sigma;sigma = (up+sigma)/2
        else:
            up = sigma;sigma = (down + sigma)/2
        error = BSM1(S0, K, T, r, q, sigma, option = 'call')-c0
        k = k+1
    return sigma
# try
S0 = 9200;K = 9200;T = 0.5;r = 0.02;q = 0.01
c0 = BSM1(9200, 9200, 0.5, 0.02, 0.01, 0.25, option = 'call') # 666.219313036644
impVolc(S0, K, r, q, T, c0) # 0.25000000353902574
```

上述指令是說明如何用「嘗試錯誤（try and error）」的方式找出（歐式）買權價格的隱含波動率（implied volatility）（《歐選》）。

2.3.7 lambda 函數

　　Python 存在一種匿名的函數（anonymous function）或稱為 lambda 函數。lambda 函數至少有二個用處，其一是：

```
apb = lambda x, y:x+y
apb(2, 3) # 5
```

即 lambda 有點取代「def」（比較之前函數的設定）的味道；或者說，簡單的函數設定如只有一行，可用 lambda 函數。

　　lambda 函數的另一個用處是：

```
# application
def fx(x, a, b):
    return a*x**b
fx(0.5, 2, 1) # 1.0
```

即考慮一個函數如 $f(x, a, b) = ax^b$。於 $a = 2$ 與 $b = 1$ 之下，圖 2-1 繪製出 $f(x)$ 的形狀[⑤]。我們有興趣想要知道 $\int_0^{0.5} f(x, a, b)dx$ 為何，即圖 2-1 內三角形的面積；換言之，圖內的面積等於 0.25。利用 Python 的模組，我們亦可以計算上述積分值，即檢視下列指令：

```
a = 2;b = 1
import scipy.integrate as integrate
area1 = integrate.quad(lambda x:fx(x, a, b), 1e-8, 0.5)[0] # 0.24999999999999997
#
def fx1(x):
    return a*x**b
area2 = integrate.quad(fx1, 1e-8, 0.5)[0] # 0.24999999999999997
```

---

⑤ 第 9 章將介紹圖形的繪製。於 Spyder 的環境內，可於右上視窗內的「Plots」內找到所繪製的圖形。

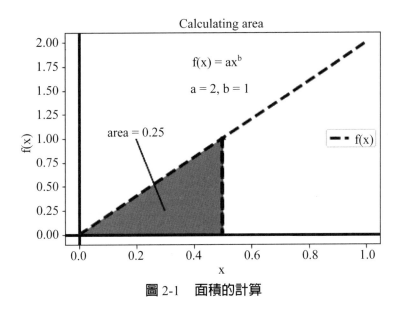

圖 2-1　**面積的計算**

讀者是否有發現上述二個計算積分的過程有何不同？我們是使用被積分函數為 $f(x, a, b) = ax^b$ 以計算出 area1，而 area2 的計算卻使用被積分函數為 fx1，其中前者的計算有使用 lambda 函數而後者則無。因此，透過 lambda 函數的使用，於積分時，原始的函數型態如 $f(x, a, b)$ 可以保留，而若不使用 lambda 函數則積分必須使用 $f(x) = ax^b$，即函數內的參數值無法置於函數內。

　　於《歐選》內，我們除了應用 lambda 函數於較為複雜的積分型態外，同時亦應用於「求極值」的情況，有興趣的讀者可以看看。

2.3.8　class 的建立

　　第 1 章我們曾介紹過 class（類別）。於《歐選》內，我們曾經設計一種「布朗運動（Brownian motion, BM）」的模擬群，內含「隨機漫步[6]」與常態分配所產生的 BM 以及「幾何布朗運動（GBM）」。BM 之模擬群（類別）的程式碼為：

```
class BM():
    def __init__(self, x0=0):
        self.x0 = float(x0)
    # random walk
    def RW(self, n):
        HT = [1, -1]
```

---

[6] 該隨機漫步過程是經由「抽出放回」所產生。

```
        Wn = np.ones(n)*self.x0
        for i in range(1,n):
            xi = np.random.choice(HT,1)
            Wn[i] = Wn[i-1]+(xi/np.sqrt(n))
        return Wn
    def Normal(self,n):
        Wn = np.ones(n)*self.x0
        for i in range(1,n):
            # Sampling from the Normal distribution
            xi = np.random.normal()
            # Weiner process
            Wn[i] = Wn[i-1]+(xi/np.sqrt(n))
        return Wn
    def GBM(self,S0,mu,sigma,T,n):
        # dt = T/n
        t = np.linspace(0,T,n)
        # Stock variation
        drift = (mu-(sigma**2/2))
        self.x0=0
        # Weiner process
        Wt = sigma*self.Normal(n)
        # Add two time series, take exponent, and multiply by the initial stock price
        St = S0*(np.exp(drift*t+Wt))
        return St
```

讀者可以比較前述 arithoper(.) 與 BM(.) 設立之異同。

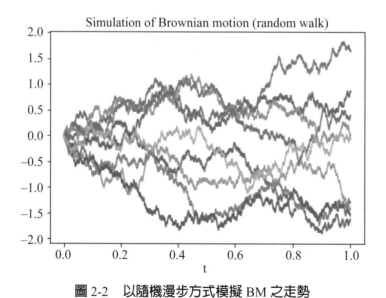

圖 2-2　以隨機漫步方式模擬 BM 之走勢

我們來檢視如何使用 BM(.) 之模擬群。首先,以隨機漫步方式模擬出 BM 的走勢,其結果可繪製於圖 2-2 而其對應的程式碼則爲:

```
b = BM()
fig = plt.figure()
t = np.linspace(0, 1, 1000)
np.random.seed(1234)
for i in range(9):
    plt.plot(t, b.RW(1000))
plt.xlabel('t')
plt.title('Simulation of Brownian motion (random walk)')
```

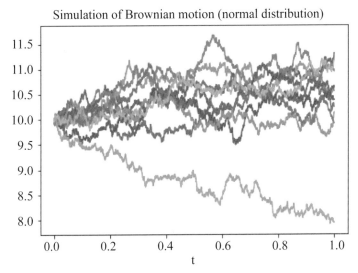

圖 2-3　以常態分配方式模擬 BM 之走勢（期初值爲 10）

圖 2-3 繪製出以常態分配方式模擬 BM 的走勢,其對應的程式碼則爲:

```
B = BM(10) # 期初值為 10
fig = plt.figure()
t = np.linspace(0, 1, 2000)
np.random.seed(1234)
for i in range(10):
    plt.plot(t, B.Normal(2000))
plt.xlabel('t')
plt.title('Simulation of Brownian motion (normal distribution)')
```

最後，圖 2-4 繪製出 GBM 的模擬走勢，其對應的程式碼爲：

```
G = BM()
S0 = 100;mu = 0.2;sigma = 0.25;n = 1000;T = 1
fig = plt.figure()
t = np.linspace(0,1,n)
np.random.seed(1234)
for i in range(9):
    plt.plot(t,G.GBM(S0,mu,sigma,T,n))
plt.xlabel('t')
plt.title('Simulation of GBM')
```

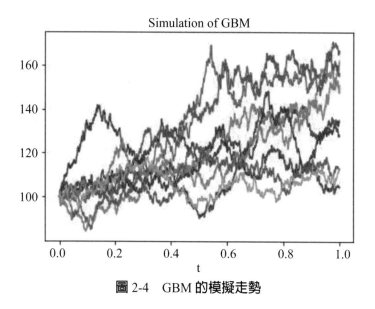

圖 2-4　GBM 的模擬走勢

## Chapter 3

向量與矩陣

於本節，我們將介紹向量與矩陣。向量與矩陣的觀念是重要的，而且也吸引人。直覺而言，一個 3×3 的矩陣內有 9 個元素，則一個名為 $\mathbf{A}_i$ 的 $m \times n$ 的矩陣豈不是內有 $g = mn$ 個元素！例如：$m = (1e + 10)$ 與 $n = (1e + 20)$，則 $g = (1e + 30)$。更甚者，考慮下列矩陣 $\mathbf{A}$：

$$\mathbf{A} = [\mathbf{A}_1, \mathbf{A}_2, \cdots, \mathbf{A}_k]$$

則 $\mathbf{A}$ 內有 kg 個元素！按照上述的推理過程，豈不是可以再延伸？因此，就資料的處理或探索而言，大量的資料若能以矩陣來處理或儲存，的確比較方便且驚人。

是故，本章的目的就是介紹如何用 Python 來建立矩陣 $\mathbf{A}$ 或是如何於 Python 內進行向量與矩陣的操作。於底下的介紹或說明內，讀者應可注意若「稍不留意」，很有可能會犯錯而不知。即初學者最好是於 Spyder 內操作。

3.1 向量

考慮一個 $m \times n$ 的矩陣 $\mathbf{B}$，其內的元素可寫成：

$$\mathbf{B} = \begin{bmatrix} b_{11} & b_{12} & \cdots & b_{1n} \\ b_{21} & b_{22} & \cdots & b_{2n} \\ \vdots & \vdots & \ddots & \vdots \\ b_{m1} & b_{m2} & \cdots & b_{mn} \end{bmatrix}$$

即例如 b_{21} 表示矩陣 **B** 內之第 2 列與第 1 行的元素，其餘可類推；因此，矩陣 **B** 亦可寫成 $\mathbf{B} = [b_{ij}]_{i=1, 2, \cdots, m; \, j=1, 2, \cdots, n}$ 或簡寫成 $\mathbf{B} = [b_{ij}]$。

3.1.1 行向量與列向量

就上述矩陣 **B** 而言，其亦可寫成：

$$\mathbf{B} = \begin{bmatrix} \mathbf{b}_1 & \mathbf{b}_2 & \cdots & \mathbf{b}_n \end{bmatrix} = \begin{bmatrix} \mathbf{b}_1^T \\ \mathbf{b}_2^T \\ \vdots \\ \mathbf{b}_m^T \end{bmatrix}$$

其中 $\mathbf{b}_i$ 為矩陣 **B** 的行向量（column vector），而 $\mathbf{b}_j^T$ 則為矩陣 **B** 的列向量（row vector）；換言之，矩陣 **B** 是由 n 個行向量或是由 m 個列向量所構成。

我們來看如何於 Python 內操作。試下列指令：

```
import numpy as np
a = [1, 2, 3, 4]
a
type(a) # list
a1 = np.array(a)
a1 # array([1, 2, 3, 4])
type(a1) # numpy.ndarray
b = [[1], [2], [3], [4]]
b # [[1], [2], [3], [4]]
type(b) # list
# column vector
b1 = np.array(b)
b1
# array([[1],
#        [2],
#        [3],
#        [4]])
type(b1) # numpy.ndarray
```

上述指令是說明我們可以透過「list」搭配「np」的使用以建立一個行向量如 b1；值得注意的是，a1 並不是一個向量。我們如何知道後二者的性質？再試下列指令：

```
b1.shape # (4, 1)
a1.shape # (4,)
b1.size # 4
b1.ndim # 2
a1.size # 4
a1.ndim # 1
```

即 b1 是一個 4×1 的向量，其維度（dimension）等於 2，而 a1 卻是一個 4×0 的「畸形」向量，對應的維度等於 1；因此，讀者可以想像前述的 **A** 矩陣的維度爲何？答案：3，即其可寫成 $j \times m \times n$ 或 (j, m, n)，其中是 $j = 1, 2, \cdots, k$。換句話說，a1 並不是我們想要介紹的「向量」。上述 4×1 可稱爲 b1 的型態（shape），我們可以從 b1.shape 指令得知，其餘類推。

我們再說明如何建立列向量。試下列指令：

```
# row vector
c = [[1, 2, 3, 4]]
c # [[1, 2, 3, 4]]
type(c) # list
c.shape # 'list' object has no attribute 'shape'
c1 = np.array(c)
c1 # array([[1, 2, 3, 4]])
c1.shape # (1, 4)
c1.size # 4
c1.ndim # 2
```

即 c1 是一個 1×4 的列向量，其維度亦爲 2。可以留意行向量或是列向量的建立，需要二道 list，即「[[ ]]」。

接下來，我們於 b1 與 c1 內使用「索引指令」，試下列指令：

```
# 索引指令
b[0] # [1]
b1[0] # array([1])
b[0:] # [[1], [2], [3], [4]]
b1[0:] #
# array([[1],
#        [2],
#        [3],
```

```
#        [4]])
b[2:] # [[3], [4]]
b1[2:]
#
# array([[3],
#        [4]])
b[-2:-1] # [[3]]
b1[-2:-1] # array([[3]])
c[2] # list index out of range
c[0] # [1, 2, 3, 4]
c[0][0] # 1
c[0][3] # 4
c1[2] # index 2 is out of bounds for axis 0 with size 1
c1[0] # array([1, 2, 3, 4])
c1[0][3] # 4
c[0,3] # list indices must be integers or slices, not tuple
c1[0,3] # 4
c1[1,0] # index 1 is out of bounds for axis 0 with size 1
```

因 c1 是一個 1×4 的列向量，故可以有二種方式叫出其內之元素，例如使用 c1[0][3] 或是 c1[0,3]，但是 c1[1,0] 卻不行（為何？）。

反觀上述行向量 b1，試下列指令：

```
b1[0:][2] # array([3])
b1[0:,2] # index 2 is out of bounds for axis 1 with size 1
b1[2,1] # index 1 is out of bounds for axis 1 with size 1
b1[2] # array([3])
```

試比較「b1[0:][2] 與 b1[2]」以及「c1[0][3] 與 c1[0,3]」之間的差異。

習題

(1) 試說明如何於 Python 內建立行向量與列向量。

(2) 若 $x = np.arange(10, 50, 2)$，則 x 是否是一個向量？其長度與維度分別為何？

(3) 續上題，試舉例說明如何於 x 內使用「索引指令」。$x[-5:-17]$ 為何？

(4) 續上題，如何將 x 轉換成列向量？

(5) 續上題，如何將 x 轉換成行向量？提示：試下列指令：

```
x3 = np.zeros([len(x),1])
x3.shape # (20,1)
for i in range(len(x)):
    x3[i] = x[i]
x3
```

(6) 何謂維度？試解釋之。有何方式可判斷向量或矩陣的維度？

(7) 我們是否有辦法建立一個維度大於 3 的矩陣或向量？

(8) 何謂型態？試解釋之。

(9) 我們如何找出行向量與列向量的型態？

(10) 行向量與列向量之間的關係為何？提示：行向量的轉置（transpose）為列向量；同理，列向量的轉置為行向量。

3.1.2 向量的操作

直覺而言，只要向量的型態相同，應可從事基本的算術運算，試下列指令：

```
# column vector
a = [[1],[2],[3],[4]]
a1 = np.array(a)
b = [[5],[6],[7],[8]]
b1 = np.array(b)
# shape
a1.shape # (4,1)
b1.shape # (4,1)
# 加法
a1+b1
# array([[ 6],
#        [ 8],
#        [10],
#        [12]])
# 減法
a1-b1
# array([[-4],
#        [-4],
#        [-4],
```

```
#       [-4]])
# 乘法
a1*b1
# array([[ 5],
#        [12],
#        [21],
#        [32]])
# 除法
a1/b1
# array([[0.2       ],
#        [0.33333333],
#        [0.42857143],
#        [0.5       ]])
```

即 a1 與 b1 皆屬於型態為 4×1 的行向量，當然可以進一步進行基本的運算（即進行除法時，b1 內的元素必須不等於 0）。讀者當然可以練習列向量的基本運算（習題）。

於 3.1.1 節的習題 (10) 內，我們曾提及到向量的轉置，試下列指令：

```
# tranpose
a1.T # array([[1, 2, 3, 4]])
a1.transpose() # array([[1, 2, 3, 4]])
c = [[9, 10, 11, 12]]
c1 = np.array(c)
c1.shape # (1, 4)
c1.T
# array([[ 9],
#        [10],
#        [11],
#        [12]])
```

即向量的轉置有二種方式，例如：a1.T 與 a1.transpose()。於上述指令內，c1 是一個列向量，而其轉置自然就是行向量。

了解向量的轉置後，我們可以繼續介紹向量之間的另一種乘法：內積（inner product）。再試下列指令：

```
# inner product
a1.T.dot(c1.T) # array([[110]])
X = c1.T.dot(a1.T)
X
# array([[ 9, 18, 27, 36],
#        [10, 20, 30, 40],
#        [11, 22, 33, 44],
#        [12, 24, 36, 48]])
X.shape # (4, 4)
```

內積的表示方式為 $\mathbf{x}^T.dot(\mathbf{y})$，或寫成 $\mathbf{x}^T\mathbf{y} = \sum_{i=1}^{n} x_i y_i$，其中：

$$\mathbf{x} = \begin{bmatrix} x_1 \\ \vdots \\ x_n \end{bmatrix} \text{與 } \mathbf{y} = \begin{bmatrix} y_1 \\ \vdots \\ y_n \end{bmatrix}$$

即 $\mathbf{x}$ 與 $\mathbf{y}$ 皆為一種 $n \times 1$ 的行向量。我們以 $\mathbf{x}^T = [x_i \quad \cdots \quad x_n]$ 表示 $\mathbf{x}$ 的轉置向量。

定義內積是有意義的，試下列結果：

$$\mathbf{X} = \mathbf{x}\mathbf{y}^T = \begin{bmatrix} x_1 \\ x_2 \\ \vdots \\ x_n \end{bmatrix}_{n \times 1} \begin{bmatrix} y_1 & y_2 & \cdots & y_n \end{bmatrix}_{1 \times n} = \begin{bmatrix} x_1 y_1 & x_1 y_2 & \cdots & x_1 y_n \\ x_2 y_1 & x_2 y_2 & \cdots & x_2 y_n \\ \vdots & \vdots & \ddots & \vdots \\ x_n y_1 & x_n y_2 & \cdots & x_n y_n \end{bmatrix}_{n \times n}$$

即 $\mathbf{X}$ 是一個 $n \times n$ 的矩陣；換言之，矩陣內的元素亦可以由多種內積所產生。

例 1　模擬出行向量的（標準）常態分配觀察值

我們試著模擬出（標準）常態分配觀察值而以行向量表示，試下列指令：

```
from scipy.stats import norm
x = norm.rvs(0, 1, 100)
x
x.shape # (100,)
y = np.zeros([len(x), 1])
for i in range(len(x)):
```

```
    y[i] = x[i]
y. shape  #  (100, 1)
x. reshape(len(x), 1). shape#  (100, 1)
```

即上述指令內的 x 並不是一種向量，我們有二種方式可以將 x 轉換成行向量。除了使用轉換成 y 的方法之外，我們亦可以使用 x.reshape(len(x),1) 方法，即後者更爲簡易。

例2 向量相乘與內積

於 Python 的操作內可有下列結果：

```
e = [[1], [2], [3], [4]]
e1 = np. array(e)
e1. shape  #  (4, 1)
f = [[5, 6, 7, 8]]
f1 = np. array(f)
f1. shape  #  (1, 4)
f1*e1
# array([[ 5,   6,   7,   8],
#        [10,  12,  14,  16],
#        [15,  18,  21,  24],
#        [20,  24,  28,  32]])
e1*f1
# array([[ 5,   6,   7,   8],
#        [10,  12,  14,  16],
#        [15,  18,  21,  24],
#        [20,  24,  28,  32]])
f1. dot(e1)  # array([[70]])
X = f1. T. dot(e1. T)
X. T
# array([[ 5,   6,   7,   8],
#        [10,  12,  14,  16],
#        [15,  18,  21,  24],
#        [20,  24,  28,  32]])
X1 = np. dot(f1. T, e1. T)
X1. T
# array([[ 5,   6,   7,   8],
#        [10,  12,  14,  16],
#        [15,  18,  21,  24],
#        [20,  24,  28,  32]])
```

其中 e1 與 f1 分別為行向量與列向量。我們發現 e1*f1 或是 f1*e1 竟形成一個矩陣，而該矩陣竟是 f1.T 與 e1.T 的內積所形成的矩陣的轉置矩陣！f1.T 與 e1.T 的內積亦可寫成 np.dot(f1.T,e1.T)。

例3 np 內的宣傳

　　我們先試下列的指令：

```
h = np.array([1, 2, 3])
i = np.array([1, 2, 3, 4])
h.shape # (3,)
i.shape # (4,)
j = np.array([11, 12, 13])
j.shape # (3,)
h+j # array([12, 14, 16])
h*j # array([11, 24, 39])
h-j # array([-10, -10, -10])
h/j # array([0.09090909, 0.16666667, 0.23076923])
# 1/11 # 0.09090909090909091
h.T # array([1, 2, 3])
np.dot(h, j) # 74
np.dot(h.T, j) # 74
```

如前所述，h、i 與 j 並不是我們熟悉的向量。熟悉的向量有 2 個維度，但是 h、i 與 j 卻皆只有 1 個維度。雖說如此，若型態相同如 h 與 j，則仍可以從事基本算術運算；不過，因無法轉置（轉置前後皆相同），故其無法透過內積轉換成矩陣。

　　我們再試下列指令：

```
h+i # operands could not be broadcast together with shapes (3,) (4,)
```

接下來，我們來看 h 與 i 的相加。顯然因型態不同，故無法相加。此處我們介紹 np 內的宣傳（broadcasting）。所謂 np 內的「宣傳」是指於基本算術運算過程中，若面對不同型態，np 如何處理？舉一個簡單的例子：

```
b = 3
h*b # array([3, 6, 9])
```

其可解釋成「b 被宣傳至 h 內」。原來參數 b 乘上「向量 h」，於 np 的「眼中」竟是一種「宣傳」；換言之，參數 b 的型態可視為 (1, 0)，故 bh 就是一種型態不同的「相乘」。通常，「大的型態」是被「宣傳」的對象，故 bh 的結果是 h 內的每一元素乘上 b。是故，前述的 h+i 是無法被「宣傳」。

例 4 np 內的宣傳（續）

　　續例 3，若是無法被「宣傳」，那也只好改成「可被宣傳」。例如：

```
from numpy import newaxis
ia = i[:,newaxis]
ia
# array([[1],
#        [2],
#        [3],
#        [4]])
ia.shape  # (4, 1)
k = ia+h
k
# array([[2, 3, 4],
#        [3, 4, 5],
#        [4, 5, 6],
#        [5, 6, 7]])
```

可以留意 h 內的元素被宣傳至 k 內（相加）。

習題

(1) 試舉一例說明列向量的基本算術運算。

(2) 不同維度向量相加的結果為何？試舉一例說明。

(3) 行向量與列向量的「索引指令」分別為何？試解釋之。

(4) 若 $\mathbf{x}^T = [1 \quad 2]$ 與 $\mathbf{y} = [2 \quad 1]$，利用 Python，我們如何叫出其內之元素。

(5) 續上題，試於平面座標上繪製 $\mathbf{x}$ 與 $\mathbf{y}$。提示：可以參考圖 3a。

(6) 若 $\mathbf{x}^T = [1 \quad 2 \quad 3 \quad 4]$，則是否可以於平面座標上繪製 $\mathbf{x}$？為什麼？

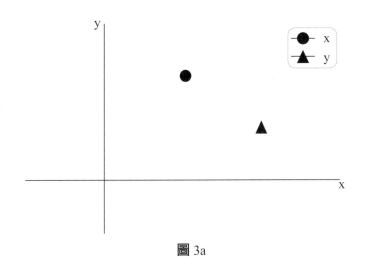

圖 3a

3.2 矩陣

接下來，介紹矩陣。有關於矩陣的性質或應用可以參考例如《財統》、《財數》或《財時》等書。底下我們只著重於介紹如何於 Python 下使用矩陣；或者說，也許讀者對於向量或矩陣的觀念並不陌生，但是若用電腦來操作呢？尤其是用 Python 來操作。原則上，複雜的矩陣操作亦可用 Python 表示或操作，只不過因容易犯錯，故應隨時檢視，此時於 Spyder 的環境下較占優勢。

基本上，矩陣的操作與 3.1 節內的行（或列）向量的操作頗為類似，因後者的維度與矩陣相同，因此本節可視為 3.1 節的一般化或推廣。

3.2.1 矩陣的結構與性質

首先，我們嘗試建立一個 4×4 的矩陣 $\mathbf{X}$，其可寫成：

$$\mathbf{X} = \begin{bmatrix} 1 & 2 & 3 & 4 \\ 5 & 6 & 7 & 8 \\ 9 & 10 & 11 & 12 \\ 13 & 14 & 15 & 16 \end{bmatrix}$$

試下列指令：

```
X = [[1, 2, 3, 4], [5, 6, 7, 8], [9, 10, 11, 12], [13, 14, 15, 16]]
len(X) # 4
len(X[0]) # 4
X[3] # [13, 14, 15, 16]
X # [[1, 2, 3, 4], [5, 6, 7, 8], [9, 10, 11, 12], [13, 14, 15, 16]]
type(X) # list
X1 = np.array(X)
X1
# array([[ 1,  2,  3,  4],
#        [ 5,  6,  7,  8],
#        [ 9, 10, 11, 12],
#        [13, 14, 15, 16]])
X1.shape # (4, 4)
X1.ndim # 2
X1.size # 16
```

我們仍是使用「list」搭配「np」以建立一個矩陣如上述 X1 所示。可以留意的是，矩陣與行向量（或列向量）的建立，於「list」部分皆使用「[[ ]]」方式，可以檢視上述 X。因 X1 是一個 4×4 矩陣，故 X 內有 4 個「小 list」，而每個「小 list」內亦各有 4 個元素；是故，可以想像如何叫出（或得到）X 內的元素。透過 np，我們可將 X 轉換成 X1。從上述指令的結果可知 X1 的型態、維度與元素個數分別為 $(4, 4)$、2 與 16。

　　了解 X1 的結構後，我們不難於 X1 內叫出列向量，即：

```
# row vector
r1 = X1[0] # array([1, 2, 3, 4])
r1.shape # (4,)
r1v = r1.reshape(1, len(r1)) # array([[1, 2, 3, 4]])
r1v.shape # (1, 4)
# 第 3 列
r3v = X1[2].reshape(1, len(X1[2])) # array([[ 9, 10, 11, 12]])
r3v.shape # (1, 4)
```

如前所述，X1（或 X）內有 4 個「小 list」而每個「小 list」不就是矩陣 X1 的列向量嗎？因此，按照上述過程建立的矩陣，可以注意該矩陣內的元素是如何被「植入」；換言之，X1[0]、…、X1[3] 分別表示 X1 內的第 1~4 列「向量」，只不過 X1[0] 等並不是「向量」，只有再使用 reshape(.) 函數指令後才能轉成列向量。例如：讀者可嘗試叫出 X1 的第 4 列向量。

　　接下來，我們來檢視如何叫出 X1 內的行向量。試下列指令：

```
X1[:]
# array([[ 1,   2,   3,   4],
#        [ 5,   6,   7,   8],
#        [ 9,  10,  11,  12],
#        [13,  14,  15,  16]])
c1 = X1[:,0] # array([ 1,   5,   9,  13])
c1.shape # (4,)
c1v = c1.reshape(len(c1),1)
c1v
# array([[ 1],
#        [ 5],
#        [ 9],
#        [13]])
c1v.shape # (4,1)
# 第4行
c4v = X1[:,3].reshape(len(X1[:,3]),1)
# array([[ 4],
#        [ 8],
#        [12],
#        [16]])
```

首先可看出 X1[:] 指令是叫出 X1，不過若是使用 X1[:,j] 指令呢？答案是叫出第 j 行的元素，不過因其仍不是向量，故仍須使用 reshape(.) 函數指令轉換。讀者亦可以練習看看，試叫出 X1 內的第 2 行向量。比較上述列向量與行向量內的 reshape(.) 函數指令，應可看出列向量與行向量的差異。

　　最後，我們試著叫出 X1 內的元素。試下列指令：

```
# element (1,2)
X1[0,1] # 2
# element (3,4)
X1[2,3] # 12
# (3,4),(4,4)
X1[2:4,3] # array([12, 16])
# (2,2),(3,2),(4,2)
X1[1:,1] # array([ 6, 10, 14])
# 第3列
X1[2,:] # array([ 9, 10, 11, 12])
```

讀者可以自行練習看看。

矩陣的敘述統計量

我們已經有辦法建立一個 $m \times n$ 矩陣 $\mathbf{Z}$，其內有 mn 個資料，我們不是可以進一步計算矩陣 $\mathbf{Z}$ 內資料的敘述統計量嗎？此時敘述統計量又可以分成：總、列與行之敘述統計量。

以前述之 4×4 矩陣 $\mathbf{X}$ 為例，試下列指令：

```
#「總」敘述統計量
x1 = X1.reshape(1,16)
x1 # array([[ 1,  2,  3,  4,  5,  6,  7,  8,  9, 10, 11, 12, 13, 14, 15, 16]])
np.sum(x1) # 136
np.mean(x1) # 8.5
np.var(x1) # 21.25
np.std(x1) # 4.6097722286464435
#「行」敘述統計量
np.sum(X1,axis=0) # 行加總,array([28, 32, 36, 40])
np.mean(X1,axis=0) # array([ 7.,  8.,  9., 10.])
np.var(X1,axis=0) # array([20., 20., 20., 20.])
np.std(X1,axis=0) # array([4.47213595, 4.47213595, 4.47213595, 4.47213595])
#「列」敘述統計量
np.sum(X1,axis=1) # 列加總,array([10, 26, 42, 58])
np.mean(X1,axis=1) # array([ 2.5,  6.5, 10.5, 14.5])
np.var(X1,axis=1) # array([1.25, 1.25, 1.25, 1.25])
np.std(X1,axis=1) # array([1.11803399, 1.11803399, 1.11803399, 1.11803399])
```

首先，我們可以「reshape」X1 成為一個列或行向量如 x1，然後再計算 x1 的「總」敘述統計量；接下來，再分別計算「行」之敘述統計量以及「列」之敘述統計量。讀者可以練習其他的敘述統計量。

最後，我們介紹矩陣的合併（concatenation）。

矩陣的合併

型態相同的向量或矩陣可以合併。合併可以分成列合併與行合併二種。

利用上述的 4×4 矩陣 $\mathbf{X}$，我們亦可以說明矩陣的合併，即可將矩陣 $\mathbf{X}$ 想像成由 4 個列向量（或行向量）合併所構成。思考下列的指令：

```
# row
r1v = X1[0].reshape(1, len(X1[0]))
r2v = X1[1].reshape(1, len(X1[1]))
r3v = X1[2].reshape(1, len(X1[2]))
r4v = X1[3].reshape(1, len(X1[3]))
# row concatenate
np.concatenate((r1v, r2v, r3v, r4v))
# array([[ 1,   2,   3,   4],
#        [ 5,   6,   7,   8],
#        [ 9,  10,  11,  12],
#        [13,  14,  15,  16]])
np.concatenate((r1v, r2v, r3v, r4v), axis=0)
# array([[ 1,   2,   3,   4],
#        [ 5,   6,   7,   8],
#        [ 9,  10,  11,  12],
#        [13,  14,  15,  16]])
np.concatenate((r1v, r2v, r3v, r4v), axis=1)
# array([[ 1,   2,   3,   4,   5,   6,   7,   8,   9, 10, 11, 12, 13, 14, 15, 16]])
```

即列向量的合併可為列向量與矩陣二種；同理，行向量之合併為：

```
# column
c1v = X1[:, 0].reshape(X1.shape[1], 1)
c2v = X1[:, 1].reshape(X1.shape[1], 1)
c3v = X1[:, 2].reshape(X1.shape[1], 1)
c4v = X1[:, 3].reshape(X1.shape[1], 1)
# column concatenate
np.concatenate((c1v, c2v, c3v, c4v), axis=1)
# array([[ 1,   2,   3,   4],
#        [ 5,   6,   7,   8],
#        [ 9,  10,  11,  12],
#        [13,  14,  15,  16]])
np.concatenate((c1v, c2v, c3v, c4v)).T
# array([[ 1,   5,   9, 13,  2,  6, 10, 14,  3,  7, 11, 15,  4,  8, 12, 16]])
np.concatenate((c1v, c2v, c3v, c4v), axis=0).T
# array([[ 1,   5,   9, 13,  2,  6, 10, 14,  3,  7, 11, 15,  4,  8, 12, 16]])
```

即合併行向量可為矩陣；另外，不同行向量之合併亦可為一個行向量，不過行向量的表示因太占空間，故改以列向量表示。可以留意 np.concatenate(.) 的用法。

例 1　模擬的資料以矩陣表示

考慮下列指令：

```
from scipy.stats import uniform
np.random.seed(1234)
x = uniform.rvs(0, 1, 100000)
len(x) # 100000
X2 = x.reshape(1000, 100) # 1000 by 100
X2.shape # (1000, 100)
```

即從均等分配內抽取 100,000 個觀察值後再轉存於一個 1,000×100 的矩陣內。

例 2　雙迴圈

續例 1。考慮下列指令：

```
m = X2.shape[0] # 1000
n = X2.shape[1] # 100
X3 = np.zeros([m, n])
for i in range(m):
    for j in range(n):
        X3[i, j] = 0.5+X2[i, j]
X3.shape # (1000, 100)
np.round(X3[0:3, 0:3], 2)
# array([[0.69, 1.12, 0.94],
#        [1.27, 1.21, 1.3 ],
#        [1.48, 1.38, 1.13]])
np.round(X2[0:3, 0:3], 2)
# array([[0.19, 0.62, 0.44],
#        [0.77, 0.71, 0.8 ],
#        [0.98, 0.88, 0.63]])
```

即將例 1 內的模擬資料（每一資料加上 0.5）再轉存於 X3 內，可以留意「雙迴圈」的設定方式。

例 3　矩陣的乘法

我們再練習「雙迴圈」技巧。試下列指令：

```
M1 = np.array([[8, 14, -6], [12, 7, 4], [-11, 3, 21]])
M2 = np.array([[3,  16,  -6], [9, 7, -4], [-1, 3, 13]])
M4  = np.array([[0, 0, 0],
               [0, 0, 0],
               [0, 0, 0]])
matrix_length = len(M1) # 3
# 相乘
for i in range(len(M1)):
    for k in range(len(M2)):
        M4[i][k] = M1[i][k] * M2[i][k]
M4
# array([[ 24, 224,   36],
#        [108,  49, -16],
#        [ 11,   9, 273]])
M1*M2
# array([[ 24, 224,   36],
#        [108,  49, -16],
#        [ 11,   9, 273]])
```

即 M1*M2 於 Python 內相當於二矩陣內的元素對元素相乘。

例 4　使用 np.vstack(.) 與 np.hstack(.)

我們亦可以使用 np.vstack(.) 與 np.hstack(.) 函數指令進行列與行合併，試下列指令：

```
# 行合併
Xa = np.hstack((M1, M2))
Xa
# array([[  8,  14,  -6,   3,  16,  -6],
#        [ 12,   7,   4,   9,   7,  -4],
#        [-11,   3,  21,  -1,   3,  13]])
# 列合併
Xc = np.vstack((M1, M2))
# array([[  8,  14,  -6],
#        [ 12,   7,   4],
#        [-11,   3,  21],
#        [  3,  16,  -6],
#        [  9,   7,  -4],
#        [ -1,   3,  13]])
```

習題

(1) 試敘述如何建立一個 10×8 的矩陣。

(2) 續上題，如何於該矩陣內叫出行向量與列向量。

(3) 續上題，該矩陣前 4 行的元素皆爲 0，而後 4 行的元素則爲 1，對應的 Python 指令爲何？提示：

```
zeros = np.zeros([10, 4])
ones = np.ones([10, 4])
Y = np.concatenate((zeros, ones), axis=1)
Y
```

(4) 續上題，試計算總平均數、列平均數與行平均數。

(5) 試用 Python 抽出 1,000 個標準常態分配的觀察值而存於一個 100×10 的矩陣內。

(6) 續上題，試分別叫出第 1 列與第 91 列向量資料。

(7) 續上題，試分別叫出第 6 行與第 10 行向量資料，不過卻以列向量顯示。

(8) 於例 4 內，若使用 np.concatenate(.) 呢？

3.2.2 矩陣的操作

現在，我們來檢視矩陣的操作。除了進行矩陣的基本算術運算外，我們亦介紹二個矩陣操作的應用：克萊姆法則（Cramer's rule）與簡單迴歸分析。

首先，我們檢視矩陣的基本算術運算。試下列指令：

```
import numpy as np
from scipy.stats import norm
np.random.seed(1234)
X = np.round(norm.rvs(0, 1, 4).reshape([2, 2]))
X
# array([[ 0., -1.],
#        [ 1., -0.]])
Y = np.array([[1, 2], [3, 4]])
Y
# array([[1, 2],
#        [3, 4]])
X.shape # (2, 2)
```

```
Y. shape  #  (2, 2)
#
X+Y
# array([[1.,  1.],
#        [4.,  4.]])
X-Y
# array([[-1.,  -3.],
#        [-2.,  -4.]])
X*Y
# array([[ 0.,  -2.],
#        [ 3.,  -0.]])
X/Y
# array([[ 0.         ,  -0.5        ],
#        [ 0.33333333,  -0.         ]])
```

於上述指令內，我們分別建立矩陣 X 與 Y，二個矩陣的型態皆為 2×2。因型態相同，故可以從事 X+Y、X-Y、X*Y 與 X/Y 的操作。值得注意的是，上述四種操作皆是矩陣內的「元素對元素」。

接下來，檢視矩陣的另一種乘法（內積）。檢視下列指令：

```
H = X. dot (Y)
# array([[-3.,  -4.],
#        [ 1.,   2.]])
np. dot (X, Y)
# array([[-3.,  -4.],
#        [ 1.,   2.]])
#
np. random. seed (123)
Z = np. round (norm. rvs (0, 1, 6). reshape (3, 2))
Z
# array([[-1.,   1.],
#        [ 0.,  -2.],
#        [-1.,   2.]])
J = Z. dot (Y)
# array([[ 2.,   2.],
#        [-6.,  -8.],
#        [ 5.,   6.]])
Z. dot (Y). shape  #  (3, 2)
Z. T. dot (Y)  # shapes (2,3) and (2,2) not aligned: 3 (dim 1) != 2 (dim 0)
```

即 H 可視爲 X 與 Y 的「內積」。我們另外建立一個 3×2 的矩陣 Z，並進一步計算 Z 與 Y 的「內積」並稱之爲 J 矩陣。從上述指令可看出 J 矩陣的型態爲 3×2，故二矩陣的「內積」能夠成立的條件爲二矩陣的型態需一致。二矩陣的型態不一致的例子爲 Z.T.dot(Y)。讀者可解釋看看。

我們繼續檢視矩陣操作的應用。首先來看克萊姆法則。考慮一個聯立方程式：

$$\begin{cases} 2x + y - z = 1 \\ x - 3y + z = -2 \\ x + 3y - 3z = -2 \end{cases}$$

從《財數》可知：

$$x = \frac{\begin{vmatrix} 1 & 1 & -1 \\ -2 & -3 & 1 \\ -2 & 3 & -3 \end{vmatrix}}{\begin{vmatrix} 2 & 1 & -1 \\ 1 & -3 & 1 \\ 1 & 3 & -3 \end{vmatrix}}$$

換言之，若欲求解上述聯立方程式，我們必須使用行列式。因此，我們先自設一個計算行列式的函數，即：

```
# 行列式
def det(X):
    return np.linalg.det(X)
# try
np.random.seed(1234)
D = norm.rvs(0, 1, 16).reshape(4, 4)
det(D) # -2.6814334477264112
```

於 np 內，有計算行列式（矩陣 X）的函數指令 np.linalg.det(.)，我們將其轉換成簡單的函數指令 det(.)。

接著，試下列指令：

```
D0 = np.array([[2, 1, -1], [1, -3, 1], [1, 3, -3]])
D0
D1 = np.array([[1, 1, -1], [-2, -3, 1], [-2, 3, -3]])
D1
x = det(D1)/det(D0)
x # 0.9999999999999997
```

透過 Python 的操作，其實頗爲簡易。讀者應能繼續求解 y 與 z。

現在，考慮一個簡單的線性迴歸模型如下列式子所示：

$$y = \beta_0 + \beta_1 x + u$$

其中 u 爲誤差項。

表 3-1　樣本資料

y	11.71	0.09	31.33	18.87	19.79
x	1	2	3	4	5

利用表 3-1 內的樣本資料，使用 OLS，可得估計迴歸式爲：

$$\hat{y} = 5.876 + 3.494x$$

$$(12.207)(3.681)$$

其中小括號內之值爲對應的標準誤。上述迴歸估計結果，可用下列指令求得：

```
from statsmodels.formula.api import ols
import pandas as pd
y1 = np.array([11.71, 0.09, 31.33, 18.87, 19.79])
x1 = np.array([1, 2, 3, 4, 5])
data = pd.DataFrame({'y':y1, 'x':x1})
result = ols('y~x', data=data).fit()
# dir(result)
result.summary()
```

可以注意的是，上述 y1 與 x1 並不是向量。

根據《財統》，OLS 的估計式可寫成 $\mathbf{b} = \left(\mathbf{X}^T\mathbf{X}\right)^{-1}\mathbf{X}^T\mathbf{y}$ 以及對應的 $\mathbf{b}$ 之變異數

為 $s^2\left(\mathbf{X}^T\mathbf{X}\right)^{-1}$，其中 $s^2 = \dfrac{\sum\limits_{i=1}^{n}\left(y_i - \hat{y}_i\right)^2}{n-2}$。根據上述資訊，我們的操作指令為：

```python
def inv(X):
    return np.linalg.inv(X)
y = y1.reshape(5,1)
x = x1.reshape(5,1)
ones = np.ones(5).reshape(5,1)
X = np.concatenate((ones,x),axis=1)
b = inv(np.dot(X.T,X)).dot(X.T).dot(y)
b0 = b[0].item() # 5.876000000000015
b1 = b[1].item() # 3.494000000000002
b.shape # (2,1)
X.shape # (5,2)
yhat = b.T.dot(X.T)
yhat.shape # (1,5)
# s2
# residuals
e = y-yhat.T
# array([[  2.34 ],
#        [-12.774],
#        [ 14.972],
#        [ -0.982],
#        [ -3.556]])
s2 = sum(e**2)/(len(y)-2) # array([135.47364])
s = np.sqrt(s2.item()) # 11.639314412799406
# normal equations
sum(e).item() #  -1.0835776720341528e-13
sum(e*X) # array([-1.08357767e-13, -3.55271368e-13])
# se of b
# s2*((X.T)X)^-1
s2b = s2*inv(X.T.dot(X))
# array([[149.021004, -40.642092],
#        [-40.642092,  13.547364]])
seb0 = np.sqrt(s2b[0,0]) # 12.207415942778391
seb1 = np.sqrt(s2b[1,1]) # 3.68067439472714
```

上述指令先自設一個計算逆矩陣的函數指令 inv(.)，然後再根據上述資訊分別使用

矩陣的操作，讀者可以逐一檢視看看。

例 1　矩陣的四則運算

　　試下列指令：

```
M1 = [[8,14,-6],[12,7,4],[-11,3,21]]
M2 = [[3, 16, -6],[9,7,-4],[-1,3,13]]
M1+M2
# [[8, 14, -6], [12, 7, 4], [-11, 3, 21], [3, 16, -6], [9, 7, -4], [-1, 3, 13]]
M1*M2 # can't multiply sequence by non-int of type 'list'
M1-M2 # unsupported operand type(s) for -: 'list' and 'list'
M1/M2 # unsupported operand type(s) for /: 'list' and 'list'
M1a = np.array(M1)

M2a = np.array(M2)
M1a+M2a
# array([[ 11,   30,  -12],
#        [ 21,   14,    0],
#        [-12,    6,   34]])
M1a/M2a
# array([[ 2.66666667,  0.875      ,  1.        ],
#        [ 1.33333333,  1.        , -1.        ],
#        [11.        ,  1.        ,  1.61538462]])
```

用 list 建立的矩陣之間只能使用「加法」，而「四則運算」卻能應用於由 np 所建立的矩陣，讀者可以練習減法與乘法。

例 2　相關係數的計算

　　根據表 3-1 內的資料，x 與 y 的相關係數約為 0.48，其對應的 Python 指令為：

```
np.corrcoef(x1,y1)
# array([[1.        , 0.48061783],
#        [0.48061783, 1.        ]])
np.corrcoef(x1,y1)[0,1] # 0.48061783071596614
np.corrcoef(x,y) # nan
```

np.corrcoef(.) 函數指令得出的結果是一個相關係數矩陣，我們可以找出 x 與 y 的相關係數。值得留意的是，np.corrcoef(.) 函數指令不能使用向量 x 與 y。

例3 複迴歸

線性複迴歸式子可寫成 $\mathbf{y}_{n\times1} = \mathbf{X}_{n\times k}\beta_{k\times1} + \mathbf{u}_{n\times1}$，我們嘗試模擬看看，即：

```
from scipy.stats import uniform
n = 1000
x1 = uniform.rvs(0, 1, n).reshape(n, 1)
x2 = norm.rvs(2, 2, n).reshape(n, 1)
ones = np.ones([n, 1])
X = np.concatenate((ones, x1, x2), axis=1)
X.shape # (1000, 3)

beta = np.array([[2], [3], [4]])
u = norm.rvs(0, 2, n).reshape(n, 1)
y = X.dot(beta)+u
y.shape # (1000, 1)
```

讀者嘗試解釋上述指令。

例4 A 矩陣的建立

前述所介紹的向量與矩陣，其維度皆等於 2。我們嘗試建立維度等於 3 的「陣列」，試下列指令：

```
np.random.seed(1234)
A1 = np.round(norm.rvs(0, 1, 4).reshape(2, 2))
A1
# array([[ 0., -1.],
#        [ 1., -0.]])
np.random.seed(5678)
A2 = np.round(norm.rvs(0, 1, 4).reshape(2, 2))
A2
# array([[-1., -0.],
#        [ 0., -2.]])
np.random.seed(5555)
A3 = np.round(norm.rvs(0, 1, 4).reshape(2, 2))
A3
# array([[ 2.,  2.],
```

```
#             [-2.,    1.]])
A = np.array([A1, A2, A3])
A
# array([[[ 0.,   -1.],
#          [ 1.,   -0.]],
#
#         [[-1.,   -0.],
#          [ 0.,   -2.]],
#
#         [[ 2.,    2.],
#          [-2.,    1.]]])
A.shape # (3, 2, 2)
A.ndim # 3
A.size # 12
```

從上述指令可看出 A1、A2 與 A3 皆是一個 2×2 的矩陣。若是 A1、A2 與 A3 再形成爲一個「矩陣」A 呢？顯然此時因 A 內的元素是矩陣，故無法稱 A 爲一個矩陣而改稱 A 是一個「陣列」。因 A 的型態爲 (3,2,2)，即 A 是一個 3×2×2 的陣列，隱含著 A 內有 3 個 2×2 的矩陣，故 A 內有 12 個元素。我們嘗試叫出 A 內的元素，即：

```
A[0]
# array([[ 0.,   -1.],
#        [ 1.,   -0.]])
A[1]
# array([[-1.,   -0.],
#        [ 0.,   -2.]])
A[0][1] # array([ 1.,   -0.])
A[1][1][0] # 0.0
```

讀者可解釋上述指令看看。

例 5　維度爲 4 的陣列

　　了解維度爲 3 的陣列後，似乎可以繼續延伸以建立維度高於 3 的陣列。以維度爲 4 的陣列爲例，試下列指令：

```
def Array3(k, m, n):
    A = []
    for i in range(k):
        Ai = np.round(norm.rvs(0, 1, m*n).reshape(m, n))
        A.append(Ai)
    return A
# try
H = np.array(Array3(4, 3, 5))
H.shape # (4, 3, 5)
```

即我們自設一個函數指令 Array3(k,m,n)，該函數指令可以模擬出一個 $k \times m \times n$ 的陣列，該陣列的元素為標準常態分配的觀察值。例如：利用上述函數指令模擬出一個 $4 \times 3 \times 5$ 的陣列，讀者可練習叫出其內之元素。

直覺而言，既然有辦法模擬出 $k \times m \times n$ 的陣列，因此若模擬出 h 個 $k \times m \times n$ 的陣列後，再用一個陣列表示，此時該陣列的維度不就等於 4 嗎？試下列指令：

```
H1 = np.array(Array3(4, 8, 8))
H2 = np.array(Array3(4, 8, 8))
M = np.array([H1, H2])
M.shape # (2, 4, 8, 8)
```

即 M 是一個 $2 \times 4 \times 8 \times 8$ 的陣列。

例 6 吸引人的陣列

若熟悉上述陣列的建立方式，則陣列豈不是可以儲存相當多的資料嗎？的確相當吸引人，試下列的指令：

```
np.zeros([4, 2, 2])
# array([[[0., 0.],
#         [0., 0.]],
#
#        [[0., 0.],
#         [0., 0.]],
#
#        [[0., 0.],
```

```
#        [0., 0.]],
#
#        [[0., 0.],
#        [0., 0.]]])
np.zeros([2, 4, 2, 2]).shape # (2, 4, 2, 2)
np.zeros([3, 2, 4, 2, 2]).shape # (3, 2, 4, 2, 2)
W = np.ones([7, 6, 5, 4, 12, 12])
W.shape # (7, 6, 5, 4, 12, 12)
W.ndim # 6
W.size # 120960
```

讀者可以思考 W 陣列如何建立。

習題

(1)　二矩陣的「內積」可有多少種表示方式？

(2)　於上述的克萊姆求解的例子內，試繼續求解 y 與 z。

(3)　於前述的簡單迴歸例子內（表 2-1），繼續計算 R^2。提示：$R^2 = SSR/SST$

(4)　試解釋 Array3(4,8,8) 的意義。

(5)　於例 3 內，試分別叫出 A 之第 1 與 2 個矩陣；另外，叫出 A 之第 1 個矩陣的第 2 列以及第 2 個矩陣第 2 列的第 1 個元素。

(6)　試解釋 np.zeros([3,2,4,2,2]) 的意義。

(7)　試計算表 2-1 內的 x 與 y 的共變異係數。

3.3 特殊的矩陣

　　本節將介紹一些特殊的矩陣以及一些應用。了解特殊矩陣是有意義的，因為有些時候可以直接使用模組內的函數指令，而不需要我們重新設計，反而省力。當然，我們的介紹未必完整，當有遇到陌生的函數指令時，可以上網查詢。

方（形）矩陣

　　方（形）矩陣（square matrix）是一個 $n \times n$ 矩陣，試下列矩陣：

```
# square matrix
A = np.arange(0,9).reshape(3,3)
A
# array([[0, 1, 2],
#        [3, 4, 5],
#        [6, 7, 8]])
```

即上述 A 或 3.2.1 節內的 **X** 矩陣皆屬於方矩陣。

單位矩陣

　　單位矩陣（identity matrix）$\mathbf{I}_n$ 是一種「最基本」的矩陣，其具有 $\mathbf{I}_n\mathbf{A} = \mathbf{A}\mathbf{I}_n = \mathbf{A}$ 的功能，試下列指令

```
I3 = np.identity(3)
I3
# array([[1., 0., 0.],
#        [0., 1., 0.],
#        [0., 0., 1.]])
I3a = np.eye(3)
I3a
# array([[1., 0., 0.],
#        [0., 1., 0.],
#        [0., 0., 1.]])
I3.dot(A)
# array([[0., 1., 2.],
#        [3., 4., 5.],
#        [6., 7., 8.]])
A.dot(I3)
# array([[0., 1., 2.],
#        [3., 4., 5.],
#        [6., 7., 8.]])
```

即單位矩陣亦是一種方矩陣，其特色是對角元素皆為 1，其餘為 0。於上述指令內，我們有二種方式可以得出單位矩陣。讀者可以練習 n 為其他值的情況。

對角矩陣

　　對角矩陣（diagonal matrix）類似於單位矩陣，只不過前者的對角元素未必為

1，試下列指令：

```
np.diag(A)
# array([0, 4, 8])
np.diag(np.diag(A))
# array([[0, 0, 0],
#        [0, 4, 0],
#        [0, 0, 8]])
D = np.diag([1, 2, 3, 4])
D
# array([[1, 0, 0, 0],
#        [0, 2, 0, 0],
#        [0, 0, 3, 0],
#        [0, 0, 0, 4]])
```

使用 np.diag(.) 函數指令，我們也可以叫出一個矩陣的對角元素；另外，利用上述函數指令，我們也可以建立一個對角矩陣[1]。

對稱矩陣

試下列指令：

```
Four = pd.read_excel('F:/DataPR/ch2/data/fmindex.xlsx')
Returns4 = 100*np.log(Four/Four.shift(1)).dropna()
S = np.round(np.corrcoef(Returns4, rowvar=0), 2)
S
# array([[1.  , 0.61, 0.24, 0.55],
#        [0.61, 1.  , 0.32, 0.48],
#        [0.24, 0.32, 1.  , 0.3 ],
#        [0.55, 0.48, 0.3 , 1.  ]])
```

其中四種指數收盤價檔案資料取自《統計》（fmindex.xlsx）。明顯地，S 矩陣是一種對稱矩陣（symmetric matrix），其具有 $S^T = S$ 的特色。讀者檢視看看。

---

[1] 上述 np.eye(.) 與 np.diag(.) 函數指令亦有其他功能，可以檢視 np 的使用手冊或上網查詢。

非奇異矩陣與逆矩陣

非奇異矩陣（nonsingular matrix）是指方矩陣的行列式值不等於 0；換言之，試下列指令：

```
inv(S)
# array([[ 1.84527622, -0.83160934,  0.00875552, -0.6183561 ],
#        [-0.83160934,  1.73428838, -0.26688358, -0.29500822],
#        [ 0.00875552, -0.26688358,  1.14979653, -0.22165038],
#        [-0.6183561 , -0.29500822, -0.22165038,  1.54819491]])
det(S) # 0.36274243999999994
```

根據逆矩陣（inverse matrix）的定義（《財統》）：若矩陣 **X** 是一個非奇異矩陣，則存在 **X** 的逆矩陣。是故，從上述指令可知 det(S) ≠ 0，故 S 是一個非奇異矩陣，隱含著可以進一步計算 S 的逆矩陣。

特性根與特性向量

底下是我們自行設計的計算一個方矩陣的特性根（eigenvalues）與特性向量（eigenvectors）的函數指令：

```
def eig(X):
    eigenvalues, eigenvectors = np.linalg.eig(X)
    E = {'values':eigenvalues,'vectors':eigenvectors}
    return E
ei = eig(S)['values'] # eigenvalues
# array([2.28590778, 0.81958139, 0.36713935, 0.52737149])
ei[0]*ei[1]*ei[2]*ei[3] # 0.3627424399999998
eig(S)['vectors'] # eigenvectors
# array([[-0.54885944, -0.33496797, -0.7490888 , -0.15942315],
#        [-0.54476676, -0.1412236 ,  0.58631166, -0.58268662],
#        [-0.35979612,  0.92165455, -0.14212434, -0.0300051 ],
#        [-0.52204333, -0.13566589,  0.27368828,  0.7963418 ]])
#
det(A) # 0.0
eig(A)['values'] # array([ 1.33484692e+01, -1.34846923e+00, -1.15433316e-15])
```

利用 eig(.) 函數指令，我們發現 S 矩陣的特性根並沒有包括 0，隱含著 S 是一個非奇異矩陣；另一方面，所有的特性根「相乘」恰等於行列式值，此為特性根的特性。反觀，A 矩陣，因有一特性根為 0，即 A 矩陣的行列式值等於 0，故 A 矩陣屬於奇異矩陣（singular matrix）。至於特性向量的意義與特性，可參考《財統》。

例 1　自乘不變矩陣

於《財時》內，我們曾經檢視二個「自乘不變矩陣（idempotent matrix）」，即 $\mathbf{M_X}$ 與 $\mathbf{P_X}$，二者的關係可寫成：

$$\mathbf{M_X} = \mathbf{I} - \mathbf{P_X} \equiv \mathbf{I} - \mathbf{X}(\mathbf{X}^T\mathbf{X})^{-1}\mathbf{X}^T$$

根據 $\mathbf{M_X}$ 與 $\mathbf{P_X}$ 的定義，倒是一個於 Python 之下練習矩陣操作的好例子。利用表 3-1 內的資料，可得：

```
x1 = np.array([1, 2, 3, 4, 5])
x = x1.reshape(5, 1)
ones = np.ones([5, 1])
X = np.concatenate((ones, x), axis=1)
I = np.eye(5)
invXX = inv(X.T.dot(X))
P = np.dot(X, invXX).dot(X.T)
np.round(P, 2)
# array([[ 0.6,   0.4,   0.2,   0. ,  -0.2],
#        [ 0.4,   0.3,   0.2,   0.1,   0. ],
#        [ 0.2,   0.2,   0.2,   0.2,   0.2],
#        [ 0. ,   0.1,   0.2,   0.3,   0.4],
#        [-0.2,   0. ,   0.2,   0.4,   0.6]])
np.round(np.dot(P, P), 2)
# array([[ 0.6,   0.4,   0.2,   0. ,  -0.2],
#        [ 0.4,   0.3,   0.2,   0.1,   0. ],
#        [ 0.2,   0.2,   0.2,   0.2,   0.2],
#        [ 0. ,   0.1,   0.2,   0.3,   0.4],
#        [-0.2,   0. ,   0.2,   0.4,   0.6]])
```

顧名思義，$\mathbf{P_X}$ 的確是一個「自乘不變」的矩陣。於習題內，讀者亦可以驗證 $\mathbf{M_X}$ 亦是一個「自乘不變」的矩陣。

例2　再談隨機漫步的模擬

於圖 2-3 內，我們曾經模擬隨機漫步的走勢（透過常態分配）。現在我們再試試：

```
from scipy.stats import norm
def RW(n):
    X = np.zeros([n, 1])
    m = np.arange(1, n, 1)
    for i in m:
        X[i] = X[i-1]+(1/np.sqrt(n))*norm.rvs(0, 1, 1)
    return X
# try
X = RW(100)
len(X) # 100
```

我們自行設計一個 RW(.) 的函數指令，其結果可得到從 0 出發的隨機漫步走勢（共 $n-1$ 步）。我們嘗試模擬 m 次後，再繪製其圖形。參考下列指令：

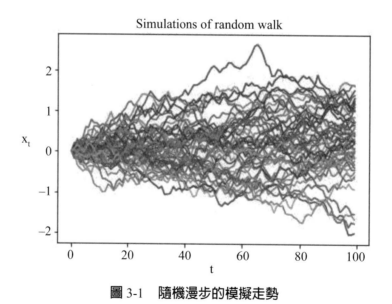

圖 3-1　隨機漫步的模擬走勢

```
m, n = 50, 100
X = np.zeros([m, n])
np.random.seed(1234)
```

```
for i in range(m):
    X[i,:] = RW(n).T
# 圖 3-1
import matplotlib.pyplot as plt
fig = plt.figure()
for i in range(m):
    plt.plot(X[i,:])
plt.xlabel('t')
plt.ylabel(r'$x_t$')
plt.title('Simulations of random walk')
```

我們已經多次使用 np.zeros(.) 函數指令，可留意如何存入資料於上述函數指令內。
圖 3-1 繪製出隨機漫步的模擬走勢，可以參考上述指令。

例3　可列斯基拆解

　　根據前述四種指數月報酬率資料（「對稱矩陣」內的「Returns4」）可得對應
的估計共變異數矩陣 **V**。利用可列斯基拆解（Cholesky decomposition），上述共變
異數矩陣可寫成 $\mathbf{V} = \mathbf{L}\mathbf{L}^T$，其中 **L** 是一個下三角矩陣（lower triangle matrix）。試
下列指令：

```
X = Returns4
V = np.cov(X, rowvar=False)
np.round(V,2)
# array([[47.17, 24.49, 13.74, 25.34],
#        [24.49, 34.31, 15.24, 18.91],
#        [13.74, 15.24, 67.36, 16.59],
#        [25.34, 18.91, 16.59, 44.6 ]])
L = np.linalg.cholesky(V)
np.round(L,2)
# array([[6.87, 0.  , 0.  , 0.  ],
#        [3.56, 4.65, 0.  , 0.  ],
#        [2.  , 1.74, 7.77, 0.  ],
#        [3.69, 1.24, 0.91, 5.35]])
np.round(np.dot(L,L.T),2)
# array([[47.17, 24.49, 13.74, 25.34],
#        [24.49, 34.31, 15.24, 18.91],
#        [13.74, 15.24, 67.36, 16.59],
#        [25.34, 18.91, 16.59, 44.6 ]])
```

從上述指令內自然可知 **L** 表示何意思。

習題

(1) 試從標準常態分配內抽出 16 個觀察值並存於一個 4×4 的矩陣 **A** 內，試驗證 $\mathbf{AA}^{-1} = \mathbf{A}^{-1}\mathbf{A} = \mathbf{I}$。

(2) 續上題，**A** 的行列式值爲何？**A** 的特性根爲何？

(3) 上述「對稱矩陣」內的「Returns4」是否是一個矩陣？如何得知？

(4) 續上題，令 **X** 爲「Returns4」以及利用 $\mathbf{M_X} = \mathbf{I} - \mathbf{P_X}$ 的關係，試驗證 $\mathbf{M_X}$ 是一個自乘不變矩陣。

(5) 試說明 np.zeros(.) 與 np.ones(.) 函數指令的使用方式。

(6) 試利用模組（numpy）模擬出一個 4×3 的矩陣，其內之元素爲標準常態分配觀察值。

(7) 試利用模組（scipy.stats）模擬出一個 4×3 的矩陣，其內之元素爲標準常態分配觀察值。

(8) 續上二題，應如何做模擬的結果才會完全相同？爲什麼？

(9) list 的分割。試舉一例說明 np.split(.) 函數指令。

(10) 矩陣之列的分割。試舉一例說明 np.vsplit(.) 函數指令。

(11) 矩陣之行的分割。試舉一例說明 np.hsplit(.) 函數指令。

資料框

如前所述，資料框是一種類似於 Excel 檔案的資料儲存方式。本章除了介紹如何於 Python 說明資料框的建立方式之外，我們亦介紹如何利用資料框從事資料處理等工作。第 3 章的重心是集中在模組（numpy）的使用，而本章則著重於模組（pandas）的利用。還是「老話重提」，我們的介紹未必完整，讀者應隨時上網查詢。

4.1 資料框的建立

假定我們要編製一種資料框如表 4-1 所示，至少有四種方式。先試下列的指令：

```
d = {'x': [89, 85, 65], '林 2': np.array([82, 74, 58]), 'z': 60}
DF = pd.DataFrame(d)
DF
#      x     林 2      z
# 0   89      82      60
# 1   85      74      60
# 2   65      58      60
```

上述指令必須使用 np 與 pd 模組。表 4-1 內第 1 欄可稱為「索引欄」，其是自動產生的。可以留意各欄元素的設定方式。

表 4-1　一種資料框

	x	林 2	y
0	89	82	60
1	85	74	60
2	65	58	60

第 2 種方法是使用 dict 指令，試下列指令：

```
dl = [{'x': 89, '林 2': 82, 'z': 60},
      {'x': 85, '林 2': 74, 'z': 60},
      {'x': 65, '林 2': 58, 'z': 60}]
DF1 = pd.DataFrame(dl)
DF1
#      x    林 2    z
# 0   89      82   60
# 1   85      74   60
# 2   65      58   60
```

相對於第 1 種方法，第 2 種方法較爲「辛苦」。再試第 3 種方法，試下列指令：

```
d2 = [[89, 82, 60],
      [85, 74, 60],
      [65, 58, 60]]
DF2 =  pd.DataFrame(d2, columns=['x', '林 2', 'z'])
DF2
#      x    林 2    z
# 0   89      82   60
# 1   85      74   60
# 2   65      58   60
```

即使用 list 指令亦可建立一種資料框；換言之，我們亦可將一種矩陣轉換成資料框（使用 np 模組），此爲第 4 種建立資料框的方法。

第 4 種方法提醒我們亦可將資料框轉成矩陣型態，即：

```
DF1.to_numpy()
# array([[89, 82, 60],
#        [85, 74, 60],
#        [65, 58, 60]], dtype=int64)
```

當然，我們亦可以更改表 4-1 內的「索引」欄。試下列指令：

```
DF.index = np.arange(10, 13)
DF
#        x    林2    z
# 10     89    82    60
# 11     85    74    60
# 12     65    58    60
```

應注意「索引欄」的用處。

表 4-2　部分學生成績

ID	姓名	性別	年齡	城市	數分	英分	國分
...							
11	林1	男	20	基隆	80	75	60
12	陳2	女	18	台北	90	65	85
13	王3	男	19	桃園	75	80	76
14	葉4	女	22	新竹	85	75	95
15	黃5	男	21	台中	86	66	86
16	劉6	女	18	台南	93	86	75
17	蔡7	男	19	高雄	88	90	85
...							

　　我們舉一個較為實際的例子說明，可以參考表 4-2。表 4-2 對應的程式碼可為：

```
ID = [11, 12, 13, 14, 15, 16, 17]
data = {'ID' : ID,
        '姓名': ['林1', '陳2', '王3', '葉4', '黃5', '劉6', '蔡7'],
```

```
            '性別': ['男','女','男','女','男','女','男'],
            '城市': ['基隆', '台北', '桃園','新竹','台中', '台南','高雄'],
            '年齡': [20, 18, 19, 22, 21, 18, 19],
            '數分': [80.0, 90.0, 75.0, 85.0, 86.0, 93.0, 88.0],
            '英分': [75.0, 65.0, 80.0, 75.0, 66.0, 86.0, 90.0],
            '國分': [60.0, 85.0, 76.0, 95.0, 86.0, 75.0, 85.0]
           }
row_labels = [101, 102, 103, 104, 105, 106, 107]
df = pd.DataFrame(data=data, index=row_labels)
df
```

#	ID	姓名	性別	城市	年齡	數分	英分	國分
# 101	11	林1	男	基隆	20	80.0	75.0	60.0
# 102	12	陳2	女	台北	18	90.0	65.0	85.0
# 103	13	王3	男	桃園	19	75.0	80.0	76.0
# 104	14	葉4	女	新竹	22	85.0	75.0	95.0
# 105	15	黃5	男	台中	21	86.0	66.0	86.0
# 106	16	劉6	女	台南	18	93.0	86.0	75.0
# 107	17	蔡7	男	高雄	19	88.0	90.0	85.0

最後，儲存表 4-2 內的資料，可用下列指令：

```
# save
df.to_excel('F:/DataPython/ch4/data/table42.xlsx', index=True)
df.to_csv('F:\\DataPython\\ch4\\data\\table42.csv', index=True)
```

打開所存的檔案，應會發現該檔案亦有包括「索引欄」。

重讀回來，可得：

```
table42 = pd.read_csv('F:\\DataPython\\ch4\\data\\table42.csv')
table42
```

#	Unnamed: 0	ID	姓名	性別	城市	年齡	數分	英分	國分
# 0	101	11	林1	男	基隆	20	80.0	75.0	60.0
# 1	102	12	陳2	女	台北	18	90.0	65.0	85.0
# 2	103	13	王3	男	桃園	19	75.0	80.0	76.0
# 3	104	14	葉4	女	新竹	22	85.0	75.0	95.0
# 4	105	15	黃5	男	台中	21	86.0	66.0	86.0
# 5	106	16	劉6	女	台南	18	93.0	86.0	75.0
# 6	107	17	蔡7	男	高雄	19	88.0	90.0	85.0

利用下列指令刪除「Unnamed: 0」欄：

```
del table42['Unnamed: 0']
table42
table42.index = row_labels
table42
```

可得原來的檔案。

例 1　性別用數值表示

　　檢視表 4-2，通常可以將「性別變數」轉換成用數值表示，試下列指令：

```
table42['性別'][table42['性別'] == '男'] = 1
table42['性別'][table42['性別'] == '女'] = 0
table42['性別']
# 101    1
# 102    0
# 103    1
# 104    0
# 105    1
# 106    0
# 107    1
# Name: 性別, dtype: object
```

即男與女分別用 1 與 0 表示。

例 2　資料框類似矩陣

　　其實資料框類似矩陣，試下列指令：

```
Table = table42.to_numpy()
Table
# array([[11, '林 1', 1, '基隆', 20, 80.0, 75.0, 60.0],
#        [12, '陳 2', 0, '台北', 18, 90.0, 65.0, 85.0],
#        [13, '王 3', 1, '桃園', 19, 75.0, 80.0, 76.0],
#        [14, '葉 4', 0, '新竹', 22, 85.0, 75.0, 95.0],
#        [15, '黃 5', 1, '台中', 21, 86.0, 66.0, 86.0],
```

```
#          [16, '劉6', 0, '台南', 18, 93.0, 86.0, 75.0],
#          [17, '蔡7', 1, '高雄', 19, 88.0, 90.0, 85.0]], dtype=object)
type(table42) # pandas.core.frame.DataFrame
table42.shape # (7,8)
table42.ndim # 2
table42.size # 56
```

即表 4-2 的內容亦可用矩陣的型態表示；換言之，表 4-2 的內容相當於一個 7×8 矩陣，其維度亦為 2。另一方面，表內共有 56 個元素。

例 3 TWI 的時間序列資料

之前，我們曾經從 Yahoo 下載 TWI 的日資料，該資料亦用資料框顯示，再試下列指令：

```
TWI = yf.download("^TWII", start="2000-01-01", end="2019-07-31")
TWI.head(1)
#                Open          High      Low          Close        Adj Close    Volume
# Date
# 2000-01-04  8644.910156  8803.610352  8642.5    8756.549805  8756.509766        0
TWI.tail(1)
#                Open          High    ...    Adj Close    Volume
# Date                                  ...
# 2019-07-30  10909.980469  10927.160156  ...  10830.900391  2415700
```

再轉存，即：

```
TWI.to_excel('F:/DataPython/ch4/data/TWI.xlsx',index=True)
TWI.to_csv('F:\\DataPython\\ch4\\data\\TWI.csv',index=True)
```

讀者可讀取所儲存的資料，應會發現檔案資料內有包括「時間」索引。

例 4 更改時間索引

續例 3，我們亦可以更改「時間」索引，即：

```
dataTWI = yf.download("^TWII", start="2000-01-01", end="2019-07-31")
n = len(dataTWI) # 4816
dataTWI.index = range(n)
dataTWI.head(1)
#        Open          High        Low          Close      Adj Close      Volume
# 0 8644.910156    8803.610352    8642.5    8756.549805    8756.509766         0
dataTWI.tail(1)
#             Open            High              Adj Close       Volume
# 4815   10909.980469    10927.160156    ...   10830.900391    2415700
```

即時間索引已改用 range(n) 表示。

習題

(1) 前述 TWI 檔案之型態、維度與元素數量分別為何？

(2) 將 TWI 檔案轉成矩陣的型態。

(3) 試叫出 TWI 檔案的第 3 列資料。

(4) 試敘述如何建立一種資料框。

(5) 我們如何於資料框內叫出資料？

(6) 何謂資料框的「索引」欄？其有何用處？

(7) 如何將一個矩陣轉成資料框？試舉一個例子。

4.2 資料框內的操作

　　雖說資料框的結構類似於矩陣，但是如何於資料框內得到（叫出）資料，二者未必相同。因此，首先我們介紹如何於資料框內叫出資料，即如何於資料框內使用「索引指令」；接下來，再計算資料框內的敘述統計量。

4.2.1 索引指令

　　仍使用 4.1 節內的 table42（表 4-2）的資料框，先試下列指令：

```
table42.head(2)
#        ID      姓名     性別     城市     年齡     數分     英分     國分
#101     11      林1      1        基隆     20       80.0     75.0     60.0
# 102    12      陳2      0        台北     18       90.0     65.0     85.0
table42.tail(1)
#        ID      姓名     性別     城市     年齡     數分     英分     國分
# 107    17      蔡7      1        高雄     19       88.0     90.0     85.0
```

透過上述指令，我們大概對於上述資料框有初步的認識。

再試下列指令：

```
table42.'姓名' # invalid syntax
table42.姓名
# 101     林1
# 102     陳2
# 103     王3
# 104     葉4
# 105     黃5
# 106     劉6
# 107     蔡7
# Name: 姓名, dtype: object
table42.ID
# table42['ID']
# 101     11
# 102     12
# 103     13
# 104     14
# 105     15
# 106     16
# 107     17
# Name: ID, dtype: int64
```

我們不需要使用「table42.'姓名'」指令，而是直接使用「table42.姓名」或是「table42['姓名']」指令以叫出「姓名欄」；同理，檢視「table42.ID」或是「table42['ID']」指令。

接下來，檢視下列指令：

```
table42['姓名'][3] # KeyError: 3
table42['姓名'][103] # '王3'
table42['姓名'][103:106] # Series([], Name: 姓名, dtype: object)
```

因「索引欄」已改變，故只能使用「table32[' 姓名 '][103]」指令，但是「table32['
姓名 '][103:106] 指令卻又不行。

XX.loc[.] 與 XX.iloc[.]

可注意二指令的用法，試下列指令：

```
table42.loc[103]
# ID          13
# 姓名      王 3
# 性別         1
# 城市      桃園
# 年齡        19
# 數分        75
# 英分        80
# 國分        76
# Name: 103, dtype: object
table42.loc[103][3:6]
# 城市      桃園
# 年齡        19
# 數分        75
# Name: 103, dtype: object
table42.iloc[0]
# ID          11
# 姓名      林 1
# 性別         1
# 城市      基隆
# 年齡        20
# 數分        80
# 英分        75
# 國分        60
# Name: 101, dtype: object
table42.iloc[2][3:6]
# 城市      桃園
# 年齡        19
# 數分        75
# Name: 103, dtype: object
```

XX.loc[.] 與 XX.iloc[.] 二指令皆是叫出「列向量」，其中前者使用「現有的索引欄」而後者則使用「原始的索引欄」；不過，若要進一步叫出「列向量」內的元素，則二者皆須使用「原始的索引欄」。

最後，試叫出「欄」或其內之元素，試下列指令：

```
table42['姓名'].loc[103:106]
# 103    王 3
# 104    葉 4
# 105    黃 5
# 106    劉 6
# Name: 姓名, dtype: object
table42['姓名'].iloc[2:6]
# 103    王 3
# 104    葉 4
# 105    黃 5
# 106    劉 6
# Name: 姓名, dtype: object
```

即 XX.loc[.] 與 XX.iloc[.] 二指令依舊是前者使用「現有的索引欄」而後者則使用「原始的索引欄」。

例 1　資料框內的名稱與索引

試下列指令：

```
table42.index # Int64Index([101, 102, 103, 104, 105, 106, 107], dtype='int64')
table42.columns #  Index(['ID', '姓名', '性別', '城市', '年齡', '數分', '英分', '國分'],
dtype='object')
table42.columns[0] # 'ID'
table42.columns[3] # '城市'
```

即可以叫出資料框內的名稱與單一名稱。

例 2　TWI 之日資料檔案

使用 4.1 節內的 TWI 與 dataTWI 檔案。試下列指令：

```
Index1 = TWI.index
Index2 = dataTWI.index
Index2[100:110] # RangeIndex(start=100, stop=110, step=1)
Index1[100:110]
# DatetimeIndex(['2000-06-05', '2000-06-07', '2000-06-08', '2000-06-09',
#                '2000-06-12', '2000-06-13', '2000-06-14', '2000-06-15',
#                '2000-06-16', '2000-06-19'],
#               dtype='datetime64[ns]', name='Date', freq=None)
```

4.1 節內已知可儲存 TWI 檔案得知例如想要知道 2000/6/5~2000/6/19 期間的資料，為了「驗證」或「方便找尋位置」起見，我們可以透過 dataTWI 檔案；換言之，上述期間相當於 dataTWI 檔案內的第 100~110 個位置。

例 3 使用 XX.loc[.] 與 XX.iloc[.] 二指令

　　如前所述，使用XX.loc[.] 與XX.iloc[.] 二指令可得「列資料」，即試下列指令：

```
TWI.columns # Index(['Open', 'High', 'Low', 'Close', 'Adj Close', 'Volume'], dtype='object')
dataTWI.loc[100:103]
#          Open         High         Low         Close      Adj Close      Volume
# 100  8967.410156  8975.990234  8894.820312  8958.209961  8958.168945       0
# 101  8943.629883  9116.240234  8943.629883  9115.469727  9115.427734       0
# 102  9151.309570  9209.480469  9055.719727  9067.879883  9067.837891       0
# 103  9113.070312  9136.750000  9011.200195  9036.660156  9036.619141       0
TWI.iloc[100:103]
#                  Open         High      Low        Adj Close      Volume
# Date                                    ...
# 2000-06-05  8967.410156  8975.990234    ...     8958.168945        0
# 2000-06-07  8943.629883  9116.240234    ...     9115.427734        0
# 2000-06-08  9151.309570  9209.480469    ...     9067.837891        0
TWI.iloc['2000-06-05':'2000-06-08']
# TypeError: cannot do positional indexing on DatetimeIndex with these indexers
[2000-06-05] of type # str
TWI.loc['2000-06-05':'2000-06-08']
#                  Open         High  ...    Adj Close      Volume
# Date                                ...
# 2000-06-05  8967.410156  8975.990234  ...   8958.176758       0
# 2000-06-07  8943.629883  9116.240234  ...   9115.435547       0
```

```
# 2000-06-08  9151.309570  9209.480469    ...      9067.845703              0
#
# [3 rows x 6 columns]
TWI.loc[100:103]
# TypeError: cannot do slice indexing on DatetimeIndex with these indexers [100] of
type int
dataTWI.iloc[100:103]
#              Open         High         Low         Close     Adj Close   Volume
# 100   8967.410156  8975.990234  8894.820312  8958.209961  8958.168945        0
# 101   8943.629883  9116.240234  8943.629883  9115.469727  9115.427734        0
# 102   9151.309570  9209.480469  9055.719727  9067.879883  9067.837891        0
```

值得注意的是，最後第二個指令無法執行；換言之，就 TWI 檔案而言，只能使用 XX.iloc[.] 指令，不過爲何 dataTWI.iloc[100:103] 與 dataTWI.loc[100:103] 的結果不同？答案：XX.iloc[.] 是叫出 0 至 n-1 列的元素，而 XX.loc[.] 則是根據「新索引」。

例 4　日（對數）報酬率

通常我們會將 TWI 日序列資料轉換成日（對數）報酬率序列，試下列指令：

```
rtall = 100*np.log(TWI/TWI.shift(1)).dropna()
rtall.iloc[100:103]
#              Open       High       Low       Close     Adj Close    Volume
# Date
# 2003-06-03  1.444113   0.225816  1.015400  -0.317145  -0.317147  -16.142374
# 2003-06-05  1.192372   1.310172  1.304773   1.279904   1.279900   14.287157
# 2003-06-06  0.106606  -0.586306 -0.403532   0.044528   0.044528  -29.118696
```

讀者可以比較看看。

習題

(1) 於 dataTWI 資料內，我們是使用 range(n) 指令以建立新的索引，其中 n 表示總列數。試重建一個從 1 開始的新索引，我們姑且稱爲 dataTWI1 檔案。

(2) 續上題，試於 TWI、dataTWI 與 dataTWI1 內叫出相同元素資料。

(3) 我們如何於一個資料框內分別叫出「列與行」資料。

(4) 利用 table42 檔案，試叫出 [' 姓名 ',' 城市 ',' 性別 '] 等行資料。

(5) 續上題，使用 XX.loc[.] 指令叫出「103~105」的資料。

(6) 續上題，改用 XX.iloc[.] 指令。

4.2.2 資料框內的整理

　　我們繼續介紹如何整理整理資料框內的資料。仍以表 4-2 內的資料為例，我們考慮下列的一些情況。

更改名稱或元素

　　我們可以更改表 4-2 內的「名稱」，試下列指令：

```
Table42 = table42.rename(columns={" 姓名 ":"Names"," 性別 ":"Sex"})
Table42a = table42.rename(columns={" 姓名 ":"Names"," 性別 ":"Sex"," 城市 ":"City",
                                   " 年齡 ":"Ages"," 數分 ":"MS",
                                   " 英分 ":"ES"," 國分 ":"CS"})
Table42a['Sex'][Table42a['Sex'] == ' 男 '] = 'Male'
Table42a['Sex'][Table42a['Sex'] == ' 女 '] = 'Female'
Table42
table42
Table42a
```

讀者預期 Table42、Table42a 與 table42 的結果分別為何？可以檢視看看。

矩陣型態

　　試下列指令：

```
Table42a.values
# array([[11, ' 林 1', 'Male', ' 基隆 ', 20, 80.0, 75.0, 60.0],
#        [12, ' 陳 2', 'Female', ' 台北 ', 18, 90.0, 65.0, 85.0],
#        [13, ' 王 3', 'Male', ' 桃園 ', 19, 75.0, 80.0, 76.0],
#        [14, ' 葉 4', 'Female', ' 新竹 ', 22, 85.0, 75.0, 95.0],
#        [15, ' 黃 5', 'Male', ' 台中 ', 21, 86.0, 66.0, 86.0],
#        [16, ' 劉 6', 'Female', ' 台南 ', 18, 93.0, 86.0, 75.0],
#        [17, ' 蔡 7', 'Male', ' 高雄 ', 19, 88.0, 90.0, 85.0]], dtype=object)
```

可以留意「名稱改變」已用新檔案 Table42a 表示，而舊檔案仍維持不變。

檔案型態

試下列指令：

```
Table42a.dtypes
# ID        int64
# Names     object
# Sex       object
# City      object
# Ages      int64
# MS        float64
# ES        float64
# CS        float64
# dtype: object
```

即 Table42a 檔案內包括「數值」與「物件」二種，前者可分為整數與實數二種，而後者可以表示一個「事件或資訊」等。例如：「City」表示學生來自何城市。第 9 章會指出此處的「物件」指的是質化變數（quality variables）或稱為類別變數（categorical variables）。

改用數值

若檢視 Table42a 檔案，應會發現「性別」（物件）可用數值表示，再試下列指令：

```
Sex = {'Female':0,'Male':1}
Table42a.Sex = [Sex[item] for item in Table42a.Sex]
Table42a
#       ID   Names   Sex   City   Ages    MS     ES     CS
# 101   11    林1     1    基隆    20    80.0   75.0   60.0
# 102   12    陳2     0    台北    18    90.0   65.0   85.0
# 103   13    王3     1    桃園    19    75.0   80.0   76.0
# 104   14    葉4     0    新竹    22    85.0   75.0   95.0
# 105   15    黃5     1    台中    21    86.0   66.0   86.0
# 106   16    劉6     0    台南    18    93.0   86.0   75.0
# 107   17    蔡7     1    高雄    19    88.0   90.0   85.0
```

即男與女分別用 1 與 0 表示；換言之，我們有多種方式可將「物件」改用數值表示。讀者可以試試（使用前最好將「中文」該成用「英文」表示）。

XX.loc[.] 的使用

於 4.2.1 節內，我們曾經使用 XX.loc[.] 指令，現在繼續檢視，即：

```
Table42a.loc[101]
# ID          11
# Names       林1
# Sex         1
# City        基隆
# Ages        20
# MS          80
# ES          75
# CS          60
# Name: 101, dtype: object
Table42a.loc[101][6] # 75.0
Table42a.loc[:, 'Ages']
# 101          20
# 102          18
# 103          19
# 104          22
# 105          21
# 106          18
# 107          19
# Name: Ages, dtype: int64
Table42a.loc[102:106, ['City','Ages']]
#       City   Ages
# 102   台北    18
# 103   桃園    19
# 104   新竹    22
# 105   台中    21
# 106   台南    18
```

檢視上述指令可發現 XX.loc[.] 指令不僅可以叫出「列資料」同時亦可以叫出「行資料」；換言之，XX.loc[.] 指令有點類似於叫出「矩陣」內的資料，其實也沒錯，因資料框可轉換成矩陣。

XX.iloc[.] 的使用

可記得 XX.iloc[.] 指令需使用「原始索引」嗎？試下列指令：

```
Table42a.iloc[0]
# ID          11
# Names       林1
# Sex         1
# City        基隆
# Ages        20
# MS          80
# ES          75
# CS          60
# Name: 101, dtype: object
Table42a.iloc[0][6]  # 75.0
Table42a.iloc[:, 'Ages']
# ValueError: Location based indexing can only have
# [integer, integer slice (START point is INCLUDED, END point is EXCLUDED),
# listlike of integers, boolean array] types
Table42a.iloc[:, 4]
# 101          20
# 102          18
# 103          19
# 104          22
# 105          21
# 106          18
# 107          19
# Name: Ages, dtype: int64
Table42a.iloc[1:6, [3,4]]
#        City    Ages
# 102    台北     18
# 103    桃園     19
# 104    新竹     22
# 105    台中     21
# 106    台南     18
```

可注意如何使用 XX.iloc[.] 指令以叫出「多欄」的資料。我們亦可以進一步叫出「間隔」的資料。例如：

```
Table42a.iloc[1:6:2, 1]
# 102          陳2
# 104          葉4
```

```
# 106        劉 6
# Name: Names, dtype: object
Table42a.iloc[1:6:3, [0,3]]
#       ID   City
# 102   12   台北
# 105   15   台中
Table42a.iloc[slice(1, 6, 2), 1]
# 102        陳 2
# 104        葉 4
# 106        劉 6
# Name: Names, dtype: object
Table42a.iloc[pd.IndexSlice[1:6:2], 1]
# 102        陳 2
# 104        葉 4
# 106        劉 6
# Name: Names, dtype: object
```

讀者應能了解上述指令的意思[①]。

XX.at[.] 與 XX.iat[.] 的使用

我們亦可以叫出「單一」資料，即使用下列指令：

```
Table42a.at[102, 'Names'] # '陳 2'
Table42a.at[2, 1] # error
Table42a.iat[2, 1] # '王 3'
Table42a.iat[2,5] # 75
Table42a.iat[2:5,5] # ValueError: iAt based indexing can only have integer indexers
```

即 XX.at[.] 與 XX.iat[.] 指令的使用類似於 XX.loc[.] 與 XX.iloc[.] 指令用法。

修改資料

利用下列指令可修改表 4-2 內的資料，即：

```
Table42a.loc[:103, 'MS'] = [40, 50, 60]
Table42a.loc[104:, 'MS'] = 0
```

[①] 以 Table42a.iloc[1:6:2, 1] 為例，其為叫出第 2 列內 2~6 個元素（間隔為 2），以此類推。

```
Table42a.loc[:, 'MS']
# 101        40.0
# 102        50.0
# 103        60.0
# 104         0.0
# 105         0.0
# 106         0.0
# 107         0.0
# Name: MS, dtype: float64
Table42a.iloc[:, -2] = np.array([85, 60, 89, 50, 66, 56, 44])
Table42a.iloc[:, 6]
# 101        85
# 102        60
# 103        89
# 104        50
# 105        66
# 106        56
# 107        44
# Name: ES, dtype: int32
```

可注意 Table42a.iloc[:,-2] 是指「倒數第 2 欄（行）」資料。

加進與刪除資料

我們可以於表 4-2 內再加進或刪除資料，就「列資料」而言，試下列指令：

```
lin18 = pd.Series(data=[18, '武 8', 0, '宜蘭', 22, 79, 88, 60],
                              index=Table42a.columns, name=108)
Table42b = Table42a.append(lin18)
Table42b
#       ID   Names   Sex   City   Ages    MS    ES    CS
# 101   11    林 1     1    基隆     20    40.0   85   60.0
# 102   12    陳 2     0    台北     18    50.0   60   85.0
# 103   13    王 3     1    桃園     19    60.0   89   76.0
# 104   14    葉 4     0    新竹     22     0.0   50   95.0
# 105   15    黃 5     1    台中     21     0.0   66   86.0
# 106   16    劉 6     0    台南     18     0.0   56   75.0
# 107   17    蔡 7     1    高雄     19     0.0   44   85.0
# 108   18    武 8     0    宜蘭     22    79.0   88   60.0
```

```
lin18.name # 108
Table42c = Table42a.drop(labels=[105, 107])
Table42c
```

#	ID	Names	Sex	City	Ages	MS	ES	CS
# 101	11	林1	1	基隆	20	40.0	85	60.0
# 102	12	陳2	0	台北	18	50.0	60	85.0
# 103	13	王3	1	桃園	19	60.0	89	76.0
# 104	14	葉4	0	新竹	22	0.0	50	95.0
# 106	16	劉6	0	台南	18	0.0	56	75.0

可注意 lin18 的索引為「108」。可以比較 Table42a、Table42b 與 Table42c 檔案之不同。

就「行資料」之加進或刪除資料而言，再試下列指令：

```
Table42a['FS'] = np.array([71.0, 95.0, 88.0, 79.0, 91.0, 91.0, 80.0])
Table42a
```

#	ID	Names	Sex	City	Ages	MS	ES	CS	FS
# 101	11	林1	1	基隆	20	40.0	85	60.0	71.0
# 102	12	陳2	0	台北	18	50.0	60	85.0	95.0
# 103	13	王3	1	桃園	19	60.0	89	76.0	88.0
# 104	14	葉4	0	新竹	22	0.0	50	95.0	79.0
# 105	15	黃5	1	台中	21	0.0	66	86.0	91.0
# 106	16	劉6	0	台南	18	0.0	56	75.0	91.0
# 107	17	蔡7	1	高雄	19	0.0	44	85.0	80.0

```
Table42a.insert(loc=6, column='M1S',
        value=np.array([86.0, 81.0, 78.0, 88.0, 74.0, 70.0, 81.0]))
Table42a['TS'] = 0.0
Table42a
```

#	ID	Names	Sex	City	Ages	MS	M1S	ES	CS	FS	TS
# 101	11	林1	1	基隆	20	40.0	86.0	85	60.0	71.0	0.0
# 102	12	陳2	0	台北	18	50.0	81.0	60	85.0	95.0	0.0
# 103	13	王3	1	桃園	19	60.0	78.0	89	76.0	88.0	0.0
# 104	14	葉4	0	新竹	22	0.0	88.0	50	95.0	79.0	0.0
# 105	15	黃5	1	台中	21	0.0	74.0	66	86.0	91.0	0.0
# 106	16	劉6	0	台南	18	0.0	70.0	56	75.0	91.0	0.0
# 107	17	蔡7	1	高雄	19	0.0	81.0	44	85.0	80.0	0.0

```
del Table42a['City']
Table42d = Table42a.drop(labels='Ages', axis=1)
```

```
Table42d
#       ID    Names   Sex    MS     M1S    ES    CS     FS     TS
# 101   11    林1     1     40.0   86.0   85   60.0   71.0   0.0
# 102   12    陳2     0     50.0   81.0   60   85.0   95.0   0.0
# 103   13    王3     1     60.0   78.0   89   76.0   88.0   0.0
# 104   14    葉4     0      0.0   88.0   50   95.0   79.0   0.0
# 105   15    黃5     1      0.0   74.0   66   86.0   91.0   0.0
# 106   16    劉6     0      0.0   70.0   56   75.0   91.0   0.0
# 107   17    蔡7     1      0.0   81.0   44   85.0   80.0   0.0
```

上述有刪除「City」與「Ages」二欄的指令，可以留意其用法。檢視 Table42d 檔案的內容。

例1　TWI 日指數時間序列資料

利用前述之 TWI 日指數時間序列資料，我們轉換成日對數報酬率時間序列資料後，再刪除「Adj Close」與「Volume」二欄資料。試下列指令：

```
TWI = yf.download("^TWII", start="2000-01-01", end="2019-07-31")
rtall = 100*np.log(TWI/TWI.shift(1)).dropna()
rtall.head(3)
# 刪除 Adj Close 與 Volumn
del rtall['Adj Close']
del rtall['Volume']
rtall.head(3)
#                Open       High       Low       Close
# Date
# 2003-01-02   0.104299   1.797923   0.408167   1.613432
# 2003-01-03   3.473721   1.921848   3.787503   2.217282
# 2003-01-06   0.771124   1.472477   0.728072   1.364100
```

讀者亦可進一步檢視「尾部」資料。

例2　加入正（負報酬率）資料

續例1，我們進一步加進正或負「日收盤」報酬率資料，試下列指令：

```
rt1 = (rtall.Close >=0)*1
rtall['rtClose'] = rt1
rtall.head(3)
#                Open       High       Low       Close    rtClose
# Date

# 2003-01-02  0.104299  1.797923  0.408167  1.613432       1
# 2003-01-03  3.473721  1.921848  3.787503  2.217282       1
# 2003-01-06  0.771124  1.472477  0.728072  1.364100       1
```

可留意如何將日收盤報酬率資料用 1 或 0 表示。

例3　模擬時間序列資料

　　續例 2，其實，利用上述 rtall 檔案資料，我們可以模擬出具有「時間索引」的日報酬率資料。再試下列指令：

```
from scipy.stats import norm
del TWI['Volume']
m, n = TWI.shape # 4816, 5
St = TWI.Close
rt = 100*np.log(St/St.shift(1))
index = TWI.index
np.random.seed(1234)
X = norm.rvs(0, 1, m*n).reshape(m, n)
Names = ['S1', 'S2', 'S3', 'S4', 'S5']
df = pd.DataFrame(X, index=index, columns=Names)
df.head(2)
#                S1         S2         S3         S4         S5
# Date
# 2000-01-04  0.471435  -1.190976  1.432707  -0.312652  -0.720589
# 2000-01-05  0.887163   0.859588  -0.636524  0.015696  -2.242685
df.tail(2)
#                S1         S2         S3         S4         S5
# Date
# 2019-07-29  -0.386205  1.732642  -0.154254  0.472516  -0.90597
# 2019-07-30  -0.740669  1.093611  -0.311025  -0.203793  -0.35161
```

即我們假定日報酬率屬於標準常態分配。上述指令是用標準常態分配模擬出 5 種日報酬率時間序列資料；有意思的是，利用 TWI 檔案的索引欄，我們可以建立一種只有顯示交易日（扣除週休二日、國定假日或補假等）的「時間序列資料」。

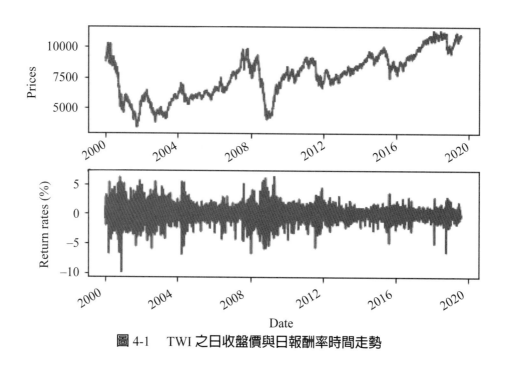

圖 4-1　TWI 之日收盤價與日報酬率時間走勢

例 4　繪圖

　　模組（pandas）亦有簡單的繪圖功能（第 9 章會介紹 Python 的其他繪圖方法），可以參考圖 4-1。圖 4-1 係分別繪製出 TWI 之日收盤價與日報酬率時間走勢，見下列指令：

```
import matplotlib.pyplot as plt
fig = plt.figure()
fig.add_subplot(2, 1, 1)
St.plot()
plt.ylabel('Prices')
fig.add_subplot(2, 1, 2)
rt.plot()
plt.ylabel('Return rates (%)')
```

習題

(1) 試分別解釋 XX.loc[.] 與 XX.iloc[.] 二指令的用法。

(2) 我們有何方法可將「性別欄」以及其內之元素改用數值表示？試解釋之。

(3) 令日開盤報酬率大於 2% 之值為 1，其餘為 0。將上述新增加的資料列入 reall 檔案內。上述「動作」對應的 Python 指令為何？

(4) 我們應該也可以模擬出 TWI 的日時間走勢！如何做？

(5) 續上題，試繪製其圖形。提示：參考圖 4a。

(6) 面對 TWI 檔案，其實我們亦可以逐一計算所有的日對數報酬率，可以如何做？

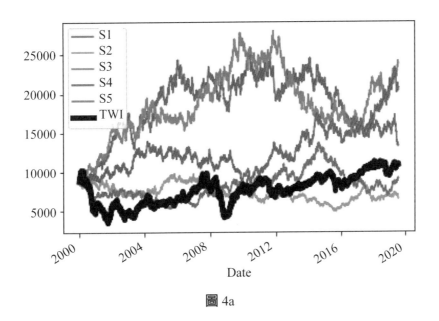

圖 4a

4.2.3 資料框內的敘述統計量

有了資料框，當然可以進一步計算框內的一些敘述統計量。延續 4.2.2 節的 Table42d 檔案。

算術操作

進行簡單的算術運算，試下列指令：

```
df = Table42d
df['M2S'] = df['MS']+df['M1S']
df['MS (%)'] = df['MS']/100
df['WAV'] = 0.3*df['M1S']+0.4*df['ES']+0.3*df['CS']
df['TS'] = df['MS']+df['M1S']+df['ES']+df['CS']+df['FS']
df
```

#	ID	Names	Sex	MS	M1S	ES	CS	FS	TS	M2S	MS (%)	WAV
# 101	11	林1	1	40	86	85	60	71	342	126	0.4	77.8
# 102	12	陳2	0	50	81	60	85	95	371	131	0.5	73.8
# 103	13	王3	1	60	78	89	76	88	391	138	0.6	81.8
# 104	14	葉4	0	0	88	50	95	79	312	88	0.0	74.9
# 105	15	黃5	1	0	74	66	86	91	317	74	0.0	74.4
# 106	16	劉6	0	0	70	56	75	91	292	70	0.0	65.9
# 107	17	蔡7	1	0	81	44	85	80	290	81	0.0	67.4

即除了可以進行簡易的算術運算之外，我們亦可以「排序」。

排序

再試下列指令：

```
df.sort_values(by='TS', ascending=False)
```

#	ID	Names	Sex	MS	M1S	ES	CS	FS	TS	M2S	MS (%)	WAV
# 103	13	王3	1	60	78	89	76	88	391	138	0.6	81.8
# 102	12	陳2	0	50	81	60	85	95	371	131	0.5	73.8
# 101	11	林1	1	40	86	85	60	71	342	126	0.4	77.8
# 105	15	黃5	1	0	74	66	86	91	317	74	0.0	74.4
# 104	14	葉4	0	0	88	50	95	79	312	88	0.0	74.9
# 106	16	劉6	0	0	70	56	75	91	292	70	0.0	65.9
# 107	17	蔡7	1	0	81	44	85	80	290	81	0.0	67.4

即按照「TS」由大至小排序。再試下列指令：

```
# 更改
df.loc[104,'TS'] = 317
df.sort_values(by=['TS','M1S'], ascending=[False,False])
```

#	ID	Names	Sex	MS	M1S	ES	CS	FS	TS	M2S	MS (%)	WAV
# 103	13	王3	1	60	78	89	76	88	391	138	0.6	81.8
# 102	12	陳2	0	50	81	60	85	95	371	131	0.5	73.8

```
# 101    11      林1     1    40    86    85    60    71    342    126    0.4    77.8
# 104    14      葉4     0    0     88    50    95    79    317    88     0.0    74.9
# 105    15      黃5     1    0     74    66    86    91    317    74     0.0    74.4
# 106    16      劉6     0    0     70    56    75    91    292    70     0.0    65.9
# 107    17      蔡7     1    0     81    44    85    80    290    81     0.0    67.4
```

上述指令是指若「TS」相同，則取「M1S」最高進行排序。

　　為了能進行一些計算，我們先取部分的成績資料而以資料框的型態顯示如 df1，即：

```
columns = ['MIS','ES','CS','FS']
Ta = np.array([df['M1S'],df['ES'],df['CS'],df['FS']]).T
df1 = pd.DataFrame(Ta, columns=columns)
df1
#     MIS  ES  CS  FS
# 0    86   85  60  71
# 1    81   60  85  95
# 2    78   89  76  88
# 3    88   50  95  79
# 4    74   66  86  91
# 5    70   56  75  91
# 6    81   44  85  80
```

留意矩陣型態以及其轉置。

基本的敘述統計量

　　試下列指令：

```
df1.describe()
#              MIS          ES          CS          FS
# count    7.000000    7.000000    7.000000    7.000000
# mean    79.714286   64.285714   80.285714   85.000000
# std      6.343350   17.055930   11.190983    8.544004
# min     70.000000   44.000000   60.000000   71.000000
# 25%     76.000000   53.000000   75.500000   79.500000
# 50%     81.000000   60.000000   85.000000   88.000000
# 75%     83.500000   75.500000   85.500000   91.000000
```

```
# max    88.000000  89.000000  95.000000  95.000000
df1['M1S'].skew() # -0.26226970208076056
df1.skew(axis=0)
# M1S    -0.262270
# ES      0.567985
# CS     -0.831128
# FS     -0.608293
# dtype: float64
df1.kurtosis(axis=0) # 超額
# M1S    -0.713510
# ES     -1.136023
# CS      1.127537
# FS     -0.757853
# dtype: float64
```

即亦可加進偏態與（超額）峰態係數的計算。值得注意的是，上述的計算是根據「行資料」的計算，而若是「列資料」的計算呢？讀者可以試試。（如使用 df1.kurtosis(axis=1) 指令）。

使用 np 模組

　　於資料框內亦可以使用 np 模組以計算一些基本的敘述統計量。例如：

```
np.sum(df1,axis=0)
# MIS     558
# ES      450
# CS      562
# FS      595
# dtype: int64
np.mean(df1,axis=1) # 列
np.mean(df1,axis=0)
# MIS     79.714286
# ES      64.285714
# CS      80.285714
# FS      85.000000
# dtype: float64
```

甚至於計算個人加權平均如：

```
df1['AV'] = np.average(df1.iloc[:,:4], axis=1,weights=[0.3, 0.3, 0.3,0.1])
df1
#    MIS  ES  CS  FS    AV
# 0   86  85  60  71  76.4
# 1   81  60  85  95  77.3
# 2   78  89  76  88  81.7
# 3   88  50  95  79  77.8
# 4   74  66  86  91  76.9
# 5   70  56  75  91  69.4
# 6   81  44  85  80  71.0
```

因此，再一次提醒，若有看到陌生的函數指令，上網查詢可能較爲方便[2]。

比較（布爾值）

我們可以於資料框內進行「比較」。如前所述，「比較」後的結果以布爾值表示。試下列指令：

```
f1 = df1['AV'] >= 75
f1
# 0     True
# 1     True
# 2     True
# 3     True
# 4     True
# 5    False
# 6    False
# Name: AV, dtype: bool
df.index = range(len(df))
df['AV'] = df1['AV']
df
#    ID  Names  Sex  MS  M1S  ES  CS  FS   TS  M2S  MS (%)  WAV    AV
# 0  11    林1    1  40   86  85  60  71  342  126     0.4  77.8  76.4
# 1  12    陳2    0  50   81  60  85  95  371  131     0.5  73.8  77.3
# 2  13    王3    1  60   78  89  76  88  391  138     0.6  81.8  81.7
# 3  14    葉4    0   0   88  50  95  79  317   88     0.0  74.9  77.8
# 4  15    黃5    1   0   74  66  86  91  317   74     0.0  74.4  76.9
```

---

[2] 例如：於 Google 內輸入 pd.kurtosis 或 np.average 等字

```
# 5  16    劉6    0   0   70  56  75  91  292   70   0.0  65.9 69.4
# 6  17    蔡7    1   0   81  44  85  80  290   81   0.0  67.4 71.0
df[f1]
#    ID  Names  Sex  MS  M1S  ES  CS  FS   TS  M2S  MS (%)  WAV   AV
# 0  11    林1    1   40  86  85  60  71  342  126   0.4   77.8  76.4
# 1  12    陳2    0   50  81  60  85  95  371  131   0.5   73.8  77.3
# 2  13    王3    1   60  78  89  76  88  391  138   0.6   81.8  81.7
# 3  14    葉4    0   0   88  50  95  79  317   88   0.0   74.9  77.8
# 4  15    黃5    1   0   74  66  86  91  317   74   0.0   74.4  76.9
```

f1 是詢問「AV」內的元素是否大於等於 75 的結果。值得注意的是，若我們想要將「AV」與「f1」的結果置於「原始檔案df」內，此時必須將df內的「索引欄」改成「原始索引欄」。

再試下列指令：

```
f2 = df[(df['FS'] >= 80) & (df['ES'] >= 75)]
f2
#     ID Names  Sex  MS  M1S  ES  CS  FS   TS  M2S  MS (%)  WAV    AV
# 2  13    王3    1   60  78  89  76  88  391  138   0.6  81.8  81.7
f3 = df[(df['FS'] >= 80) | (df['ES'] >= 75)]
f3
#     ID  Names  Sex  MS  M1S  ES  CS  FS   TS  M2S  MS (%)  WAV    AV
# 0  11    林1    1   40  86  85  60  71  342  126   0.4  77.8  76.4
# 1  12    陳2    0   50  81  60  85  95  371  131   0.5  73.8  77.3
# 2  13    王3    1   60  78  89  76  88  391  138   0.6  81.8  81.7
# 4  15    黃5    1   0   74  66  86  91  317   74   0.0  74.4  76.9
# 5  16    劉6    0   0   70  56  75  91  292   70   0.0  65.9  69.4
# 6  17    蔡7    1   0   81  44  85  80  290   81   0.0  67.4  71.0
f4 = f1*1
f5 = np.zeros([len(f4),1])
for i in range(len(f4)):
    f5[i,0] = int(not f4[i])
f6 = f5 == 1
df[f6]
#     ID  Names  Sex  MS  M1S  ES  CS  FS   TS  M2S  MS (%)  WAV    AV
# 5  16    劉6    0   0   70  56  75  91  292   70   0.0  65.9  69.4
# 6  17    蔡7    1   0   81  44  85  80  290   81   0.0  67.4  71.0
```

上述指令有使用三種「比較」指令，即「&（且）」、「|（或）」與「not（非）」。
讀者可嘗試解釋上述指令的意思。

　　最後，再試下列指令：

```
df['AV'].where(cond=df['AV'] >= 75, other=0.0)
# 0    76.4
# 1    77.3
# 2    81.7
# 3    77.8
# 4    76.9
# 5     0.0
# 6     0.0
# Name: AV, dtype: float64
```

即若「AV」內的元素大於等於 75，則列出該元素，其餘元素則列出以 0 表示。

資料框的分割

　　我們可以將一個資料框分成二個子資料框。以上述 df 檔案為例，可以按照「性別」分類，試下列指令：

```
del df['Names']
columns1 = df.columns
n1 = df.groupby(by='Sex').size()[0] # 3
n2 = df.groupby(by='Sex').size()[1] # 4
m,n = df.shape # (7, 12)
df.index = range(m)
female = np.zeros([n1,n])
male = np.zeros([n2,n])
h1 = 0
for i in range(m):
    if df['Sex'][i] == 0:
        female[h1] = df.iloc[i]
        h1 = h1+1
h2 = 0
for i in range(m):
    if df['Sex'][i] == 1:
        male[h2] = df.iloc[i]
        h2 = h2+1
```

```
dff = pd.DataFrame(female,columns=columns1)
dff
#    ID   Sex   MS    M1S    ES    CS    FS     TS    M2S    MS (%)   WAV    AV
# 0  12.0  0.0  50.0  81.0  60.0  85.0  95.0  371.0  131.0   0.5    73.8  77.3
# 1  14.0  0.0   0.0  88.0  50.0  95.0  79.0  317.0   88.0   0.0    74.9  77.8
# 2  16.0  0.0   0.0  70.0  56.0  75.0  91.0  292.0   70.0   0.0    65.9  69.4
dfm = pd.DataFrame(male,columns=columns1)
dfm
#    ID   Sex   MS    M1S    ES    CS    FS     TS    M2S    MS (%)   WAV    AV
# 0  11.0  1.0  40.0  86.0  85.0  60.0  71.0  342.0  126.0   0.4    77.8  76.4
# 1  13.0  1.0  60.0  78.0  89.0  76.0  88.0  391.0  138.0   0.6    81.8  81.7
# 2  15.0  1.0   0.0  74.0  66.0  86.0  91.0  317.0   74.0   0.0    74.4  76.9
# 3  17.0  1.0   0.0  81.0  44.0  85.0  80.0  290.0   81.0   0.0    67.4  71.0
```

即不要用「中文」如「Names」，後者可用「ID」或「索引欄」取代。

習題

(1) 根據前述的 TWI 檔案資料（4.2.1 節），轉換成日報酬率資料框。

(2) 續上題，除去日報酬率資料框內之 Nan 資料並稱爲 rtall1。

(3) 續上題，計算 rtall1 內之基本敘述統計量。

(4) 續上題，分別計算 rtall1 內之偏態係數、峰態係數、變異數以及 30% 分位數。

(5) 續上題，將計算的結果「合併」成用矩陣。

(6) 續上題，將矩陣轉成一種資料框。

(7) 續題 (1)，找出日收盤報酬率序列（除去 Nan 值）並令之爲 rt。

(8) 續上題，計算 rt 內之基本敘述統計量。

(9) 續上題，試分別列出「rt 大於等於 2% 或是小於 -2%」、「rt 大於等於 5%」、「rt 小於等於 -5%」以及「rt 介於 -1% 與 1%」的所有觀察值。

(10) 續上題，試計算對應的基本敘述統計量，並找出對應的觀察值個數。

4.3 序列、類別變數與分組

　　4.1 與 4.2 節大多集中於說明資料框的建立以及框內的操作，其實除了資料框之外，模組（pandas）尚有另外一種資料型態，其可稱爲序列（series），因此本節的目的之一是介紹序列。

　　若我們再仔細檢視表 4-2，可以發現該表實際上包括二種變數：量化變數（quantitative variables）與質化變數。顧名思義，量化變數指的是變數的觀察值（或實現值）可用數值表示如表 4-2 內的 ID、年齡、國分、數分與英分等；另一方面，例如表 4-2 內的性別與城市變數則屬於質化變數。明顯地，我們可以看出量化變數與質化變數之不同。本節將進一步介紹質化變數以及利用該變數進行分組。

4.3.1 序列

　　簡單地說，模組（pandas）內的序列相當於資料存於 Excel 內的一欄，不過因資料框類似於 Excel 檔案；因此，序列亦可說成資料框的一欄也未嘗不可。換言之，序列的操作或性質類似於資料框。我們可以檢視序列的建立方式。試下列指令：

```
import pandas as pd
d1 = ['g', 'e', 'e', 'k']
s1 = pd.Series(d1)
s1
# 0    g
# 1    e
# 2    e
# 3    k
# dtype: object
d2 = np.array(d1)
s2 = pd.Series(d2)
s2
# 0    g
# 1    e
# 2    e
# 3    k
# dtype: object
```

即我們可以使用 list 或 np.array（[.]）函數指令建立序列。我們進一步檢視上述 s1 與 s2 的型態，再試下列指令：

```
type(s1) # pandas.core.series.Series
type(s2) # pandas.core.series.Series
```

即 s1 與 s2 皆屬於模組（pandas）內的序列。

我們可以留意上述 s1 與 s2 皆自動產生「原始索引」。我們嘗試更改上述索引，試下列指令：

```
d3 = np.array(['g','e','e','k','s','f', 'o','r','g','e','e','k','s'])
s3 = pd.Series(data2, index=[10, 11, 12, 13, 14, 15, 16, 17, 18, 19, 20, 21, 22])
s3[15:21] # Series([], dtype: object)
s3[:3]
# 10    g
# 11    e
# 12    e
# dtype: object
s3[16] # 'o'
s3[5] # KeyError: 5
```

即 s3 內已有新的索引。我們從上述指令內可看出欲叫出 s3 內的元素「有點混亂」，反而使用 XX.loc[.] 與 XX.iloc[.] 指令叫出元素比較方便。試下列指令：

```
s3.loc[22] # 's'
s3.loc[10:12]
# 10    g
# 11    e
# 12    e
# dtype: object
s3.iloc[0] # 'g'
s3.iloc[2:5]
# 12    e
# 13    k
# 14    s
# dtype: object
```

即 XX.loc[.] 與 XX.iloc[.] 指令分別使用「新索引」與「原始索引」。

如前所述，序列可視為資料框的一欄，利用上述表 4-2 的資料，可得：

```
s4 = pd.Series(df['姓名'])
s4
ser4.loc[104:106]
```

```
# 104    葉 4
# 105    黃 5
# 106    劉 6
# Name: 姓名，dtype: objectser4.iloc[3:6]
# 104    葉 4
# 105    黃 5
# 106    劉 6
# Name: 姓名，dtype: object
type(s4) # pandas.core.series.Series
```

其中 df 就是表 4-2，其是以資料框的型態顯示。上述指令叫出表 4-2 的姓名欄並命之爲 s4。我們可看出 s4 的型態就是序列。

　　既然 s4 是來自於資料框同時亦是一種序列，使得我們聯想其實亦可以用 dict 的方式建立序列，再試下列指令：

```
d5 = {'a' : 1, 'b': 2, 'c':3}
s5 = pd.Series(d5)
s5
# a    1
# b    2
# c    3
# dtype: int64
d6 = {'a' : [1,2,3], 'b': [4,5], 'c':6.0, 'd': "Hello World"}
s6 = pd.Series(d6)
s6
# a      [1, 2, 3]
# b         [4, 5]
# c              6
# d    Hello World
# dtype: object
```

換言之，讀者可以檢視 s5 與 s6 是否皆是一種序列。s5 與 s6 的特色是使用「新的索引」（讀者可嘗試叫出其內的元素），同時提醒我們序列內的元素可以「多元」（即元素可以爲整數、實數、陣列或文字等）。

例 1　序列的運算

序列亦可以從是基本的運算，試下列指令：

```
a = float('nan') # nan
s7 = pd.Series([5, a, 3,7], index=['a', 'b', 'c', 'd'])
# creating a series
s8 = pd.Series([1, 6, 4, 9], index=['a', 'b', 'd', 'e'])
print(s7, "\n\n", s8)
# a    5.0
# b    NaN
# c    3.0
# d    7.0
# dtype: float64
#
# a    1
# b    6
# d    4
# e    9
# dtype: int64
```

其中 a 為我們自設的 NaN 值。s7 與 s8 皆是一種序列，我們嘗試下列的加法與減法：

```
s8.add(s7, fill_value=0)
# a     6.0
# b     6.0
# c     3.0
# d    11.0
# e     9.0
# dtype: float64
s8.sub(s7, fill_value=0)
# a    -4.0
# b     6.0
# c    -3.0
# d    -3.0
# e     9.0
# dtype: float64
```

s8.add(s7, fill_value=0) 表示 s8 加 s7，其中 NaN 值以 0 取代；同理，我們不難解釋

s8.sub(s7, fill_value=0) 的意思（s8 減 s7）。

再試下列指令：

```
a1 = [1, 2, 2, 4]
s7.mul(a1)
# a     5.0
# b     NaN
# c     6.0
# d    28.0
# dtype: float64
s7.div(a1)
# a     5.00
# b     NaN
# c     1.50
# d     1.75
# dtype: float64
```

我們可看出遇到 NaN 值，乘法與除法並不適用。

例2 敘述統計量的計算

試下列指令：

```
s7.iloc[1] = 0
s7.describe()
# count    4.000000
# mean     3.750000
# std      2.986079
# min      0.000000
# 25%      2.250000
# 50%      4.000000
# 75%      5.500000
# max      7.000000
# dtype: float64
s8.cov(s7) # -5.5
s7.mean() # 3.75
s7.std() # 2.9860788111948193
s7.quantile(0.25) # 2.25
```

s8.cov(s7) 表示 s8 與 s7 的共變異數，其中 NaN 值已經以 0 取代。可以注意其他敘述統計量的計算。

例 3　時間序列資料

　　利用前述的 TWI 日資料，我們分別繪製出收盤價、開盤價、最高價與最低價的時間走勢如圖 4-2 所示。讀者倒是可以檢視看看上述收盤價等資料的型態爲何？可以注意的是，因每一序列有搭配時間，故稱爲時間序列資料。第 5 章我們將介紹如何於 Python 建立「日期與時間」以及時間序列資料。

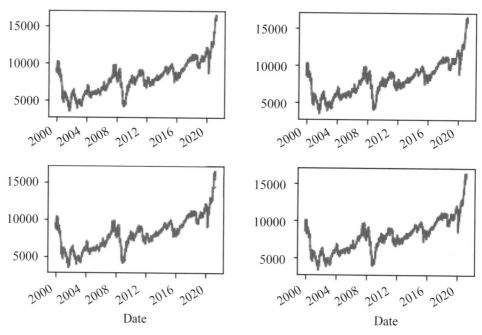

圖 4-2　TWI 日時間序列資料的走勢，其中左上、右上、左下與右下分別表示收盤價、開盤價、最高價與最低價

例 4　使用 apply(.) 函數指令

　　例 2 是說明如何計算序列的敘述統計量，不過有些時候，我們必須自設函數以掌握一些其他的特徵。考慮下列的函數：

```
def fun(num):
    if num < -2:
        return "Low"
    elif num >= -2 and num < 2:
        return "Normal"
    else:
        return "High"
```

上述 fun(.) 函數指令是說明如何將 num 變數的觀察值分成「低」、「正常」與「高」（報酬）等三個區塊；換言之，利用前述之 TWI 日收盤價資料，轉換成日對數報酬率資料後，可得：

```
rt1 = rt.apply(fun)
rt1.head(3)
# Date
# 2000-01-05    Normal
# 2000-01-06    Normal
# 2000-01-07    Normal
# Name: Close, dtype: object
rt1.iloc[45:50]
# Date
# 2000-03-16    Normal
# 2000-03-17    Normal
# 2000-03-20       Low
# 2000-03-21      High
# 2000-03-22    Normal
# Name: Close, dtype: object
```

其中 rt 表示 TWI 日對數報酬率資料。因此，透過 fun(.) 與 apply(.) 函數指令的使用，我們可以將 rt 區分成上述三個區塊。

習題

(1)　何謂序列？試解釋之。

(2)　試敘述如何建立序列。

(3)　利用本節的 s8。猜猜 s8['b'] 與 s8[['a','b','d']] 的觀察值為何？

(4) 若 sa 與 sb 皆是標準常態分配的觀察值（樣本數皆為 100），試將 sa 與 sb 改成用序列表示。

(5) 續上題，試計算 sa 與 sb 的共變異數。

(6) 讀取 nba 資料（本章所附的資料），試叫出「'Height'」欄。提示：試下列指令：

```
nba = pd.read_excel('F:/DataPython/ch4/data/nba.xlsx')
nba.columns
nba['Height'].head(3)
# 0     6-2
# 1     6-6
# 2     6-5
# Name: Height, dtype: object
```

(7) 續上題，將身高由例如 6-2 改成 6.2。提示：試下列指令：

```
nba['Height'] = nba['Height'].str.replace('-','.').astype(float)
nba['Height'].head(3)
# 0     6.2
# 1     6.6
# 2     6.5
# Name: Height, dtype: float64
```

(8) 續上題，將身高分成「低」、「正常」與「高」三種狀態。提示：試下列函數：

```
def Height(num):
    if num < 6.11:
        return "低"
    elif num >= 6.11 and num < 6.8:
        return "正常"
    else:
        return "高"
```

(9) 續上題，分類後試叫出部分的結果。

(10) 利用上述 nba 資料，我們亦可將「薪資」分類，該如何做？

4.3.2 類別變數與分組

現在，我們來檢視類別變數與分組。假定面對的是表 4-2，我們如何分組？直覺反應，那就按照「性別」來分組吧！4.2.3 節我們曾經分組過（資料框的分割），現在再試一次。試下列指令：

```
df.head(1)
#        ID  姓名  性別  城市  年齡   數分   英分   國分
# 101   11  林1   男   基隆   20   80.0  75.0  60.0
df.tail(1)
#        ID  姓名  性別  城市  年齡   數分   英分   國分
# 107   17  蔡7   男   高雄   19   88.0  90.0  85.0
```

即表 4-2 已經用 df 表示。再試下列指令：

```
for 姓名, group in df.groupby('性別'):
    print (姓名)
    print (group)
```

讀者猜猜上述指令的結果為何？
　　試下列指令：

```
G = []
for group in df.groupby('性別'):
    G.append(group)
type(G) # list
G
# [('女',
#        ID  姓名  性別  城市  年齡   數分   英分   國分
#   102  12  陳2   女   台北   18   90.0  65.0  85.0
#   104  14  葉4   女   新竹   22   85.0  75.0  95.0
#   106  16  劉6   女   台南   18   93.0  86.0  75.0),
#  ('男',
#        ID  姓名  性別  城市  年齡   數分   英分   國分
#   101  11  林1   男   基隆   20   80.0  75.0  60.0
#   103  13  王3   男   桃園   19   75.0  80.0  76.0
#   105  15  黃5   男   台中   21   86.0  66.0  86.0
#   107  17  蔡7   男   高雄   19   88.0  90.0  85.0)]
```

即我們已經按照「性別」分組了，其所有的結果以 G 表示，可以注意 groupby(.) 函數指令的使用。我們進一步叫出 G 內的元素，即：

```
G[0]
# ('女',
#         ID  姓名  性別  城市  年齡    數分    英分    國分
#  102   12   陳2    女    台北   18    90.0   65.0   85.0
#  104   14   葉4    女    新竹   22    85.0   75.0   95.0
#  106   16   劉6    女    台南   18    93.0   86.0   75.0)
G[0][0]  # '女'
G[0][1]
#         ID  姓名  性別  城市  年齡    數分    英分    國分
#  102   12   陳2    女    台北   18    90.0   65.0   85.0
#  104   14   葉4    女    新竹   22    85.0   75.0   95.0
#  106   16   劉6    女    台南   18    93.0   86.0   75.0
df1 = G[0][1]
type(df1)  # pandas.core.frame.DataFrame
```

即 G 是一種 list 而其內卻是以 tuple 的型態顯示，但是 tuple 內的元素有包括資料框。同理，可列出「男」的資料框如：

```
df2 = G[1][1]
#         ID  姓名  性別  城市  年齡    數分    英分    國分
#  101   11   林1    男    基隆   20    80.0   75.0   60.0
#  103   13   王3    男    桃園   19    75.0   80.0   76.0
#  105   15   黃5    男    台中   21    86.0   66.0   86.0
#  107   17   蔡7    男    高雄   19    88.0   90.0   85.0
```

因此，利用 groupby(.) 函數指令，反而較容易「分組」。

　　groupby(.) 函數指令亦有下列用途：

```
df.groupby('性別').mean()
#         ID       年齡        數分         英分       國分
# 性別
# 女    14.0   19.333333   89.333333   75.333333   85.00
# 男    14.0   19.750000   82.250000   77.750000   76.75
#
```

```
df['數分'].groupby(df['性別']).mean()
# 性別
# 女    89.333333
# 男    82.250000
# Name: 數分, dtype: float64
```

讀者可練習其他函數指令（取代上述 mean(.)）。

　　除了性別變數之外，「城市」變數的性質類似於前者，即二者皆屬於類別變數或稱爲虛擬變數（dummy variables）。如前所述，類別變數就是質化變數，即類別變數的觀察值並不是以「數值」表示。既然表 4-2 內的城市變數屬於類別變數，那如何「分組」？一種簡單的方式是採取「二分法」，例如學生的來源可分成「基隆」與「非基隆」二種，故可於表 4-2 內再加上「city」欄如：

```
df['city'] = ['K','NK','NK','NK','NK','NK','NK']
df.head(2)
#       ID 姓名 性別 城市  年齡    數分    英分    國分 city
# 101  11 林1  男  基隆  20   80.0  75.0  60.0   K
# 102  12 陳2  女  台北  18   90.0  65.0  85.0  NK
```

其中 K 與 NK 表示基隆與「非來自基隆」。是故，我們可以進行「分類」如：

```
G1 = []
for group in df.groupby(['性別','city']):
    G1.append(group)
G1
# [(('女', 'NK'),
#        ID 姓名 性別 城市  年齡    數分    英分    國分 city
#  102  12 陳2  女  台北  18   90.0  65.0  85.0  NK
#  104  14 葉4  女  新竹  22   85.0  75.0  95.0  NK
#  106  16 劉6  女  台南  18   93.0  86.0  75.0  NK),
#  (('男', 'K'),
#        ID 姓名 性別 城市  年齡    數分    英分    國分 city
#  101  11 林1  男  基隆  20   80.0  75.0  60.0   K),
#  (('男', 'NK'),
#        ID 姓名 性別 城市  年齡    數分    英分    國分 city
#  103  13 王3  男  桃園  19   75.0  80.0  76.0  NK
#  105  15 黃5  男  台中  21   86.0  66.0  86.0  NK
#  107  17 蔡7  男  高雄  19   88.0  90.0  85.0  NK)]
```

換言之，表 4-2 內可分成「女、非基隆」、「男、基隆」與「男、非基隆」等三組。讀者可以練習叫出上述三組。

其實，量化變數亦可以「分類」。例如：「數分」高於或低於 75 分、「國分」是否及格以及「總分達標」與否等；也就是說，採用二分法，簡單如表 4-2，竟然存在多種的分法。

就統計分析而言，類別變數通常可以轉換成用數值表示，上述轉換於 Python 內並不難達成。試下列指令：

```
df_sex = df['性別'].astype('category')
c = df_sex.values
c
# ['男', '女', '男', '女', '男', '女', '男']
# Categories (2, object): ['女', '男']
type(c) # pandas.core.arrays.categorical.Categorical
c.categories
# Index(['女', '男'], dtype='object')
```

即我們可以判斷表 4-2 內性別變數屬於類別變數；另一方面，可將其轉換成用數值表示如：

```
X = pd.get_dummies(df_sex)
X
#       女  男
# 101   0   1
# 102   1   0
# 103   0   1
# 104   1   0
# 105   0   1
# 106   1   0
# 107   0   1
```

即透過 get_dummies(.) 函數指令可將 df 內的 sex 變數轉換用 0 與 1 表示；也就是說，上述 X 內有：

```
X1 = X['女']
X2 = X['男']
```

我們可將 X1 或 X2 加入 df 內如：

```
df['sex'] = X2
df.head(2)
#      ID  姓名 性別 城市  年齡    數分    英分    國分 city sex
# 101  11  林1  男  基隆  20  80.0  75.0  60.0   K   1
# 102  12  陳2  女  台北  18  90.0  65.0  85.0  NK   0
```

若用 X1 取代 X2 亦未嘗不可。

例 1　延續 4.3.1 節的例 4

　　我們繼續 4.3.1 節的例 4，試下列指令：

```
rt1[45:50]
# Date
# 2000-03-16    Normal
# 2000-03-17    Normal
# 2000-03-20       Low
# 2000-03-21      High
# 2000-03-22    Normal
# Name: Close, dtype: object
```

即 rt1 內的元素已分成三類，再試下列指令：

```
rt1_cat = rt1.astype('category')
c1 = rt1_cat.values
type(c1) # pandas.core.arrays.categorical.Categorical
c1.categories
# Index(['High', 'Low', 'Normal'], dtype='object')
```

讀者可檢視 rt1_cat 與 c1 的內容。我們進一步取得虛擬變數的觀察值，其對應的指令爲：

```
Y = pd.get_dummies(rt1_cat)
Y.head(2)
#           High  Low  Normal
```

```
# Date
# 2000-01-05      0     0          1
```

即 rt1 內的三類元素已分別用 0 或 1 表示。

例2 目標變數與虛擬變數的觀察值

續例 1，試下列指令：

```
type(rt) # pandas.core.series.Series
dfrt = pd.DataFrame(rt)
dfrt[['High','Low','Normal']] = Y
dfrt.head(2)
#                 Close  High  Low  Normal
# Date
# 2000-01-05   1.060081     0    0       1
# 2000-01-06   0.812075     0    0       1
```

即上述 rt 是一種序列，其可與 rt 內三種類別的觀察值（用 0 或 1 表示）合併成一種資料框。

例3 量化變數轉成類別變數

續例 2，如前所述，量化變數如 rt 亦可轉換成類別變數，試下列指令：

```
x = (rt >= 0)*1
x[:3]
# Date
# 2000-01-05    1
# 2000-01-06    1
# 2000-01-07    0
# Name: Close, dtype: int32
dfrt['pos'] = x
dfrt.head(4)
#                 Close  High  Low  Normal  pos
# Date
# 2000-01-05   1.060081     0    0       1    1
```

```
# 2000-01-06  0.812075    0    0    1    1
# 2000-01-07 -0.812075    0    0    1    0
# 2000-01-10  2.815726    1    0    0    1
```

即 dfrt 內有一個虛擬變數 pos，其表示 rt 大於等於 0 為 1，其餘則為 0。此例說明了我們尚有另一種方式建立虛擬變數。

例 4　NBA 的分類

4.3.1 節的習題 (6)，我們有分析 nba 的資料（如何讀取該資料，後面章節會說明）。根據上述資料，我們可以將薪資分成「高於（含）平均」與「低於平均」二類，試下列指令：

```
nba = pd.read_excel('F:/DataPython/ch4/data/nba.xlsx')
nba.columns
y = nba['Salary']
y.mean() # 4842684.105381166
W = (y >= y.mean())*1
nba['Higher'] = W
nba.head(2)
#    Unnamed: 0           Name          Team ...     College    Salary  Higher
# 0           0  Avery Bradley  Boston Celtics ...       Texas  7730337.0       1
# 1           1    Jae Crowder  Boston Celtics ...   Marquette  6796117.0       1
H = []
for group in nba.groupby('Higher'):
    H.append(group)
H[0]
H[0][0] # 0
H[0][1]
#      Unnamed: 0          Name ...     Salary  Higher
# 2             2  John Holland ...        NaN       0
# 3             3   R.J. Hunter ...  1148640.0       0
# 6             6  Jordan Mickey ... 1170960.0       0
# 7             7   Kelly Olynyk ... 2165160.0       0
# 8             8  Terry Rozier ...  1824360.0       0
# ..          ...          ...  ...        ...     ...
# 453         453  Shelvin Mack ...  2433333.0       0
# 454         454     Raul Neto ...   900000.0       0
```

```
# 455        455    Tibor Pleiss   ...    2900000.0        0
# 456        456     Jeff Withey   ...     947276.0        0
# 457        457           NaN     ...          NaN        0
#
# [308 rows x 11 columns]
```

讀者可以試著找出高於平均薪資的資料（習題）。

習題

(1) 何謂類別變數？試解釋之。

(2) 試敘述如何將資料「分類」。

(3) 試解釋本節例 4 的結果。

(4) 續上題，試列出高於平均薪資的資料。

(5) 續上題，其實薪資亦可以分成「低」、「正常」與「高」三類，其中分類的
     標準可按照薪資的 25% 與 75% 而劃分。試將上述三類以虛擬變數表示。

(6) 續上題，試以「高」薪資分類，其結果為何？

(7) 續上題，若再搭配「身高」分類，其結果為何？

(8) 續上題，是否有簡單的分類方式。提示：先將身高分類。

(9) 應該還有許多的分類方法，試舉例看看。

(10) 續上題，於 Python 內應如何操作？

第 4 章所描述的資料並無搭配日期或時間，故其屬於橫斷面資料（cross-sectional data）。橫斷面資料的特色是「調查」資料的時間是固定的[①]，故就資料的建立或處理分析而言，相對上比較簡易。比較麻煩的是時間序列資料（time series data）的建立或處理。例如：檢視圖 5-1 內的資料，可以注意橫軸座標的表示方式。我們嘗試叫出圖 5-1 內的「時間」看看，試下列指令：

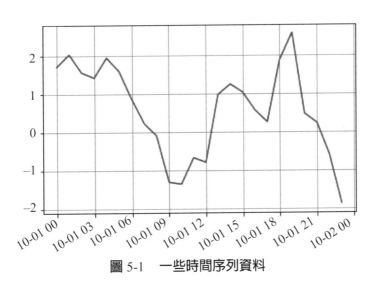

圖 5-1　一些時間序列資料

[①] 例如：表 4-2 的開始編製時間為 2021 年 3 月 20 日上午 9 點 30 分 25 秒。

```
dt1 = np.arange('2019-10-01T00:00:00', '2019-10-02T00:00:00', dtype='datetime64[h]')
dt1[:5]
# array(['2019-10-01T00', '2019-10-01T01', '2019-10-01T02', '2019-10-01T03',
#        '2019-10-01T04'], dtype='datetime64[h]')
```

即圖 5-1 的橫軸座標就是根據 dt1 所繪製。於 dt1 內隨意找出一個「時間」檢視看看，試下列指令：

```
import datetime as dt
print(dt.datetime.fromisoformat('2019-10-01T01'))
# 2019-10-01 01:00:00
```

即其所顯示的是 2019 年 10 月 1 日凌晨 1 點，其中「T」用於區隔日期與時間。

又若我們想要透過 Python 知道現在的時間，可試下列指令：

```
now = dt.datetime.now()
now # datetime.datetime(2021, 4, 14, 15, 39, 0, 690389)
print(now)
# 2021-04-14 15:39:00.690389
```

換言之，筆者現在的時間大概為 2021 年 4 月 14 日 15 點 39 分左右。是故，若欲於 Python 內建立日期與時間，似乎不是一件「直接」的事；或者說，面對時間序列資料，首先必須知道如何於 Python 內表示日期與時間。

本章將分四個部分介紹，此剛好可用四個模組說明；換言之，本章除了說明如何利用模組（time）與模組（datetime）建立日期與時間之外，另外亦會介紹模組 np（numpy）與模組 pd（pandas）內相關的指令。

5.1 使用模組（time）

模組（time）提供一些與時間有關的函數指令，先試下列指令

```
import time
51*365*24*60*60 # 1608336000
# 從 1970/1/1 00:00:00 至今的秒數
```

```
seconds = time.time()
seconds # 1618458748.2814825
```

即使用模組（time）內的 time(.) 函數指令可得 1970/1/1 至今的秒數。上述秒數亦可改成用本地時間表示，即：

```
local_time = time.ctime(seconds)
local_time
# 'Thu Apr 15 11:52:28 2021'
```

再試下列指令：

```
r1 = time.localtime(1669587696)
print(r1)
# time.struct_time(tm_year=2022, tm_mon=11, tm_mday=28, tm_hour=6, tm_min=21,
#       tm_sec=36, tm_wday=0, tm_yday=332, tm_isdst=0)
```

r1 是一種「時間結構」，我們可從下列的指令得知該結構的意思，即：

```
print("年: ", r1.tm_year) # 2022
print("月: ", r1.tm_mon) # 11
print("日: ", r1.tm_mday) # 28
print("時: ", r1.tm_hour) # 6
print("分: ", r1.tm_min) # 21
print("秒: ", r1.tm_sec) # 36
print("星期: ", r1.tm_wday) # 0, 星期一 = 0
```

比較上述指令應分別可知「時間結構」的意思 [2]。或者說，我們亦可以將上述的 seconds 變數轉換成一種時間結構，即：

```
r2 = time.gmtime(seconds)
print(r2)
```

---

[2] 我們並未列出 tm_yday = 332 與 tm_isdst = 0 的結果，前者是表示 1 年中的第 332 天，而後者則表示並無實施日光節約時間。可以參考模組（time）的使用手冊。

```
# time.struct_time(tm_year=2021, tm_mon=4, tm_mday=15, tm_hour=3,
#                   tm_min=52, tm_sec=28, tm_wday=3, tm_yday=105, tm_isdst=0)
print("年: ", r2.tm_year) # 2021
print("月: ", r2.tm_mon) # 4
print("日: ", r2.tm_mday) # 15
print("時: ", r2.tm_hour) # 3
print("分: ", r2.tm_min) # 52
print("秒: ", r2.tm_sec) # 28
print("星期: ", r2.tm_wday) # 3, 星期一 = 0
```

或者使用下列指令可得類似的時間結構，即：

```
# 將秒數轉換為 struct_time 格式
t = time.localtime(seconds)
t
# time.struct_time(tm_year=2021, tm_mon=4, tm_mday=15, tm_hour=11,
#                   tm_min=52, tm_sec=28, tm_wday=3, tm_yday=105, tm_isdst=0)
```

同理，透過下列指令可將時間結構轉換成秒數，即：

```
# 將 struct_time 格式轉換為秒數
s = time.mktime(t)
s # 1618377217.0
```

上述利用「秒數」或「時間結構」來表示的確比較不方便，即我們可以透過下列函數指令更改。試下列指令：

```
r3 = time.asctime(t)
r3 # 'Thu Apr 15 11:52:28 2021'
print(r3)
# Thu Apr 15 11:52:28 2021
r4 = time.strftime("%m/%d/%Y, %H:%M:%S", t)
print(r4)
# 04/15/2021, 11:52:28
```

上述 r3 與 r4 的型態，我們可能較習慣；尤其是 r4，其日期與時間的位置是我們設定的（從字面上可看出）。再試下列指令：

```
r4a = time.strftime("%Y/%d/%m, %H:%M:%S", t)
print(r4a)
# 2021/15/04, 11:52:28
```

即使用 r4a 的型態亦未嘗不可。

最後，我們亦可以將 r4 的型態再變回原先的時間結構，試下列指令：

```
time_string = r4
r5 = time.strptime(time_string, "%m/%d/%Y, %H:%M:%S")
print(r5)
# time.struct_time(tm_year=2021, tm_mon=4, tm_mday=15, tm_hour=11,
#                  tm_min=52, tm_sec=28, tm_wday=3, tm_yday=105, tm_isdst=-1)
```

讀者可用 print(.) 函數指令列出上述時間結構。

例 1 使用 time.sleep(.) 函數指令

試下列指令：

```
print("x+y = ?")
# 暫停 2 秒
time.sleep(2)
print("x+y = ",5)
```

是故，我們可以讓 Python 暫時停止。應用類似的觀念，不難「測度」出 Python 的執行速度。

例 2 使用 time.perf_counter（）函數指令

於《歐選》內，我們曾比較間斷的傅立葉轉換（discrete Fourier transform, DFT）與快速傅立葉轉換（fast Fourier transform, FFT）的計算速度，底下的指令取自《歐選》，即：

```
1j = complex(0, 1)
T = 2**10
np.random.seed(1234)
g = norm.rvs(0, 1, T)+1j*norm.rvs(0, 1, T)
t1 = time.perf_counter()
dft(g)
t2 = time.perf_counter()
t2-t1 # 0.316237000000001
t3 = time.perf_counter()
fft(g)
t4 = time.perf_counter()
t4-t3 # 0.0063165999999991013
```

我們只列出部分指令，完整的部分可以參考所附的 Python 程式碼或《歐選》。根據上述程式碼可知 DFT 的計算約需 0.32 秒，不過 FFT 的計算卻只約需 0.01 秒，可以留意 time.perf_count() 函數指令的應用。

例 3 使用 time.process_time() 函數指令

再試下列指令：

```
t1_start = time.process_time()
n = 500000
for i in range(1, n+1):
    print(i, end=' ')
# Stop the stopwatch / counter
t1_stop = time.process_time()
print()
print(" 耗時 :", t1_stop-t1_start)
# 耗時 : 32.28125
```

上述指令是指 1~500,000 的列出只約需 32.28 秒。

習題

(1) $1e+10$ 秒的時間為何？

(2) 續上題，對應的時間結構為何？

(3) 續上題，解析上述時間結構。

(4) 續上題，將時間結構轉成秒數。

(5) 執行下列指令共需要多少時間？

```
import yfinance as yf
DOW = yf.download("^DJI", start="2000-01-01", end="2019-07-31")
St = DOW['Close']
t1 = St.index
rt = 100*np.log(St/St.shift(1)).dropna()
t2 = rt.index
fig = plt.figure()
fig.add_subplot(1, 2, 1)
plt.plot(t1,St)
fig.add_subplot(1, 2, 2)
plt.hist(rt)
```

(6) 試解釋 time.strftime() 函數指令。

5.2 使用模組（datetime）

　　現在我們來看模組（datetime）。顧名思義，模組（datetime）不僅可用於建立日期同時亦可以建立時間。先試下列指令：

```
import datetime as dt
today = dt.datetime.today()
today
# datetime.datetime(2021, 4, 16, 7, 52, 15, 726191)
print(today)
# 2021-04-16 07:52:15.726191
str(today)
# '2021-04-16 07:52:15.726191'
```

上述指令提醒我們，模組（datetime）簡稱為 dt。檢視「今天」的日期與時間，可知用 print(.) 或 str(.)（文字串）函數指令可能較清楚今日的日期與時間。再試下列指令：

```
today.year # 2021
today.month # 4
today.day # 16
today.hour # 7
today.minute # 52
today.second # 15
today.microsecond # 726191
```

可知目前的日期與時間約爲 2021 年 4 月 16 日早上 7 時 52 分 15.726191 秒。換句話說，秒以下的單位於 Python 內稱爲「毫秒（microsecond）」。

若欲知 UTC 目前的時間[3]可試下列的指令：

```
now1 = dt.datetime.utcnow()
print(now1)
# 2021-04-16 00:05:53.975171
now1.year # 2021
now1.month # 4
now1.day # 16
now1.hour # 0
now1.minute # 5
now1.second # 53
now1.microsecond # 975171
```

即 UTC 的時間與我們的時間差距（時差）大概約爲 8 小時；或者，亦可以與下列的指令比較：

```
now = dt.datetime.now()
print(now)
# 2021-04-16 08:08:17.128517
now-now1
# datetime.timedelta(seconds=28943, microseconds=153346)
print(now-now1)
# 8:02:23.153346
```

---

[3] 目前的時間亦可用世界協調時間（Coordinated Universal Time, UTC）表示。UTC 接近於格林威治標準時間。

即我們的時間較 UTC 約快 8 小時。

　我們進一步來看如何顯示日期，試下列指令：

```
dt1 = today.date()
dt1 # datetime.date(2021, 4, 16)
print(dt1)
# 2021-04-16
```

可得今天的日期。我們亦可以使用下列的方式，即：

```
print(" 現在是 {} 年 {} 月 {} 日 ".format(dt1.year, dt1.month, dt1.day))
# 現在是 2021 年 4 月 16 日
```

可以留意 print(''.format(.)) 的用法 [4]。另外，亦可用下列方式顯示日期：

```
dt2 = today.strftime("%Y/%m/%d")
dt2 # '2021/04/16'
print(dt2)
# 2021/04/16
today1 = dt.datetime(2021, 4, 16, 0, 0, 0, 0)
print(today1)
# 2021-04-16 00:00:00
```

從 today1 可看出如何於 Python 內設定日期。讀者可以試試。

　接下來，我們來看如何顯示「星期」？試下列指令：

---

[4] 例如：試下列指令：

```
print('{}+{} = {}'.format(3, 4, 7))
text = 'world'
print('Hello {}'.format(text))
# Hello world
```

應可知其意思。

```
today.weekday() # 4, 星期五
today.isoweekday() # 5
today.isocalendar() # (2021, 15, 5)
```

第 1 行提醒我們「今日」是星期五（即星期一爲 0）。第 2 行的結果爲 5，指的是星期五（即星期一爲 1）。第 3 行的結果指的是「今日」是 2021 年的第 15 週的星期五。再試下列指令：

```
dt.date(2021, 4, 16).isocalendar()
# (2021, 15, 5)
dt.date(2021, 4, 16).isoformat()
# '2021-04-16'
dt.date(2021, 4, 16).__str__()
# '2021-04-16'
dt.date(2021, 4, 16).ctime()
# 'Fri Apr 16 00:00:00 2021'
```

「今日」竟然有多種表示方式。

我們舉一個例子應用看看。試下列指令：

```
Yen_birthday = dt.date(today.year, 1, 11)
print(Yen_birthday)
# 2021-01-11
if Yen_birthday < dt1:
    Yen_birthday = Yen_birthday.replace(year=today.year + 1)
print(Yen_birthday)
# 2022-01-11
```

老葉的生日是 1 月 11 日，故從「今日」來看，老葉的下一次生日是 2022 年 1 月 11 日。因此，距離「今日」尚有 270 天。對應的指令爲：

```
time_to_birthday = abs(Yen_birthday - dt1)
time_to_birthday # datetime.timedelta(days=270)
print(time_to_birthday)
# 270 days, 0:00:00
```

即日期可以用於簡單的計算。

　　我們再試試：

```
t1 = 737896
d = dt.date.fromordinal(t1) # 737895th day after 1. 1. 0001
d
# datetime.date(2021, 4, 16)
print(d)
# 2021-04-16
```

從西元0001年1月1日至「今日」共有t1日，即「今日」亦可用d表示。試下列指令：

```
d.isoformat()
# '2021-04-16'
d.strftime("%d/%m/%y")
# '16/04/21'
d.strftime("%A %d. %B %Y")
# 'Friday 16. April 2021'
d.ctime()
# 'Fri Apr 16 00:00:00 2021'
'The {1} is {0:%d}, the {2} is {0:%B}.'.format(d, "day", "month")
# 'The day is 16, the month is April.'
t = d.timetuple()
t # time.struct_time(tm_year=2021, tm_mon=4, tm_mday=16, tm_hour=0,
#    tm_min=0, tm_sec=0, tm_wday=4, tm_yday=106, tm_isdst=-1)
```

d.strftime(.) 函數指令內的「文字」指標縮寫，可參考模組（datetime）的使用手冊[5]。最後，d可轉換成t，其中後者是一種「時間結構」。

　　利用迴圈，我們亦可以列出t內的成分，即：

```
for i in t:
    print(i)
# 2021
# 4
```

---

[5] 即 https://docs.python.org/3/library/datetime.html。

```
# 16
# 0
# 0
# 0
# 4, 星期五
# 106, 第 106 天
# -1, 不知是否有日照節約時間
#
ic = d.isocalendar()
for i in ic:
    print(i)
# 2021, # ISO year
# 15, # ISO week number
# 5, # ISO day number ( 1 = Monday)
```

可以注意「今日」亦可以用 ISO 的標準表示。

最後，我們亦可以更改「今日」的日期，例如：

```
d.replace(year=2005, month=3, day=19)
# datetime.date(2005, 3, 19)
```

即使用 replace(.) 函數指令。

我們繼續延伸，即來看如何顯示時間。試下列指令：

```
today.strftime("%Y/%m/%d %H:%M:%S")    # 格式化日期
# '2021/04/16 07:52:15'
now1.strftime("%Y/%m/%d %H:%M:%S")    # 格式化日期
# '2021/04/16 00:05:53'
```

即按照自設的格式化日期顯示。至目前為止，我們應該有能力自設日期與時間了，試下列令：

```
cond = dt.datetime(2015, 4, 13, 10, 58, 30, 500000)
print(cond)
# 2015-04-13 10:58:30.500000
cond1 = dt.date(2016, 4, 14)
```

```
cond1 # datetime.date(2016, 4, 14)
print(cond1)
# 2016-04-14
```

接下來,再看時間差距,即:

```
td = cond - today
td
# datetime.timedelta(days=-2195, seconds=11174, microseconds=773809)
print(td)
# -2195 days, 3:06:14.773809
type(td) # datetime.timedelta
```

即 cond 所對應的日期與時間為 2015 年 4 月 13 日早上 10 點 58 分 30.5 秒,若與「今日」比較,二者的差距約為 2,195 天 3 小時 6 分 14.773809 秒。可以留意 timedelta(.) 函數指令的用法,再試下列指令:

```
td1 = dt.timedelta(-2192, 502, 571270)
print(td1)
# -2192 days, 0:08:22.571270
```

我們應該可以知道 td1 的意思(算算看)。
　　再試一個例子:

```
now2 = dt.date(2021, 4, 14)
tda = now2 - cond1
tda.days # 1826
tda.total_seconds() # 157766400.0
```

即我們不僅可以叫出 tda 的天數,同時亦可以計算出總秒數。

例 1 昨天的日期

　　先檢視我們自設的函數,即:

```
def beforetoday(n):
    ndays = dt.timedelta(days=n)
    nbefore = dt1-ndays
    return nbefore
```

我們試看看：

```
yesterday = beforetoday(1)
print(yesterday)
# 2021-04-15
```

即就「今日」來看，「昨天」是 2021 年 4 月 15 日。

上述函數指令可以推廣。試下列指令：

```
fivedays = beforetoday(5)
print(fivedays)
# 2021-04-11
```

即 5 天之前的日期為 2021 年 4 月 11 日。

例2 明天的日期

續例 1，我們亦可以得到「明天」或未來 5 天的日期，即：

```
tomorroy = beforetoday(-1)
print(tomorroy)
# 2021-04-17
ffivedays = beforetoday(-5)
print(ffivedays)
# 2021-04-21
```

或甚至於未來 100 天的日期，即：

```
fndays = beforetoday(-100)
print(fndays)
# 2021-07-25
```

例3 例 1 的延伸

例 1 內的 beforetoday(.) 函數應該可以延伸，試下列指令：

```
def beforetoday1(n, n1, n2):
    ndays = dt.timedelta(days=n, seconds=n1, microseconds=n2)
    nbefore = today-ndays
    return nbefore
# try
b1 = beforetoday1(500, 500, 500)
print(b1)
# 2019-12-03 07:43:55.725691
b2 = beforetoday1(-500, -500, -500)
print(b2)
# 2022-08-29 08:00:35.726691
```

讀者可以嘗試解釋看看。

例4 時差的調整

我們來看如何調整時差，試下列指令：

```
delta = dt.timedelta(hours=3)  # 時差
new_dt = today + delta  # 本地時間加 3 小時
new = new_dt.strftime("%Y/%m/%d %H:%M:%S")
print(new)
# 2021/04/16 10:52:15
```

習題

(1) 假定現在是 2017 年 12 月 8 日下午 14 時 35 分 20.666666 秒，試於 Python 內將其顯示出來。

(2) 續上題，只列出年、月與日。

(3) 續上題，列出年、月、日、時、分以及秒。

(4) 續上題，試將上述時間轉換成一種「時間結構」。

(5) 續上題，試列出上述時間結構的成分。

(6) 續上題，上述時間之前的 100 天 10 小時 10 分鐘的時間為何？

(7) 續上題，上述時間之後的 100 天 10 小時 10 分鐘的時間為何？

(8) 試解釋我們有少種方式可以自設日期。

(9) 離「今日」1,000 天的時間為何？

(10) 續上題，日期為何？

5.3 使用模組（numpy）

模組（numpy）自從 1.7 版本[6]後就有提供與模組（datetime）相容的函數型態，試下列指令：

```
to = dt.datetime(2021, 4, 16, 7, 52, 15, 726191)
print(to)
# 2021-04-16 07:52:15.726191
nd = np.datetime64(to)
nd # numpy.datetime64('2021-04-16T07:52:15.726191')
print(nd)
# 2021-04-16T07:52:15.726191
```

換句話說，於模組（numpy）內，與模組（datetime）相容的資料型態稱為「datetime64」。再試下列指令：

```
toa = dt.datetime(2021, 4, 16, 17, 52, 15, 726191)
print(toa)
# 2021-04-16 17:52:15.726191
nda = np.datetime64(toa)
nda # numpy.datetime64('2021-04-16T17:52:15.726191')
print(nda)
# 2021-04-16T17:52:15.726191
```

---

[6] 讀者可用下列指令得知目前所使用模組 (numpy) 的版本，例如：

```
print(np.version.version)
# 1.19.2
```

即筆者所使用的模組 (numpy) 版本為 1.19.2。

是故 2021-04-16T17:52:15.726191 的意義（就是 2021-04-16 17:52:15.726191）並不
難理解，可以注意用「T」串聯。

　　接下來，我們來看如何建立日期。試下列指令：

```
nd1 = np.datetime64('2017-10-31')
nd1 # numpy.datetime64('2017-10-31')
print(nd1)
# 2017-10-31
# ─────────────────────────────────
nd2 = np.datetime64('2017-10')
nd2 # numpy.datetime64('2017-10')
print(nd2)
# 2017-10
```

應該可以一目了然；不過，再試下列指令：

```
nd3 = np.datetime64('2017-10', 'D')
nd3 # numpy.datetime64('2017-10-01')
print(nd3)
# 2017-10-01
nd3a = np.datetime64('2017', 'M')
nd3a # numpy.datetime64('2017-01')
print(nd3)
nd3b = np.datetime64('2017', 'W')
nd3b # numpy.datetime64('2016-12-29')
print(nd3b)
# 2016-12-29
nd3c = np.datetime64('2017', 'h')
nd3c # numpy.datetime64('2017-01-01T00', 'h')
print(nd3c)
# 2017-01-01T00
nd3d = np.datetime64('2017', 'm')
nd3d # numpy.datetime64('2017-01-01T00:00')
print(nd3d)
# 2017-01-01T00:00
```

年、月、週、日、時、分、秒以及毫秒的簡寫分別爲 Y、M、W、D、h、m、s 與
ms。因此，上述例如 nd3 表示 2017 年 10 月的第 1 日，其餘應該可以類推。

是故，我們應該可以知道如何建立日期與時間，例如：

```
nd4 = np.datetime64('2017-10-25T03:30')
nd4 # numpy.datetime64('2017-10-25T03:30')
print(nd4)
# 2017-10-25T03:30
nd5 = np.datetime64('2017-10-25T03:30:42.537264')
nd5 # numpy.datetime64('2017-10-25T03:30:42.537264')
print(nd5)
# 2017-10-25T03:30:42.537264
dt1 = dt.datetime.now()
print(dt1)
# 2021-04-18 10:12:31.818558
print(np.datetime64(dt1))
# 2021-04-18T10:12:31.818558
```

即我們不僅可用模組（datetime）同時亦可以直接用模組（numpy）建立日期與時間。

再試下列指令：

```
a = np.datetime64('nat')
a
# numpy.datetime64('NaT')
print(a)
# NaT
```

NaT 是指非時間（not a time）的資料，故：

```
nd == a
# False
nd != a
# True
```

可記得 nd 是一種時間資料，即：

```
np.datetime_as_string(nd)
# '2021-04-16T07:52:15.726191'
```

```
nd.astype(dt.datetime) # datetime.datetime(2021, 4, 16, 7, 52, 15, 726191)
print(nd.astype(dt.datetime))
# 2021-04-16 07:52:15.726191
```

即時間亦可用「字串」的型態顯示。

　　既然「datetime64」可用於模組（numpy）內，則「時間字串」亦可用 list 或 array 的型態顯示。例如：考慮下列指令：

```
ld = np.array(['2016-06-10', '2016-07-10', '2016-08-10'], dtype='datetime64')
ld # array(['2016-06-10', '2016-07-10', '2016-08-10'], dtype='datetime64[D]')
print(ld)
# ['2016-06-10' '2016-07-10' '2016-08-10']
ld1 = np.array(['2001-01-01T12:00', '2002-02-03T13:56:03.172'], dtype='datetime64')
ld1
# array(['2001-01-01T12:00:00.000', '2002-02-03T13:56:03.172'],
#        dtype='datetime64[ms]')
print(ld1)
# ['2001-01-01T12:00:00.000' '2002-02-03T13:56:03.172']
```

可以留意資料的型態會自動顯示。例如：ld 與 ld1 的資料型態分別爲日與毫秒。

　　再試下列指令：

```
ld2 = np.arange('2000-01-01', '2019-10-01', dtype='datetime64[Y]')
ld2
# array(['2000', '2001', '2002', '2003', '2004', '2005', '2006', '2007',
#        '2008', '2009', '2010', '2011', '2012', '2013', '2014', '2015',
#        '2016', '2017', '2018'], dtype='datetime64[Y]')
print(ld2)
# ['2000' '2001' '2002' '2003' '2004' '2005' '2006' '2007' '2008' '2009'
#  '2010' '2011' '2012' '2013' '2014' '2015' '2016' '2017' '2018']
```

我們可顯示出 2000~2018 的時間；同理，亦可以顯示出不同「月」與「週」的時間如：

```
ld3 = np.arange('2018-01-01', '2019-10-01', dtype='datetime64[M]')
ld3
# array(['2018-01', '2018-02', '2018-03', '2018-04', '2018-05', '2018-06',
#         '2018-07', '2018-08', '2018-09', '2018-10', '2018-11', '2018-12',
#         '2019-01', '2019-02', '2019-03', '2019-04', '2019-05', '2019-06',
#         '2019-07', '2019-08', '2019-09'], dtype='datetime64[M]')
print(ld3)
# ['2018-01' '2018-02' '2018-03' '2018-04' '2018-05' '2018-06' '2018-07'
#  '2018-08' '2018-09' '2018-10' '2018-11' '2018-12' '2019-01' '2019-02'
#  '2019-03' '2019-04' '2019-05' '2019-06' '2019-07' '2019-08' '2019-09']
ld4 = np.arange('2001-01-01', '2019-01-01', dtype='datetime64[W]')[:10]
ld4
# array(['2000-12-28', '2001-01-04', '2001-01-11', '2001-01-18',
#         '2001-01-25', '2001-02-01', '2001-02-08', '2001-02-15',
#         '2001-02-22', '2001-03-01'], dtype='datetime64[W]')
print(ld4)
# ['2000-12-28' '2001-01-04' '2001-01-11' '2001-01-18' '2001-01-25'
#  '2001-02-01' '2001-02-08' '2001-02-15' '2001-02-22' '2001-03-01']
```

當然，不同的「日」與「時」亦可以顯示出：

```
ld5 = np.arange('2020-07', '2020-08', dtype='datetime64[D]')
print(ld5)
# ['2020-07-01' '2020-07-02' '2020-07-03' '2020-07-04' '2020-07-05'
#  '2020-07-06' '2020-07-07' '2020-07-08' '2020-07-09' '2020-07-10'
#  '2020-07-11' '2020-07-12' '2020-07-13' '2020-07-14' '2020-07-15'
#  '2020-07-16' '2020-07-17' '2020-07-18' '2020-07-19' '2020-07-20'
#  '2020-07-21' '2020-07-22' '2020-07-23' '2020-07-24' '2020-07-25'
#  '2020-07-26' '2020-07-27' '2020-07-28' '2020-07-29' '2020-07-30'
#  '2020-07-31']
ld6 = np.arange('2019-10-01T00:00:00', '2019-10-02T00:00:00',
                dtype='datetime64[h]')
ld6[:5]
# array(['2019-10-01T00', '2019-10-01T01', '2019-10-01T02', '2019-10-01T03',
#         '2019-10-01T04'], dtype='datetime64[h]')
```

最後，於模組（numpy）下可以進行一些簡單的計算，即：

```
ad1 = np.datetime64('2019-01-01') - np.datetime64('2018-01-01')
ad1
# numpy.timedelta64(365,'D')
print(ad1) # 365 days
ad2 = np.datetime64('2019') + np.timedelta64(20, 'D')
ad2
# numpy.datetime64('2019-01-21')
print(ad2)
# 2019-01-21
ad3 = np.datetime64('2019-06-15T00:00') + np.timedelta64(12, 'h')
ad3
# numpy.datetime64('2019-06-15T12:00')
print(ad3)
# 2019-06-15T12:00
ad4 = np.timedelta64(1,'W') / np.timedelta64(1,'D')
ad4 # 7.0
print(ad4) # 7.0
ad5 = np.timedelta64(10,'D')
ad5 # numpy.timedelta64(10,'D')
print(ad5) # 10 days
ad6 = np.timedelta64(1,'W') % np.timedelta64(10,'D')
ad6 # numpy.timedelta64(7,'D')
print(ad6) # 7 days
```

其中「a % b」可得餘數 [1]。

---

[1] 例如：操作下列指令

```
7%10 # 7
9%3 # 0
10%3 # 1
```

試試看。

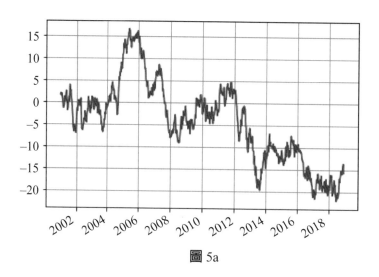

圖 5a

習題

(1) 如何於模組（numpy）內建立日期與時間？試解釋之。

(2) 試解釋圖 5-1。若改成「週」，試繪製其圖形。提示：參考圖 5a。

(3) 試建立 2010/1~2020/12 期間的「月」頻率之日期。

(4) 續上題，試建立「週」頻率之日期。

(5) 續上題，試建立「日」與「時」頻率之日期。

(6) 試建立 2020/1~2020/12 期間每隔「二日」頻率之日期。提示：

```
t5 = np.arange('2020-01', '2020-12', dtype='datetime64[2D]')[:10]
print(t5)
```

(7) 試建立 2010/1~2020/12 期間的「季」頻率之日期。提示：

```
t1 = np.arange('2010-01', '2021-01', dtype='datetime64[M]')
t6 = []
for i in range(2, len(t1), 3):
    t6.append(t1[i])
t6
t6a = np.array(t6)
print(t6a)
```

5.4 使用模組（pandas）

模組（pandas）亦有提供支援日期與時間（datetime）的函數指令，試下列指令：

```
import pandas as pd
import datetime as dt
import numpy as np
pd.to_datetime("13.04.2021")
# Timestamp('2021-04-13 00:00:00')
pd.to_datetime("7/8/2021")
# Timestamp('2021-07-08 00:00:00')
pd1 = pd.to_datetime("7/8/2021", dayfirst=True)
pd1 # Timestamp('2021-08-07 00:00:00')
print(pd1)
# 2021-08-07 00:00:00
ts = pd.Timestamp('2021-04-17T12')
ts # Timestamp('2021-04-17 12:00:00')
print(ts)
# 2021-04-17 12:00:00
```

模組（pandas）內有 to_datetime(.) 與 Timestamp(.) 二函數指令，其中前者容易產生混淆，例如 7/8/2021 不知是 8 月 7 日亦或是 7 月 8 日，故可用如 pd1 的方式澄清；至於後者，則類似於模組（numpy）的建立方式。

我們進一步檢視上述二函數指令是否屬於模組（datetime）的類別，試下列指令：

```
issubclass(pd.Timestamp, dt.datetime)
# True
issubclass(pd.to_datetime, dt.datetime)
# TypeError: issubclass() arg 1 must be a class
```

即 pd.Timestamp(.) 函數指令的確屬於 dt.datetime 類別；是故，可以進一步取得上述 ts 內的資訊，例如：

```
ts.year, ts.month, ts.day, ts.weekday()
# (2021, 4, 17, 5)
```

即 2021 年 4 月 17 日是星期六。

　　pd.Timestamp(.) 是模組（pandas）內頗為重要的時間序列函數指令，通常可用於建立「日期與時間索引（DateTimeIndex）」的物件，再試下列指令：

```
def RandomWalk(n, X0):
    X = np.zeros(n);X[0] = X0
    for i in range(1,n):
        X[i] = X[i-1] + norm.rvs(0,1,1)
    return X
# try
np.random.seed(1234)
X = RandomWalk(3, 100)
X # array([100.         , 100.47143516,  99.28045947])
```

我們自行設計一種能產生隨機漫步觀察值的函數指令，其可用於代表「股價」。因此，試下列指令：

```
index  =  [pd.Timestamp("2021-04-01"),pd.Timestamp("2021-04-02"),pd.
Timestamp("2021-04-03")]
ts1 = pd.Series(X, index=index)
ts1
# 2021-04-01     100.000000
# 2021-04-02     100.471435
# 2021-04-03      99.280459
# dtype: float64
```

於模組（pandas）內資料框與序列是二種基本的資料類型；換言之，上述 ts1 已經是一種時間序列資料。或者說，ts1 與資料框的性質頗為接近，例如：

```
ts1.head(1)
# 2021-04-01     100.0
# dtype: float64
ts1.tail(1)
# 2021-04-03      99.280459
# dtype: float64
ts1['2021-04-02'] # 100.4714351637325
```

即我們亦可以叫出 ts1 內的資料。

事實上，除了上述 ts1 之外，我們亦有下列的建立方式如：

```
ts1.index
# DatetimeIndex(['2021-04-01', '2021-04-02', '2021-04-03'], dtype='datetime64[ns]',
freq=None)
ts2 = pd.Series(X, index=["2021-04-01", "2021-04-02", "2021-04-03"])
ts2.index
# Index(['2021-04-01', '2021-04-02', '2021-04-03'], dtype='object')
index1 = pd.to_datetime(["2021-04-01", "2021-04-02", "2021-04-03"])
ts3 = pd.Series(X, index=index1)
ts3.index
# DatetimeIndex(['2021-04-01', '2021-04-02', '2021-04-03'], dtype='datetime64[ns]',
freq=None)
```

比較 ts1 與 ts3，可以發現二者非常接近，不過上述二者仍與 ts2 有差異，即 ts1 與 ts3 的結果內有「freq」而 ts2 內卻無。

雖說如此，通常我們會使用下列的方式取代 ts1 或 ts3 內的「時間索引」，即：

```
pd.date_range(start="2021-04-01", periods=3, freq='H') # 時
# DatetimeIndex(['2021-04-01 00:00:00', '2021-04-01 01:00:00',
#                '2021-04-01 02:00:00'],
#               dtype='datetime64[ns]', freq='H') #
pd.date_range(start="2021-04-01", periods=3, freq='T') # 分
# DatetimeIndex(['2021-04-01 00:00:00', '2021-04-01 00:01:00',
#                '2021-04-01 00:02:00'],
#               dtype='datetime64[ns]', freq='T')
pd.date_range(start="2021-04-01", periods=3, freq='S') # 秒
# DatetimeIndex(['2021-04-01 00:00:00', '2021-04-01 00:00:01',
#                '2021-04-01 00:00:02'],
#               dtype='datetime64[ns]', freq='S')
```

即以 pd.date_range(.) 函數指令取代。從上述指令可看出「頻率（frequency）」所扮演的角色。再試下列指令：

```
pd.date_range(start="2021-04-01", periods=22, freq='B') # business day
# DatetimeIndex(['2021-04-01', '2021-04-02', '2021-04-05', '2021-04-06',
#                '2021-04-07', '2021-04-08', '2021-04-09', '2021-04-12',
#                '2021-04-13', '2021-04-14', '2021-04-15', '2021-04-16',
#                '2021-04-19', '2021-04-20', '2021-04-21', '2021-04-22',
#                '2021-04-23', '2021-04-26', '2021-04-27', '2021-04-28',
#                '2021-04-29', '2021-04-30'],
#                dtype='datetime64[ns]', freq='B')
#
# pd.date_range(start="2021-04-01", periods=22, freq='C') # custom business day
#
pd.date_range(start="2021-04-01", periods=5, freq='D') #  days
# DatetimeIndex(['2021-04-01', '2021-04-02', '2021-04-03', '2021-04-04',
#                '2021-04-05'],
#                dtype='datetime64[ns]', freq='D')
#
pd.date_range(start="2021-01-01", periods=12, freq='M') # 月
# DatetimeIndex(['2021-01-31', '2021-02-28', '2021-03-31', '2021-04-30',
#                '2021-05-31', '2021-06-30', '2021-07-31', '2021-08-31',
#                '2021-09-30', '2021-10-31', '2021-11-30', '2021-12-31'],
#                dtype='datetime64[ns]', freq='M')
#
pd.date_range(start="2021-01-01", periods=4, freq='Q') # 季
# DatetimeIndex(['2021-03-31', '2021-06-30', '2021-09-30', '2021-12-31'],
#                dtype='datetime64[ns]', freq='Q-DEC')
#
pd.date_range(start="2021-04-01", periods=5, freq='1D1h1min10s')
# DatetimeIndex(['2021-04-01 00:00:00', '2021-04-02 01:01:10',
#                '2021-04-03 02:02:20', '2021-04-04 03:03:30',
#                '2021-04-05 04:04:40'],
#                dtype='datetime64[ns]', freq='90070S')
24*60*60+1*60*60+1*60+10 # 90070
#
pd.date_range(start="2021-04-01", periods=5, freq='12BH') # business hours, 9 am to 5
pm
# DatetimeIndex(['2021-04-01 09:00:00', '2021-04-02 13:00:00',
#                '2021-04-06 09:00:00', '2021-04-07 13:00:00',
#                '2021-04-09 09:00:00'],
#                dtype='datetime64[ns]', freq='12BH')
```

164

其中「freq = 'B'」表示時間序列資料按照「營業日（business day）」排序，而「freq = '12BH'」表示時間序列資料按照每隔 12 小時的營業時間排序，其餘可類推。

圖 5-2　一種隨機漫步的時間序列走勢

　　了解上述的意思後，我們不僅可以模擬出不同營業日的股價，同時亦可以繪製出其時間走勢如圖 5-2 所示，可以參考下列指令：

```
index = pd. date_range(start='2021-04-01', periods=200, freq='B')
np. random. seed(1234)
X = RandomWalk(len(index), 178. 5)
ts4 = pd. Series(X, index=index)
ts4. plot()
```

圖 5-2 繪製出 2021 年 4 月 1 日後之 200 個營業日股價的時間序列走勢，圖內是使用模組（pandas）的繪圖功能。

　　我們亦可以叫出上述 ts4 內的資料如：

```
ts4. head(2)
# 2021-04-01     0. 471435
# 2021-04-02    -1. 190976
# Freq: B, dtype: float64
ts4. tail(1)
# 2022-01-05    -1. 051539
```

```
# Freq: B, dtype: float64
ts4['2021-04-02'] # -1.1909756947064645
ts4[dt.datetime(2021, 4, 2)] # -1.1909756947064645
ts4['2021-04-03':'2021-04-07']
# 2021-04-05    1.432707
# 2021-04-06   -0.312652
# 2021-04-07   -0.720589
# Freq: B, dtype: float64
ts4['2000-04-06':dt.datetime(2021, 4, 7)]
# 2021-04-01    0.471435
# 2021-04-02   -1.190976
# 2021-04-05    1.432707
# 2021-04-06   -0.312652
# 2021-04-07   -0.720589
# Freq: B, dtype: float64
ts4['2022-01']
# 2022-01-03    0.889157
# 2022-01-04    0.288377
# 2022-01-05   -1.051539
# Freq: B, dtype: float64
```

ts4['2022-01'] 是叫出 ts4 內 2022 年 1 月分的資料，其餘應可類推。

原則上，我們可以建立我們所需要的日期與時間，讀者可猜猜下列的指令：

```
pd.date_range(start="2021-04-01", periods=5, freq='W-FRI')
# DatetimeIndex(['2021-04-02', '2021-04-09', '2021-04-16', '2021-04-23',
#                '2021-04-30'],
#               dtype='datetime64[ns]', freq='W-FRI')
pd.date_range(start="2021-04-01", periods=5, freq='WOM-3FRI')
# DatetimeIndex(['2021-04-16', '2021-05-21', '2021-06-18', '2021-07-16', '2021-08-20'],
#               dtype='datetime64[ns]', freq='WOM-3FRI')
```

即前者為「每週的星期五」而後者則為「每月的第 3 個星期五」。

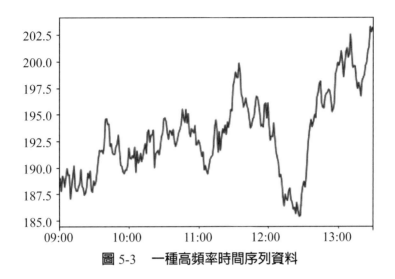

圖 5-3　一種高頻率時間序列資料

接下來，我們嘗試建立「高頻率資料（high-frequency data）」。試下列指令：

```
hf = pd.date_range('4/19/2021 9:00', periods=271, freq='T')
np.random.seed(1234)
X = RandomWalk(len(hf), 188.5)
ts5 = pd.Series(X, index=hf)
ts5.plot()
```

可以留意的是，ts5 是一種高頻率時間序列資料，其時間走勢繪製如圖 5-3 所示。
我們檢視 ts5 的起訖時間，即：

```
ts5.head(3)
# 2021-04-19 09:00:00    160.357176
# 2021-04-19 09:01:00    152.045122
# 2021-04-19 09:02:00    165.163535
# Freq: T, dtype: float64
ts5.tail(3)
# 2021-04-19 13:28:00    155.571236
# 2021-04-19 13:29:00    159.938372
# 2021-04-19 13:30:00    158.117788
# Freq: T, dtype: float64
```

即 ts5 的開始時間為 2021 年 4 月 19 日的早上 9 點，而其結束時間為 2021 年 4 月

19 日的下午 13 點 30 分；換言之，ts5 相當於「記錄（或模擬）」某股票於 2021 年 4 月 19 日的每分鐘股價。

有了 ts5，我們可以每隔 5 分鐘檢視一次：

```
ts5.resample('5T').max()[:3]
# 2021-04-19 09:00:00    189.213166
# 2021-04-19 09:05:00    189.926677
# 2021-04-19 09:10:00    190.158471
# Freq: 5T, dtype: float64
ts5.resample('5T').min()[:3]
# 2021-04-19 09:00:00    187.780459
# 2021-04-19 09:05:00    188.179926
# 2021-04-19 09:10:00    187.063165
# Freq: 5T, dtype: float64
```

即每隔 5 分鐘分別檢視最高價與最低價；或是檢視：

```
ts5.resample('5T').mean()[:3]
# 2021-04-19 09:00:00    157.679926
# 2021-04-19 09:05:00    156.883239
# 2021-04-19 09:10:00    158.739974
# Freq: 5T, dtype: float64
```

每隔 5 分鐘的平均價格。

其實利用迴圈，我們可以找出每隔 5 分鐘的股價，試下列指令：

```
fivem = []
index = []
for i in range(0, len(hf), 5):
    fivem.append(ts5.iloc[i])
    index.append(hf[i])
df = pd.DataFrame({'5 分鐘':fivem}, index=index)
df[:5]
#                        5 分鐘
# 2021-04-19 09:00:00   188.500000
# 2021-04-19 09:05:00   188.179926
# 2021-04-19 09:10:00   187.063165
```

```
# 2021-04-19 09:15:00   187.803139
# 2021-04-19 09:20:00   188.274055
df.iloc[-1]
# 5 分鐘    203.146507
# Name: 2021-04-19 13:30:00, dtype: float64
```

最後，使用差值法（interpolation）[8]可得：

```
ts6 = ts5.resample('5min')
ts6.interpolate()[:5]
# 2021-04-19 09:00:00   188.500000
# 2021-04-19 09:05:00   188.179926
# 2021-04-19 09:10:00   187.063165
# 2021-04-19 09:15:00   187.803139
# 2021-04-19 09:20:00   188.274055
# Freq: 5T, dtype: float64
```

可發現 ts6.interpolate() 與 df 完全相同。

例 1　TWI 日資料

試下列指令：

```
TWI = yf.download("^TWII", start="2000-01-01", end="2021-04-01")
TWI.head(1)
#                  Open         High         Low        Close      Adj Close    Volume
# Date
# 2000-01-04   8644.910156  8803.610352  8642.5   8756.549805  8756.509766       0
TWI.tail(1)
#                  Open         High    ...    Adj Close     Volume
# Date                                  ...
# 2021-03-31   16529.230469  16550.199219  ...  16431.130859  5865500
```

即我們下載 TWI 於 2000/1/4~2021/3/31 期間的所有日資料。我們可以進一步月資料如：

---

[8]　差值法可參考《歐選》。

```
TWIM = TWI.resample('1M').mean()
TWIM[:3]
#                   Open           High  ...    Adj Close  Volume
# Date                                   ...
# 2000-01-31  9204.303955    9299.878857  ...  9210.216113    0.0
# 2000-02-29  9958.239974   10016.200586  ...  9873.176758    0.0
# 2000-03-31  9296.143512    9440.117315  ...  9330.047045    0.0
TWIM.tail(2)
#                   Open           High  ...    Adj Close      Volume
# Date                                   ...
# 2021-02-28  16050.701472  16183.011644  ...  16080.794621  5.701469e+06
# 2021-03-31  16132.159668  16241.848145  ...  16150.145552  5.629864e+06
```

即月資料是依日資料之平均而得。同理，根據上述之月資料可得每隔 3 個月平均資料爲：

```
TWI3M = TWI.resample('3M').mean()
TWI3M.head(3)
#                   Open           High  ...    Adj Close  Volume
# Date                                   ...
# 2000-01-31  9204.303955    9299.878857  ...  9210.216113    0.0
# 2000-04-30  9511.191842    9622.338327  ...  9485.262347    0.0
# 2000-07-31  8559.255814    8641.422211  ...  8539.157990    0.0
TWI3M.tail(3)
#                   Open           High  ...    Adj Close      Volume
# Date                                   ...
# 2020-10-31  12747.751118  12805.987100  ...  12734.004710  3.832248e+06
# 2021-01-31  14372.321609  14464.359848  ...  14385.669830  5.405734e+06
# 2021-04-30  16101.903767  16219.994587  ...  16124.386635  5.656460e+06
```

例2 季資料

續例 1，上述 TWI3M 資料並不是我們想像中的資料。再試下列指令：

```
TWIQ = TWI.resample('1Q').mean()
TWIQ.head(3)
#                   Open           High  ...    Adj Close  Volume
```

```
# Date                                    ...
# 2000-03-31   9435.706543   9540.746279   ...   9429.190615      0.0
# 2000-06-30   8933.453701   9018.393154   ...   8897.508197      0.0
# 2000-09-30   7777.144586   7856.260781   ...   7753.506619      0.0
TWIQ.tail(3)
#                    Open          High   ...     Adj Close        Volume
# Date                                    ...
# 2020-09-30   12555.186523   12624.987083   ...   12543.388761   3.847552e+06
# 2020-12-31   13528.494652   13596.112584   ...   13542.480174   4.709403e+06
# 2021-03-31   15904.737287   16024.922372   ...   15916.320224   5.690047e+06
```

讀者可比較上述 TWI3M 與 TWIQ 資料的差別。

例 3 其他的計算

續例 1，我們亦可以計算例如週資料，即：

```
TWIW = TWI.resample('1W').mean()
TWIW.head(2)
#                    Open          High   ...     Adj Close   Volume
# Date                                    ...
# 2000-01-09   8772.374756   8909.012451   ...   8844.539795      0.0
# 2000-01-16   9119.203906   9215.577734   ...   9060.900586      0.0
TWIW.tail(2)
#                    Open          High   ...     Adj Close        Volume
# Date                                    ...
# 2021-03-28   16092.314062   16236.950000   ...   16152.989844   6257300.0
# 2021-04-04   16477.070312   16542.426432   ...   16487.333984   6204800.0
```

或是檢視每週有多少觀察值如：

```
TWIWa = TWI.resample('1W').count()
TWIWa.head(2)
            Open   High   Low   Close   Adj Close   Volume
Date
2000-01-09    4      4      4      4         4         4
2000-01-16    5      5      5      5         5         5
TWIWa.tail(2)
```

```
#             Open  High  Low  Close  Adj Close  Volume
# Date
# 2021-03-28    5     5    5     5         5         5
# 2021-04-04    3     3    3     3         3         3
```

例 4　**再談高頻率資料的建立**

試下列指令：

```
date = np.arange('2021-04-01T09:00:00', '2021-04-01T13:31:00', dtype='datetime64[m]')
n = len(date) # 271
Prices = np.arange(175, 185, 0.5)
np.random.seed(1235)
prices = np.random.choice(Prices, n, replace=True)
len(prices) # 271
Volume = np.arange(100, 1200, 100)
np.random.seed(5678)
volume = np.random.choice(Volume, n, replace=True)
df1 = pd.DataFrame({'Price':prices, 'Volume':volume}, index=date)
df1.head(2)
#                        Price   Volume
# 2021-04-01 09:00:00    180.5    500
# 2021-04-01 09:01:00    176.0    800
df1.iloc[-2:]
#                        Price   Volume
# 2021-04-01 13:29:00    184.0    600
# 2021-04-01 13:30:00    180.0    500
```

讀者可以嘗試解釋上述指令（習題）。我們進一步計算每隔 5 分鐘的平均數如：

```
df15m = df1.resample('5T').mean()
df15m.head(2)
#                        Price   Volume
# 2021-04-01 09:00:00    178.3    500
# 2021-04-01 09:05:00    180.0    420
df15m.iloc[-1]
# Price      180.0
# Volume     500.0
# Name: 2021-04-01 13:30:00, dtype: float64
```

或是每小時的「最大值」如：

```
df1H = df1.resample('1H').max()
df1H.head(2)
#                    Price  Volume
# 2021-04-01 09:00:00  184.5   1100
# 2021-04-01 10:00:00  184.5   1100
df1H.tail(2)
#                    Price  Volume
# 2021-04-01 12:00:00  184.5   1100
# 2021-04-01 13:00:00  184.0   1100
```

例 5　建立日期與星期

我們再來檢視一種情況。試下列指令：

```
TWIa = yf.download("^TWII", start="2000-01-01", end="2021-03-31")
```

即已經下載上述期間的 TWI 日資料。我們有興趣的是想要找出上述日資料的「星期」，再試下列指令：

```
s = TWIa.index.to_series()
TWIa['day'] = s.dt.dayofweek
```

因 TWIa 內共有 5,219 列，故若無上述指令，欲知道上述 TWIa 的日期所對應的「星期」的確相當費事；換言之，讀者可以檢視上述 TWIa 的內容（可記得星期一為 0，依此類推）。

接下來，我們再於 TWIa 內建立月與日，再試下列指令：

```
TWIa['date'] = TWIa.index.strftime("%m/%d")
TWIa
#               Open          High          Low  ...  Volume  day   date
# Date                                            ...
# 2000-01-04  8644.910156  8803.610352  8642.500000  ...      0    1  01/04
# 2000-01-05  8690.599609  8867.679688  8668.019531  ...      0    2  01/05
```

```
# ….
# 2021-03-30   16490.310547   16556.189453   16438.400391   …   5851100    1   03/30
#
# [5219 rows x 8 columns]
```

可注意新建立的 day 與 date 二變數，其中前者表示「星期」而後者為「月 / 日」。

表 5a　一種虛構的資料框

日期	姓名	樣本
2019-09-01 13:00:00	林 1	25
2019-09-01 13:05:00	陳 2	9
2019-10-01 20:00:00	王 3	4
2019-10-03 13:00:00	葉 4	3
2019-09-08 05:40:00	黃 5	2
2019-09-15 08:07:00	房 6	8

習題

(1) 試建立表 5a。

(2) 利用上述 ts5 資料，試計算每隔 10 分鐘的總和。

(3) 續上題，試計算每小時的最小值。

(4) 續上題，試列出每 15 分鐘的觀察值。

(5) 試解釋例 4。

(6) 試解釋如何於 Python 內建立高頻率時間序列資料框。

(7) 將上述 TWI 資料轉換成對應的日對數報酬率資料。

(8) 續上題，再轉換成月與季資料。

(9) 試找出 2016/12/31~2021/1/8 期間的「星期」。

(10) 續上題，試列出上述期間的「月 / 日」。

(11) 續上二題，若用模組（numpy）建立日期與時間呢？

(12) 續上題，若再加上年、月、週變數呢？

(13) 續上題，將「月」與「星期」用英文顯示。

Chapter 6

多層次資料框

於第 4 章內，我們已經知道如何建立簡易的資料框以及大致了解資料框的性質，本章將繼續檢視較爲複雜型態的資料框。此處我們介紹多層次（multi-level）資料框[1]。多層次資料框因有牽涉到多層次索引（multi-level indexing）的觀念，使得資料框的型態趨向於多元。或者說，爲了簡化或分析繁雜的資料結構，多層次資料框的建立與使用是必須的。

直覺而言，多層次資料框的使用是吸引人的，因其不僅可儲存大量的資料，同時亦可以分析複雜的關係。舉例來說，序列與資料框皆是屬於低維度的資料結構（lower dimensional data structure），前者維度爲 1D 而後者維度爲 2D，那多層次資料框的資料結構爲何？顧名思義，多層次資料框至少可爲 3D 以上維度的資料結構。是故，若能妥善使用，多層次資料框的重要性不容被忽視。

多層次資料框的觀念是可以延伸或推廣。透過「重塑型態（reshape）」，我們發現多層次資料框的確變化莫測；也就是說，沒有經過 Python 的使用與練習，其實我們也沒有發現竟然存在那麼豐富的狀況。我們看看。

6.1 多層次資料框的意義

首先，我們說明多層次索引的意思。試下列指令：

```
import pandas as pd
```

---

[1] 多層次亦可稱爲階層（hierarchical），故多層次資料框亦可稱爲階層資料框。

```
import numpy as np
np.random.seed(1234)
X = np.round(norm.rvs(0, 1, 8), 2)
s1 = pd.Series(X, index=[['a','a','b','b','c','c', 'd','d'],[0, 1, 0, 1, 0,1, 0, 1, ]])
s1
# a  0      0.47
#    1     -1.19
# b  0      1.43
#    1     -0.31
# c  0     -0.72
#    1      0.89
# d  0      0.86
#    1     -0.64
# dtype: float64
```

我們可以看出上述 s1 的型態與簡單的資料框型態（第 4 章）不同，即 s1 內有二種索引，而後者只有一種索引；因此，s1 為一種具有多層次索引的序列。根據上述指令，我們當然可以將其推廣，即讀者可以思考若欲建立具有 n 種索引的序列，應如何做？

上述 s1 其實可視為一種資料框的「堆積（stack）」，即若使用「解除堆積（unstack）」指令，其可還原成一種資料框，試下列指令：

```
s2 = s1.unstack()
s2
#         0      1
# a   0.47  -1.19
# b   1.43  -0.31
# c  -0.72   0.89
# d   0.86  -0.64
type(s2) # pandas.core.frame.DataFrame
```

即若使用 unstack(.) 指令，我們可將 s1 轉換成一種具有二種層次型態的資料框如 s2 所示。或者說，檢視 s2 的型態，應會發現到上述 s1 還有另外一種建立方式。試下列指令：

```
X1 = X.reshape(4, 2)
X1
# array([[ 0.47, -1.19],
#        [ 1.43, -0.31],
#        [-0.72,  0.89],
#        [ 0.86, -0.64]])
index = ['a', 'b', 'c', 'd']
s1a = pd.DataFrame(X1, columns=['0', '1'], index=index)
s1a
#         0     1
# a   0.47 -1.19
# b   1.43 -0.31
# c  -0.72  0.89
# d   0.86 -0.64
```

即 s1a 是根據資料框的方式建立。可以注意的是，s1a 與 s2 的型態與其內的元素完全相同；因此，使用 stack(.) 指令可得：

```
s1b = s1a.stack()
s1b
# a 0    0.47
#   1   -1.19
# b 0    1.43
#   1   -0.31
# c 0   -0.72
#   1    0.89
# d 0    0.86
#   1   -0.64
# dtype: float64
```

即 s1b 與 s1 完全相同。是故，s1 其實也沒有什麼，其只不過是 s1a 的「堆積」而已。

接下來，我們來看如何叫出 s1 內的元素。試下列指令：

```
s1[0] # 0.47
s1[5] # 0.89
```

其叫出的方式與序列的叫出元素方式相同，讀者可試叫出其他的元素。不同的是，畢竟 s1 內有二種索引，試下列指令：

```
s1['a']
# 0      0.47
# 1     -1.19
# dtype: float64
s1['d']
# 0      0.86
# 1     -0.64
# dtype: float64
```

　　讀者可繼續檢視叫出 s1 內的 b 與 c 元素。再試下列指令：

```
s1['a'][0]  # 0.47
s1['a'][1]  # -1.19
s1['c'][0]  # -0.72
s1['c'][1]  # 0.89
s1['a':'b']
# a  0      0.47
#    1     -1.19
# b  0      1.43
#    1     -0.31
# dtype: float64
s1.loc[['b','d']]
# b  0      1.43
#    1     -0.31
# d  0      0.86
#    1     -0.64
# dtype: float64
```

可以留意 XX.loc[.] 的用法，即：

```
s1.loc[:,0]
# a      0.47
# b      1.43
# c     -0.72
# d      0.86
# dtype: float64
```

```
s1.loc[:, 1]
# a    -1.19
# b    -0.31
# c     0.89
# d    -0.64
# dtype: float64
```

讀者應可一目了然。

現在，我們來看多層次資料框的意義。試下列指令：

```
GMAT = np.array([[500, 540, 480],
                 [580, 460, 400],
                 [460, 560, 420],
                 [540, 620, 480],
                 [560, 600, 480],
                 [600, 580, 410]])
df = pd.DataFrame(GMAT, index=[['Three', 'Three', 'One', 'One', 'Ten', 'Ten'], \
                              [0, 1, 0, 1, 0, 1]], columns=[['F1a', 'F1b', 'F1c'], ['B', 'E', 'A']])
df
#           F1a  F1b  F1c
#             B    E    A
# Three  0   500  540  480
#        1   580  460  400
# One    0   460  560  420
#        1   540  620  480
# Ten    0   560  600  480
#        1   600  580  410
```

表 6-1 的型態與內容就是根據上述 df 所編製而成；或者說，根據表 6-1，我們可以編製一個多層次的資料框如上述 df 所示。因此，多層次資料框的意義可以透過表 6-1 了解。表 6-1 是取自於《統計》內的二因子 ANOVA 的例子，可以參考《統計》。

表 6-1　GMAT 成績

Factor A		Factor B		
		B	E	A
Factor A	Three	500	540	480
		580	460	400
	One	460	560	420
		540	620	480
	Ten	560	600	480
		600	580	410

說明：1. B、E 與 A 分別表示商科、理（工）科與文科。

2. Three、One 與 Ten 分別表示 3 小時、1 日與 10 週的訓驗課程。

針對上述 df，我們再進一步為「索引與行」命名，即：

```
df.index.names = ['one', 'two']
df.columns.names = ['factor1', 'school']
df
# factor1    F1a  F1b  F1c
# school      B    E    A
# one   two
# Three 0    500  540  480
#       1    580  460  400
# One   0    460  560  420
#       1    540  620  480
# Ten   0    560  600  480
#       1    600  580  410
```

接下來，再叫出 df 內的元素如：

```
sa = df['F1a']
sa
# school       B
# one   two
# Three 0    500
#       1    580
# One   0    460
```

```
#         1     540
# Ten     0     560
#         1     600
type(sa) # pandas.core.frame.DataFrame
```

可以留意上述 sa 是一種資料框。同理，可得：

```
sb = df['F1b']
sc = df['F1c']
```

我們嘗試將上述的 sa、sb 與 sc 合併，即：

```
sdf = pd.concat([sa, sb, sc], axis=1) # 行合併
sdf
# school        B     E     A
# one    two
# Three  0     500   540   480
#        1     580   460   400
# One    0     460   560   420
#        1     540   620   480
# Ten    0     560   600   480
#        1     600   580   410
```

有關於資料框的合併，可以參考第 7 章。檢視 df 與 sdf，可以發現二者幾乎相同，是故透過資料框的合併，我們亦可以建立一種多層次的資料框。

上述是叫出 df 內的「行元素」，我們嘗試叫出「列元素」，試下列指令：

```
Three = df.loc['Three']
Three
# factor1  F1a   F1b   F1c
# school    B     E     A
# two
# 0        500   540   480
# 1        580   460   400
type(Three) # pandas.core.frame.DataFrame
```

上述指令叫出 df 內屬於「Three」的元素而我們亦稱爲 Three，可以注意 Three 亦是一種資料框。因 Three 是一種資料框，故可進一步嘗試叫出其內之元素如：

```
Three.iloc[0]
# factor1   school
# F1a         B      500
# F1b         E      540
# F1c         A      480
# Name: 0, dtype: int32
Three.iloc[0][0] # 500
Three.iloc[0].loc['F1a']
# school
# B    500
# Name: 0, dtype: int32
```

讀者應可解釋上述指令（回想 XX.loc[.] 與 XX.iloc[.] 指令的用法）。

再試下列指令：

```
df.swaplevel('one', 'two')
# factor1     F1a  F1b  F1c
# school        B    E    A
# two one
# 0    Three  500  540  480
# 1    Three  580  460  400
# 0    One    460  560  420
# 1    One    540  620  480
# 0    Ten    560  600  480
# 1    Ten    600  580  410
```

即「索引」的位置可以交換；或者可以按照「索引」排序：

```
df.sort_index(level=1)
# factor1     F1a  F1b  F1c
# school        B    E    A
# one    two
# One    0    460  560  420
# Ten    0    560  600  480
```

```
# Three   0     500   540   480
# One     1     540   620   480
# Ten     1     600   580   410
# Three   1     580   460   400
```

同理，讀者可以檢視 df.sort_index(level=0) 的情況，或者試下列指令：

```
df.swaplevel(0, 1).sort_index(level=0)
# factor1    F1a   F1b   F1c
# school      B     E     A
# two one
# 0   One    460   560   420
#     Ten    560   600   480
#     Three  500   540   480
# 1   One    540   620   480
#     Ten    600   580   410
#     Three  580   460   400
```

最後，亦可以計算 df 的敘述統計量如：

```
df.sum(level='two')  # 列加總
# factor1    F1a    F1b    F1c
# school      B      E      A
# two
# 0         1520   1700   1380
# 1         1720   1660   1290
```

其次，行加總可爲：

```
df.sum(level='school', axis=1)  # # 行加總
# school      B     E     A
# one    two
# Three  0    500   540   480
#        1    580   460   400
# One    0    460   560   420
#        1    540   620   480
# Ten    0    560   600   480
```

```
#         1    600  580  410
df.sum(level='factor1', axis=1)  # 行加總
# factor1       F1a  F1b  F1c
# one   two
# Three 0    500  540  480
#       1    580  460  400
# One   0    460  560  420
#       1    540  620  480
# Ten   0    560  600  480
#       1    600  580  410
```

因各行只有一個變數，故上述行加總的結果與 df 相同。於例 1 內，我們有考慮一個變數有多行的情況。

例1 樣本數不相同

　　於表 6-1 內，每行的樣本數皆相同，我們考慮每行的樣本數不相同的情況，可以參考 6-2。檢視表 6-2，即因子 A 內只有 2 個變數，其中 B 內有 12 個觀察值而 A 內有 6 個觀察值；另一方面，GMAT 分數用 0 或 1 取代。就表 6-2 而言，可用下列指令建立：

```
X1 = np.array([[1, 0, 0], [1, 1, 1], [1, 0, 1], [0, 0, 0], [0, 0, 1], [0, 0, 0]])
Df = pd.DataFrame(X1, index=[['a', 'a', 'b', 'b', 'c', 'c'], [0, 1, 0, 1, 0, 1]],
                    columns=[['K', 'K', 'T'], ['B', 'E', 'A']])
Df
#         K      T
#         B E    A
# a   0   1 0    0
#     1   1 1    1
# b   0   1 0    1
#     1   0 0    0
# c   0   0 0    1
#     1   0 0    0
```

讀者可思考還有哪些方法可以建立表 6-2。

表 6-2　GMAT 成績

		Factor B		
		B		A
	a	1	0	0
		1	1	1
Factor A	b	1	0	1
		0	0	0
	c	0	0	1
		0	0	0

例2　另一個例子

我們再來練習一個稍微複雜的例子。檢視表 6-3，該表可視爲表 6-1 的延伸。我們來看如何建立表 6-3，試下列指令：

```
Vine1 = np.array([100.74, 101.89, 94.91, 96.35, 100.3, 104.74, 94.05, 91.82, 93.42, 97.42, 84.12, 90.31])
Vine2 = np.array([98.05, 108.32, 93.94, 97.15, 106.67, 104.02, 94.76, 90.29, 100.68, 97.6, 87.06, 89.06])
Vine3 = np.array([97, 103.14, 81.43, 97.57, 108.02, 102.52, 93.81, 93.45, 103.49, 101.41, 90.75, 94.99])
Vine4 = np.array([100.31, 108.87, 85.4, 92.45, 101.11, 103.1, 92.17, 92.58, 92.64, 105.77, 86.65, 87.27])
X2 = np.concatenate((Vine1, Vine2, Vine3, Vine4), axis=0).reshape(len(Vine1), 4)
X2
Shade = ['none','Aug2Dec','Dec2Feb','Feb2May','none','Aug2Dec','Dec2Feb','Feb2May',
         'none','Aug2Dec','Dec2Feb','Feb2May']
Block = ['east','east','east','east','north','north','north','north','west','west','west','west']
DF = pd.DataFrame(X2, index=[Block, Shade], columns=[['f1','f2','f3','f4'],
                                                     ['Vine1','Vine2','Vine3','Vine4']])
DF
#                    f1      f2      f3      f4
#                    Vine1   Vine2   Vine3   Vine4
# east   none      100.74  101.89   94.91   96.35
#        Aug2Dec   100.30  104.74   94.05   91.82
#        Dec2Feb    93.42   97.42   84.12   90.31
#        Feb2May    98.05  108.32   93.94   97.15
# north  none      106.67  104.02   94.76   90.29
#        Aug2Dec   100.68   97.60   87.06   89.06
#        Dec2Feb    97.00  103.14   81.43   97.57
```

```
#        Feb2May    108.02   102.52   93.81   93.45
# west   none       103.49   101.41   90.75   94.99
#        Aug2Dec    100.31   108.87   85.40   92.45
#        Dec2Feb    101.11   103.10   92.17   92.58
#        Feb2May     92.64   105.77   86.65   87.27
```

讀者可練習叫出 DF 內的元素。

表 6-3　資料來源：Maindonald 與 Braun（2003）

Block	Shade	Vine1	Vine2	Vine3	Vine4
east	none	100.74	98.05	97	100.31
east	Aug2Dec	101.89	108.32	103.14	108.87
east	Dec2Feb	94.91	93.94	81.43	85.4
east	Feb2May	96.35	97.15	97.57	92.45
north	none	100.3	106.67	108.02	101.11
north	Aug2Dec	104.74	104.02	102.52	103.1
north	Dec2Feb	94.05	94.76	93.81	92.17
north	Feb2May	91.82	90.29	93.45	92.58
west	none	93.42	100.68	103.49	92.64
west	Aug2Dec	97.42	97.6	101.41	105.77
west	Dec2Feb	84.12	87.06	90.75	86.65
west	Feb2May	90.31	89.06	94.99	87.27

例 3　追蹤資料

　　令 Annual 與 Hourly 分別表示依 2015 年美元價格計算的「年薪（工資）」與「時薪」，試下列指令：

```
Au_An = np.array([23826.637, 24616.844, 24185.703, 24496.838, 24373.756, 24558.195, 24892.646,
      24966.422, 25044.402, 25349.9, 25643.729])
Au_Ho = np.array([12.06, 12.457, 12.237, 12.397, 12.34, 12.434, 12.603, 12.638, 12.674, 12.832, 12.981])
Br_An = np.array([2032.873, 2164.8611, 2250.178, 2416.21, 2545.7251, 2547.228, 2762.302, 2835.0991,
      2847.2451, 2842.282, 2919.0239])
```

```
Br_Ho = np.array([0.87, 0.92, 0.96, 1.03, 1.08, 1.09, 1.18, 1.21, 1.21, 1.21, 1.24])
An = np.concatenate((Au_An, Br_An)).reshape(len(Au_An)*2, 1)
Ho = np.concatenate((Au_Ho, Br_Ho)).reshape(len(Au_Ho)*2, 1)
X3 = np.concatenate((An, Ho), axis=1)
country1 = ['Australia']*len(Au_An)
country2 = ['Brazil']*len(Au_An)
country = country1+country2
time = np.array(['2006-01-01','2007-01-01','2008-01-01','2009-01-01','2010-01-01','2011-01-01',
        '2012-01-01','2013-01-01','2014-01-01','2015-01-01','2016-01-01'], dtype='datetime64')
Time = np.concatenate((time, time))
Panel =   pd.DataFrame(X3, index=[country, Time], columns=['Annual','Hourly'])
Panel
#                          Annual   Hourly
# Australia    2006-01-01  23826.6370   12.060
#              2007-01-01  24616.8440   12.457
#              2008-01-01  24185.7030   12.237
# ......
#              2014-01-01  25044.4020   12.674
#              2015-01-01  25349.9000   12.832
#              2016-01-01  25643.7290   12.981
# Brazil       2006-01-01  2032.8730    0.870
#              2007-01-01  2164.8611    0.920
#              2008-01-01  2250.1780    0.960
# ......
#              2015-01-01  2842.2820    1.210
#              2016-01-01  2919.0239    1.240
```

即 Panel 是一種追蹤資料（panel data）。我們可以看出追蹤資料實際上就是一種多層次資料框。讀者可以嘗試解釋上述指令的意思。

習題

(1) 何謂多層次資料框？試解釋之。

(2) 多層次資料框如何建立？試敘述之。

(3) 檢視例 1，試叫出 Df 內的元素。

(4) 續上題，試於 Df 內執行列加總與行加總指令。

(5) 何謂追蹤資料？如何建立追蹤資料？

(6) 試解釋例 3 內所附的程式碼。

(7) 試叫出例 3 內 Panel 內的元素。

6.2 使用 MultiIndex 指令

　　本節將介紹如何使用模組（pandas）內的 MultiIndex 指令[2]。如前所述，多層次資料框因具有多層次索引而使得資料的型態趨向於複雜化；換言之，多層次索引的觀念的確相當吸引人，此處我們介紹另外一種簡易的建立方式。因此，本節將分二部分說明。6.2.1 節介紹多層次索引的建立與延伸；6.2.2 節則介紹根據 MultiIndex 指令所建立的多層次資料框。

6.2.1 多層次索引

　　直接與多層次索引有關的指令是使用模組（pandas）內的 MultiIndex 指令。我們來看如何使用。試下列指令：

```
import pandas as pd
import numpy as np
from scipy.stats import norm
columns = ['B', 'E', 'A']
arrays = [
        ["Three", "Three", "One", "One", "Ten", "Ten"],
        ["0", "1", "0", "1", "0", "1"],
        ]
arrays
# [['Three', 'Three', 'One', 'One', 'Ten', 'Ten'],
#  ['0', '1', '0', '1', '0', '1']]
tuples = list(zip(*arrays))
tuples
# [('Three', '0'),
#  ('Three', '1'),
#  ('One', '0'),
#  ('One', '1'),
#  ('Ten', '0'),
#  ('Ten', '1')]
```

---

[2] 詳細的介紹可參考模組（pandas）內的 MultiIndex / advanced indexing 文件說明。

```
index1 = pd.MultiIndex.from_tuples(tuples, names=["first", "second"])
index1
# MultiIndex([('Three', '0'),
#             ('Three', '1'),
#             (  'One', '0'),
#             (  'One', '1'),
#             (  'Ten', '0'),
#             (  'Ten', '1')],
#            names=['first', 'second'])
```

即 tuple 與 MultiIndex 搭配使用，我們可以建立多層次索引[3]。

再試下列指令：

```
iterables1 = [["Three", "One", "Ten"], ["0", "1"]]
index2 = pd.MultiIndex.from_product(iterables1, names=["first", "second"])
index2
# MultiIndex([('Three', '0'),
#             ('Three', '1'),
#             (  'One', '0'),
#             (  'One', '1'),
#             (  'Ten', '0'),
#             (  'Ten', '1')],
#            names=['first', 'second'])
```

即 index1 與 index2 的結果完全相同；也就是說，雖說 index1 的建立方式頗符合直覺，但是明顯地 index2 的建立方式較為簡易。

我們可以使用下列指令取得 index1 與 index2 內的索引，即：

---

[3] 比較上述 tuples 與 tuples1，應可看出不同，其中：

```
tuples1 = list(zip(arrays))
tuples1
# [(['Three', 'Three', 'One', 'One', 'Ten', 'Ten'],),
#  (['0', '1', '0', '1', '0', '1'],)]
```

可以注意上述 tuples 與 tuples1 之型態之不同。

```
index2.get_level_values(0)
# Index(['Three', 'Three', 'One', 'One', 'Ten', 'Ten'], dtype='object', name='first')
index1.get_level_values(1)
# Index(['0', '1', '0', '1', '0', '1'], dtype='object', name='second')
index2.get_level_values("first")
# Index(['Three', 'Three', 'One', 'One', 'Ten', 'Ten'], dtype='object', name='first')
index1.get_level_values("second")
# Index(['0', '1', '0', '1', '0', '1'], dtype='object', name='second')
```

可記得 index1 與 index2 的結果完全相同，即上述 index1 與 index2 可互換。

我們進一步利用上述 index1 或 index2 建立序列。試下列指令：

```
np.random.seed(1234)
X1 = np.round(norm.rvs(0,1,6))
X1
# array([ 0., -1.,  1., -0., -1.,  1.])
s1 = pd.Series(X1, index=index1)
s1
# first   second
# Three   0        0.0
#         1       -1.0
# One     0        1.0
#         1       -0.0
# Ten     0       -1.0
#         1        1.0
# dtype: float64
```

讀者可以比較上述多層次序列 s1 的建立與 6.1 節所使用的方式有何不同？

上述 index2 的建立方式應該可以繼續延伸，再試下列指令：

```
iterables2 = [["Three", "One", "Ten"], ["0", "1",'2'], ['a', 'b', 'c']]
index3 = pd.MultiIndex.from_product(iterables2, names=["first", "second", 'third'])
index3
# MultiIndex([('Three', '0', 'a'),
#             ('Three', '0', 'b'),
#             ('Three', '0', 'c'),
#             ('Three', '1', 'a'),
```

```
#  ............
#  ............
#            (  'Ten',  '2',  'a'),
#            (  'Ten',  '2',  'b'),
#            (  'Ten',  '2',  'c')],
#        names=['first',  'second',  'third'])
```

讀者可以猜上述 index3 內共有多少列？（27 列）。利用 index3，我們進一步建立
具有 3 個層次的序列如：

```
np. random. seed(1234)
X2 = np. round(norm. rvs(0, 1, 27))
X2
s2 = pd. Series(X2,  index=index3)
s2
# first   second   third
# Three   0        a        0. 0
#                  b       -1. 0
#                  c        1. 0
#         1        a       -0. 0
# .........
# .........
#         2        a        1. 0
#                  b       -0. 0
#                  c        1. 0
# dtype: float64
```

讀者可以猜猜上述 s2 的內容為何？我們試著叫出 s2 的元素，例如：

```
s2['One']
# second   third
# 0        a       -2. 0
#          b        1. 0
#          c        1. 0
# 1        a        1. 0
#          b       -2. 0
#          c       -0. 0
# 2        a        0. 0
```

```
#        b        0.0
#        c        0.0
# dtype: float64
```

讀者可叫出其他部分。再試下列指令：

```
s2.iloc[1] # -1.0
s2.loc['Three']
# second   third
# 0        a        0.0
#          b       -1.0
#          c        1.0
# 1        a       -0.0
#          b       -1.0
#          c        1.0
# 2        a        1.0
#          b       -1.0
#          c        0.0
# dtype: float64
s2.loc['Three'].loc['0']
# third
# a    0.0
# b   -1.0
# c    1.0
# dtype: float64
s2.loc['Three'].loc['0'].loc['a'] # 0.0
```

再試試：

```
s2 + s2[:-2]
# first   second   third
# One     0        a       -4.0
#                  b        2.0
#                  c        2.0
# .......
# .......
#         2        a        2.0
#                  b        NaN
```

```
#                c        NaN
# Three  0       a        0.0
#                b       -2.0
#                c        2.0
# ……..
# ……..
#        2        a        2.0
#                b       -2.0
#                c        0.0
# dtype: float64
```

以及：

```
s2 + s2[::2]
# first   second   third
# One     0        a        NaN
#                  b        2.0
#                  c        NaN
# …….
# …….
#                  c        NaN
#         2        a        2.0
#                  b        NaN
#                  c        0.0
# dtype: float64
```

讀者可猜猜 s2[:-2] 與 s2[::2] 的結果分別為何？

例 1　表 6-1 的取得

　　既然可以取得多層次序列，透過合併，自然可以建立多層次資料框。我們舉表 6-1 的例子說明。試下列指令：

```
GMAT = np.array([[500, 540, 480],
                 [580, 460, 400],
                 [460, 560, 420],
                 [540, 620, 480],
                 [560, 600, 480],
```

```
                [600, 580, 410]])
G1 = GMAT[:, 0];G2 = GMAT[:, 1];G3 = GMAT[:, 2]
sa = pd.Series(G1, index=index2);sb = pd.Series(G2, index=index2)
sc = pd.Series(G3, index=index2)
sdf = pd.concat([sa, sb, sc], axis=1) # 行合併
sdf
```

讀者可檢視 sdf。

例 2 使用 reset.index() 指令

續例 1，試下列指令：

```
sdf1 = sdf.reset_index()
del sdf1['second']
sdf1
sdf1.columns = ['Prepare', 'B', 'E', 'A']
sdf1
#   Prepare   B     E     A
# 0   Three   500   540   480
# 1   Three   580   460   400
# 2     One   460   560   420
# 3     One   540   620   480
# 4     Ten   560   600   480
# 5     Ten   600   580   410
```

透過 reset.index() 指令，我們可將多層次索引合併成單一索引。

例 3 使用 melt(.) 函數

續例 2，再試下列指令：

```
sdf1_m = pd.melt(sdf.reset_index(), id_vars=['index', 'Prepare'], value_vars=['B', 'E',
'A'])
sdf1_m.columns = ['index', 'factorA', 'factorB', 'GMAT']
sdf1_m
#      index  factorA  factorB  GMAT
# 0       0     Three        B   500
```

```
# 1        1     Three      B     580
# 2        2     One        B     460
# ……
# ……
# 15       3     One        A     480
# 16       4     Ten        A     480
# 17       5     Ten        A     410
```

讀者亦可猜猜 sdf1_m 的內容為何？《統計》內的二因子 ANOVA，就是利用上述 melt(.) 函數指令方法。

例 4　使用 pivot(.) 函數指令

續例 3，利用 pivot(.) 函數指令，可將上述 sdf1_m 還原為多層次資料框如表 6-1 所示，即：

```
Df = sdf1_m.pivot(index='index', columns='factorB', values='GMAT')
Df.index = index2
Df
```

讀者可檢視 Df；換言之，表 6-1 亦可以用上述 sdf1_m 表示，即其實上述 Df 與 sdf1_m 是互通的。有關於上述 melt(.) 與 pivot(.) 函數指令的用法，可以參考 6-3 節。

習題

(1) 試建立一種資料框如表 6-4 所示。

(2) 續上題，若建立的資料框稱為 DF。DF 是否可以為一種多層次序列？如何做？

(3) 續上題，DF 可轉換成一種多層次序列，試叫出後者內的元素。

(4) 續上題，姑且稱轉換後的多層次序列為 DF1，試叫出 DF1 內的所有觀察值。

(5) 續上題，試叫出 DF1 內的多層次索引。

(6) 續上題，如何將 DF1 轉回 DF？

(7) 根據表 6-3，我們如何建立對應的多層次索引？

(8) 續上題，試利用表 6-3 建立一種多層次資料框。

(9) 續上題，上述多層次資料框對應的「簡易」的資料框為何？上述二種資料框可以互換。

表 6-4　一種資料框

foo	bar	baz	zoo
one	A	1	x
one	B	2	y
one	C	3	z
two	A	4	q
two	B	5	w
two	C	6	t

6.2.2　多層次資料框

現在我們利用 multiIndex 指令建立多層次資料框，試下列指令：

```
import pandas as pd
import numpy as np
columns2 = ['B', 'E', 'A']
arrays = [["Three", "Three", "One", "One", "Ten", "Ten"],
          ["0", "1", "0", "1", "0", "1"]]
iterables = [["Three", "One", "Ten"], ["0", "1"]]
index = pd.MultiIndex.from_product(iterables, names=["first", "second"])
index
# MultiIndex([('Three', '0'),
#             ('Three', '1'),
#             ( 'One', '0'),
#             ( 'One', '1'),
#             ( 'Ten', '0'),
#             ( 'Ten', '1')],
#           names=['first', 'second'])
#
GMAT = np.array([[500, 540, 480],
                 [580, 460, 400],
                 [460, 560, 420],
                 [540, 620, 480],
                 [560, 600, 480],
                 [600, 580, 410]])
DF2 = pd.DataFrame(GMAT, index=index, columns=columns2)
DF2
```

```
#               B    E    A
# first second
# Three 0       500  540  480
#       1       580  460  400
# One   0       460  560  420
#       1       540  620  480
# Ten   0       560  600  480
#       1       600  580  410
```

即我們使用模組（pandas）內之 MultiIndex 指令依表 6-1 建立一個多層次的資料框如上述 DF2 所示，可以注意上述 index 的結果。再試下列指令：

```
DF2.index.levels
# FrozenList([['One', 'Ten', 'Three'], ['0', '1']])
```

即 DF2 的索引是一種「凍結的 list（FrozenList）」，隱含著索引的位置無法更改。

　　上述 DF2 與 6.1 節所建立的多層次資料框有些不同，底下可看出。我們先試試如何叫出 DF2 內的元素。試下列指令：

```
DF2['E']
# DF2.E
# first   second
# Three   0       540
#         1       460
# One     0       560
#         1       620
# Ten     0       600
#         1       580
# Name: E, dtype: int32
DF2[('E','Three')] # KeyError: ('E', 'Three')
```

即 DF2['E'] 與 DF2.E 皆可叫出 E 行元素，不過 DF2[('E','Three')] 指令卻無法執行。再試下列指令：

```
DF2['E']['Three']
# second
```

```
# 0       540
# 1       460
# Name: E, dtype: int32
DF2['E'][('Three','1')]  # 460
DF2['A'][('One','0')]    # 420
```

讀者應可看出為何 DF2['E'][('Three','1')] 與 DF2['A'][('One','0')] 二指令可以執行（檢視前述 index2 的結果）；或者說，此可解釋上述 DF2[('E','Three')] 指令為何無法執行。同理，叫出「列」內的元素指令為：

```
DF2.loc["Three"]
#           B     E     A
# second
# 0        500   540   480
# 1        580   460   400
DF2.loc[('Three','1')]
# B        580
# E        460
# A        400
# Name: (Three, 1), dtype: int32
```

是故，根據上述 index 的結果，應可看出 MultiIndex 指令的用處。

我們試著再叫出 DF2 內的其他元素，即：

```
DF2.loc[("Three", "1"), "A"]  # 400
DF2.loc[("Three", "1"), ["A","E"]]
# A        400
# E        460
# Name: (Three, 1), dtype: int32
#
DF2.loc[["Three","One"]]
#                  B     E     A
# first second
# Three 0         500   540   480
#       1         580   460   400
# One   0         460   560   420
#       1         540   620   480
```

```
DF2.loc[[("Three", "1"),("One", "0")]]
#               B      E      A
# first second
# Three 1       580    460    400
# One   0       460    560    420
```

我們應該可以了解上述指令的意思。讀者可思考若使用 6.1 節方法所建立的資料框是否可以用相同的指令（見例 1）。再試下列指令：

```
DF2.xs("0", level="second")
#          B     E     A
# first
# Three  500   540   480
# One    460   560   420
# Ten    560   600   480
DF2.xs("1", level="second")
#          B     E     A
# first
# Three  580   460   400
# One    540   620   480
# Ten    600   580   410
# using the slicers
DF2.loc[(slice(None), "0"), :]
#               B      E      A
# first second
# Three 0       500    540    480
# One   0       460    560    420
# Ten   0       cc560  600    480
DF2.loc[(slice(None), "1"), :]
#               B      E      A
# first second
# Three 1       580    460    400
# One   1       540    620    480
# Ten   1       600    580    410
```

上述指令是叫出「行」元素，若與 DF2 的結果比較，自然可看出其意思。

有了例如 DF2.loc[(slice(None), "1"), :] 的資料，當然可以進一步計算對應的「列」與「行」的基本敘述統計量如：

```
np.sum(DF2.loc[(slice(None), "1"), :],axis=0)
# B     1720
# E     1660
# A     1290
# dtype: int64
np.sum(DF2.loc[(slice(None), "1"), :],axis=1)
# first   second
# Three   1          1440
# One     1          1640
# Ten     1          1590
# dtype: int64
np.var(DF2.loc[(slice(None), "1"), :],axis=0)
# B      622.222222
# E     4622.222222
# A     1266.666667
# dtype: float64
np.var(DF2.loc[(slice(None), "1"), :],axis=0).loc['B'] # 622.2222222222222
```

從上述結果的「索引」欄，應該就可以看出上述指令的意思。例如：最後一個指令是計算 DF2 內索引為 "1" 的 "B" 之變異數，其餘可類推。

例 1 使用 6.1 節方法

利用 6.1 節方法，我們重新依表 6-1 建立多層次資料框如：

```
df2 = pd.DataFrame(GMAT, index=[['Three', 'Three', 'One', 'One','Ten','Ten'], \
                    [0, 1, 0, 1, 0, 1]],columns=[['B', 'E', 'A']])
df2
df2.index.names = ['first', 'second']
df2
```

讀者應可發現 df2 與上述 DF2 的結果完全相同。再試下列指令：

```
df2.loc[('Three','1')] # KeyError: '1'
df2.loc['Three'].iloc[1]
# B     580
# E     460
# A     400
```

```
# Name: 1, dtype: int32
DF2.loc[[("Three", "1"),("One", "0")]]
#                  B    E    A
# first second
# Three 1         580  460  400
# One   0         460  560  420
df2.loc[[("Three", "1"),("One", "0")]] # KeyError:
```

似乎本節所使用的方法優於 6.1 節的方法。

例2 加上名稱

我們亦可以於 DF2 加上「名稱」，試下列指令：

```
columns1 = [['F1a','F1b','F1c'],['B','E','A']]
DF1 = pd.DataFrame(GMAT, index=index, columns=columns1)
DF1.columns.names = ['factor1', 'school']
DF1
# factor1        F1a  F1b  F1c
# school          B    E    A
# first second
# Three 0        500  540  480
#       1        580  460  400
# One   0        460  560  420
#       1        540  620  480
# Ten   0        560  600  480
#       1        600  580  410
```

再試下列指令：

```
DF1['F1a']
# first  second
# Three  0        500
#        1        580
# One    0        460
#        1        540
# Ten    0        560
#        1        600
```

```
# Name: B, dtype: int32
DF1['F1a'].loc[('Three','1')]
# school
# B    580
# Name: (Three, 1), dtype: int32
DF1.loc[[("Three", "1"),("One", "0")]]
DF2.loc[[("Three", "1"),("One", "0")]]
```

因此，若非必要，加上「名稱」，反而於叫出元素時較麻煩，即「多一個名稱，多一個步驟」。

例 3　轉置的資料框

　　試下列指令：

```
DF = pd.DataFrame(GMAT.T, index=columns2, columns=index)
DF
# first  Three        One        Ten
# second   0    1    0    1    0    1
# B       500  580  460  540  560  600
# E       540  460  560  620  600  580
# A       480  400  420  480  480  410
```

顯然上述程式碼是表 6-1 的「轉置」；因此，不難透過「轉置」的方式還原，即：

```
DFT = DF.T
DFT
#               B    E    A
# first second
# Three  0     500  540  480
#        1     580  460  400
# One    0     460  560  420
#        1     540  620  480
# Ten    0     560  600  480
#        1     600  580  410
```

換言之，利用上述建立 DF 的步驟，可能得出表 6-1 的「轉置」型態；還好，使用「轉置矩陣」的方式，可得表 6-1 的結果如上述 DFT 所示。

例 4　stack(.) 與 unstack(.)

我們曾經使用過 stack(.) 與 unstack(.) 指令，我們再試試：

```
DFTS = DFT.stack()
DFTS
# first   second
# Three  0       B       500
#                E       540
#                A       480
# ······.
# ······.
# Ten    0       B       560
#                E       600
#                A       480
#        1       B       600
#                E       580
#                A       410
# dtype: int32
```

故 DFTS 相當於將 DFT 的元素「按列堆積」。再試下列指令：

```
DFTS.unstack()
DFTS.unstack(1)
# second       0    1
# first
# One     B    460  540
#         E    560  620
#         A    420  480
# Ten     B    560  600
#         E    600  580
#         A    480  410
# Three   B    500  580
#         E    540  460
#         A    480  400
DFTS.unstack(0)
# first        One  Ten  Three
# second
# 0       B    460  560  500
#         E    560  600  540
```

```
#        A   420   480   480
# 1      B   540   600   580
#        E   620   580   460
#        A   480   410   400
```

即 DFTS.unstack() 可將 DFTS 恢復為 DFT。讀者可比較上述 DFTS.unstack(1) 與 DFTS.unstack(1) 之不同。

例 5 名稱的必要性

雖說於例 2 內看不出額外加「名稱」的重要性，不過有些時候「名稱」有其存在的必要性，試下列指令：

```
col = pd.MultiIndex.from_tuples( [("北部", "貓", "長"),("南部", "貓", "長"),
        ("北部", "狗", "短"),("南部", "狗", "短"),],names=["地區", "動物", "毛長"])
np.random.seed(222)
W = np.random.choice([0,1], 16).reshape(4,4)
dfa = pd.DataFrame(W, columns=col)
dfa
# 地區 北部 南部 北部 南部
# 動物  貓  貓  狗  狗
# 毛長  長  長  短  短
# 0    0   1   1   0
# 1    0   0   0   1
# 2    0   1   1   1
# 3    1   0   0   0
```

即我們比較不同地區貓與狗的毛髮長度有何不同。此時，不同地區的名稱當然不能忽略。我們可以進一步按照「動物」與「毛髮長度」堆積，即：

```
dfa.stack(level=["動物", "毛長"])
# 地區        北部   南部
# 動物 毛長
# 0 狗 短    1.0   0.0
#   貓 長    0.0   1.0
# 1 狗 短    0.0   1.0
#   貓 長    0.0   0.0
```

```
# 2  狗  短    1.0    1.0
#    貓  長    0.0    1.0
# 3  狗  短    0.0    0.0
#    貓  長    1.0    0.0
```

例 6 **計算「分類」的敘述統計量**

續例 5，我們亦可以進一步計算「分類」的特徵：

```
dfa.groupby(level=1, axis=1).sum()  # 列加總
# 動物  狗  貓
# 0     1   1
# 1     1   0
# 2     2   1
# 3     0   1
dfa.groupby(level=0, axis=1).sum()  # 列加總
# 地區  北部  南部
# 0      1     1
# 1      0     1
# 2      1     2
# 3      1     0
```

可以留意 groupy(.) 函數指令的用法。

習題

(1) 試敘述本節所介紹建立多層次資料框的方法。

(2) 利用 multiIndex 指令，重新建立 6.1 節例 2 的資料框。

(3) 續上題，試叫出所建立的資料框內之元素。

(4) 試下列指令並列表說明 dfb：

```
col1 = pd.MultiIndex.from_tuples([("北部", "貓"),("南部", "狗"),("南部", "貓"),
        ("北部", "狗"),],names=["地區", "動物"],)
index = pd.MultiIndex.from_product(
    [("白", "灰", "黑", "黃"), ("1", "2")], names=["第 1", "第 2"] )
```

```
np.random.seed(5678)
W1 = np.random.choice([0, 1], 32).reshape(8, 4)
dfb = pd.DataFrame(W1, index=index, columns=col1)
```

(5) 續上題，試分別列出 dfb1 = dfb.iloc[[0, 1, 2, 4, 5, 7]]、dfb1.stack（"地區"）與 dfb1.stack(" 動物 ") 的結果。

(6) 續上題，試分別列出下列指令的結果，即：

```
dfb2 = dfb.iloc[[0, 1, 4, 7], [1, 2]]
dfb2.unstack()
dfb2.unstack(fill_value=-1e9)
dfb[:3].unstack(0)
dfb.stack().mean(1)
dfb.stack().mean(0)
dfb.stack().mean(1).unstack()
dfb.stack().groupby(level=1).mean()
dfb.mean().unstack(0)
# 提示：dfb2.unstack(fill_value=-1e9) 是指 NaN 值用 -1e9 值取代
```

(7) 試再解釋一次，何謂多層次資料框？

6.3 重塑型態

若讀者有做 6.2.2 節的習題，應該會發現透過 stack() 與 unstack() 指令的使用竟然可將多層次資料框轉換成更多元或更複雜的資料結構。其實不只上述二指令，之前有用過的 melt(.) 與 pivot(.) 函數指令亦有「重塑型態」的功能。

底下我們用表 6-5 內的資料說明。表 6-5 可編製成一種稱為 df 的資料框。首先試下列指令：

```
df.head(1)
#    地區  主管  種類   出貨日期      數量   單價    成本     進貨日期
# 0  東區  男   衣服   2006-12-31  12   11.04  124.89  2006-12-31
df.tail(1)
#    地區  主管  種類   出貨日期      數量   單價    成本     進貨日期
# 10 西區  女   水果   2007-10-31  15   14.0   127.6   2007-05-31
```

```
dfa = df.stack()
dfa.head()
# 0   地區                    東區
#     主管                    男
#     種類                    衣服
#     出貨日期  2006-12-31 00:00:00
#     數量                    12
# dtype: object
```

表 6-5　**一種虛構的資料框**

地區	主管	種類	出貨日期	數量	單價	成本	進貨日期
東區	男	衣服	2006-12-31	12	11.04	124.89	2006-12-31
東區	男	水果	2007-01-31	12	11.04	118.24	2006-12-31
東區	男	3C	2007-02-28	12	11.04	128.73	2006-12-31
東區	女	衣服	2007-03-31	10	12.27	121.75	2007-01-31
東區	女	水果	2007-04-30	10	12.27	120.12	2007-01-31
東區	女	3C	2007-05-31	10	12.27	126.55	2007-01-31
西區	男	衣服	2007-06-30	11	13.05	126.44	2007-03-31
西區	男	水果	2007-07-31	11	13.05	120.45	2007-03-31
西區	男	3C	2007-08-31	11	13.05	123.06	2007-03-31
西區	女	衣服	2007-09-30	15	14.00	114.03	2007-05-31
西區	女	水果	2007-10-31	15	14.00	127.60	2007-05-31

　　爲了縮短篇幅，底下我們以例如 df.head(1)、df.tail(1) 或 df.head() 指令取代「完整」的結果，詳細的結果可參考所附的程式碼。上述指令有練習 stack(.) 指令，我們再試試：

```
dfa.unstack()
dfa.unstack(1).head(1)
#      地區  主管  種類     出貨日期  數量     單價      成本          進貨日期
# 0   東區  男   衣服  2006-12-31  12   11.04   124.89   2006-12-31
dfa.unstack(0).head()
#                        0    ...                10
# 地區                  東區   ...              西區
```

```
# 主管                        男      ...              女
# 種類                      衣服      ...            水果
# 出貨日期   2006-12-31 00:00:00  ...  2007-10-31 00:00:00
# 數量                        12      ...              15
#
# [5 rows x 11 columns]
```

即 unstack() 指令的練習。

接下來，我們檢視 pivot(.) 函數指令。試下列指令：

```
df1 = df.pivot(index = '出貨日期',columns ='地區',values='成本')
df1
df1.head(1)
# 地區          東區      西區
# 出貨日期
# 2006-12-31   124.89    NaN
df1.tail(1)
# 地區          東區      西區
# 出貨日期
# 2007-10-31   NaN      127.6
df2 = df.pivot(index = '出貨日期',columns ='主管',values='成本')
df2
df2.head(1)
# 主管          女        男
# 出貨日期
# 2006-12-31   NaN     124.89
df2.tail(1)
# 主管          女        男
# 出貨日期
# 2007-10-31   127.6    NaN
```

讀者應該可以看出 pivot(.) 函數指令的功用。若無法了解，可檢視 df1 與 df2 的結果分別為何？

再練習下列指令：

```
df3 = df.pivot(index = '出貨日期',columns ='種類',values='成本')
df4 = df.pivot(index = '出貨日期',columns ='數量',values='單價')
```

```
df5 = df.pivot(index = '出貨日期',columns ='進貨日期',values='成本')
df6 = df.pivot(index = '出貨日期',columns ='單價',values='數量')
```

讀者可逐一檢視。

　　了解 pivot(.) 函數後，我們接著來看 melt(.) 函數指令。試下列指令：

```
dfm1 = pd.melt(df, id_vars=['出貨日期'], value_vars=['成本'])
dfm1
dfm1.head(1)
#         出貨日期        variable    value
# 0      2006-12-31       成本      124.89
dfm2 = pd.melt(df, id_vars=['進貨日期'], value_vars=['成本'])
dfm2
dfm2.head(1)
#         進貨日期        variable    value
# 0      2006-12-31       成本      124.89
```

　　再試試：

```
Time = pd.date_range("2008-01-01", periods=11, freq="D")
df.index = Time
dfm3 = pd.melt(df, id_vars=['出貨日期'], value_vars=['主管', '成本'], ignore_index=False)
dfm3
dfm3.head(1)
#             出貨日期        variable   value
# 2008-01-01    2006-12-31       主管       男
dfm3.tail(1)
#             出貨日期        variable   value
# 2008-01-11    2007-10-31       成本     127.6
dfm4 = pd.melt(df, id_vars=['出貨日期'], value_vars=['主管', '成本'], ignore_index=True)
dfm4
dfm4.head(1)
#             出貨日期      variable    value
# 0          2006-12-31       主管       男
dfm4.tail(1)
#             出貨日期      variable    value
# 21         2007-10-31       成本     127.6
```

可比較 dfm3 與 dfm4 的區別。

讀者再猜猜下列指令的結果：

```
dfm5 = pd.melt(df, id_vars=['主管'], value_vars=['成本'])
dfm6 = pd.melt(df, id_vars=['主管'], value_vars=['種類'])
dfm7 = pd.melt(df, id_vars=['種類'], value_vars=['主管', '成本'], ignore_index=False)
```

再來：

```
dfc = df.columns
dfc
# Index(['Region', 'Gender', 'Style', 'ShipDate', 'Units', 'Price', 'Cost',
#        'ShipDate1'],
#       dtype='object')
df.columns = [list('ABCDEFGH'), dfc]
df
df.head(1)
#                A    B    C         D        E      F       G          H
#              地區  主管  種類   出貨日期   數量   單價    成本     進貨日期
# 2008-01-01  東區  男   衣服   2006-12-31   12    11.04   124.89   2006-12-31
```

再試：

```
dfm8 = pd.melt(df, col_level=0, id_vars=['A'], value_vars=['B'])
dfm9 = pd.melt(df, col_level=1, id_vars=['地區'], value_vars=['主管'])
dfm10 = pd.melt(df, id_vars=[('D', '出貨日期')], value_vars=[('G', '成本')])
dfm10

dfm10.head(2)
#    (D, 出貨日期)   variable_0   variable_1   value
# 0   2006-12-31        G            成本      124.89
# 1   2007-01-31        G            成本      118.24
```

不能怪 Python 或筆者「多事」，實際社會不是有可能存在上述情況嗎？例如：嘗試解釋上述 dfm10 的結果。

最後，我們來看 pivot_table(.) 函數指令 [4]。試下列指令：

```
df.columns = dfc
dfpt1 = pd.pivot_table(df, values="成本", index=["出貨日期", "地區"], columns=["單
價"])
dfpt1
dfpt1.head(2)
# 單價                    11.04    12.27   13.05   14.00
# 出貨日期        地區
# 2006-12-31    東區   124.89    NaN     NaN     NaN
# 2007-01-31    東區   118.24    NaN     NaN     NaN
dfpt1.tail(2)
# 單價                    11.04   12.27   13.05   14.00
# 出貨日期        地區
# 2007-09-30    西區   NaN     NaN     NaN    114.03
# 2007-10-31    西區   NaN     NaN     NaN    127.60
```

我們可看出 df 已轉換成一種多階層資料框。再試下列指令：

```
dfpt2 = pd.pivot_table(df, values="成本", index=["出貨日期", "地區",'種類'],
       columns=["主管",'單價'])
dfpt2
dfpt2.head()
# 主管                        女                    男
# 單價                  12.27   13.05  14.00   11.04    13.05
# 出貨日期   地區  種類
# 2006-12-31  東區  衣服    NaN     NaN    NaN    124.89    NaN
# 2007-01-31  東區  水果    NaN     NaN    NaN    118.24    NaN
# 2007-02-28  東區  3C      NaN     NaN    NaN    128.73    NaN
# 2007-03-31  東區  衣服   121.75   NaN    NaN     NaN      NaN
# 2007-04-30  東區  水果   120.12   NaN    NaN     NaN      NaN
dfpt2['男'].head(2)
# 單價                  11.04   13.05
# 出貨日期   地區  種類
# 2006-12-31  東區  衣服   124.89    NaN
# 2007-01-31  東區  水果   118.24    NaN
```

[4] Pivot table 的中文可譯成「透視表」或「樞紐分析」。

pivot_table(.) 函數指令的確頗吸引人。試檢視下列指令結果：

```
dfpt3 = pd.pivot_table(df, values="成本", index=["出貨日期", "地區"], columns=["數量"])
dfpt4 = pd.pivot_table(df, values="單價", index=["出貨日期", "地區"], columns=["主管"])
dfpt5 = pd.pivot_table(df, values="單價", index=["出貨日期", "地區",'種類'], columns=["主管"])
```

再試：

```
dfpt6 = df.pivot_table(index=["主管", "地區"], columns=["單價",'數量'],
                       margins=True, aggfunc=np.sum)
dfpt6
```

#		成本					
# 單價		11.04	12.27	13.05		14.0	All
# 數量		12	10	10		11	15
# 主管	地區						
# 女	東區	NaN	241.87	126.55	NaN	NaN	368.42
#	西區	NaN	NaN	NaN	NaN	241.63	241.63
# 男	東區	371.86	NaN	NaN	NaN	NaN	371.86
#	西區	NaN	NaN	NaN	369.95	NaN	369.95
# All		371.86	241.87	126.55	369.95	241.63	1351.86

可以注意最右側與最後一列的 All，此分別計算列加總與行加總，其中加總是因 aggfunc=np.sum，我們當然也可計算其他敘述統計量。

再練習看看：

```
dfpt7 = df.pivot_table(index=["主管", "地區"], columns="單價", margins=True,
aggfunc=np.sum)
dfpt7
```

#		成本					數量				
# 單價		11.04	12.27	13.05	14.0	All	11.04	12.27	13.05	14.0	All
# 主管	地區										
# 女	東區	NaN	241.87	126.55	NaN	368.42	NaN	20.0	10.0	NaN	30
#	西區	NaN	NaN	NaN	241.63	241.63	NaN	NaN	NaN	30.0	30
# 男	東區	371.86	NaN	NaN	NaN	371.86	36.0	NaN	NaN	NaN	36
#	西區	NaN	NaN	369.95	NaN	369.95	NaN	NaN	33.0	NaN	33
# All		371.86	241.87	496.50	241.63	1351.86	36.0	20.0	43.0	30.0	129

是否可看出上述 dfpt6 與 dfpt7 結果之不同？就表 6-5 內部的資料而言，其實只有數量、單價與成本變數的結果屬於數值，故上述 df.pivot_table(.) 函數內的 columns，若只列其中一種數值變數，則 df.pivot_table(.) 函數的結果會列出其餘數值變數，依此類推。

例1　模擬的時間序列資料框

試下列指令：

```
def Frame(N, d): # d:Date
    K = 4
    X = np.array(norm.rvs(0, 1, N*K)).reshape(N, K)
    index = pd.date_range(d, periods=N, freq="D")
    frame = pd.DataFrame(X, columns=['A', 'B', 'C', 'D'], index = index)
    return frame
```

Frame(.) 是我們自設的函數指令，其可模擬出含有時間序列的 4 欄標準常態分配觀察值的資料框。我們嘗試使用 Frame(.) 函數指令，即：

```
np.random.seed(1234)
frame = Frame(3, '2021-05-01')
frame
#                    A          B          C          D
# 2021-05-01   1.318152  -0.469305   0.675554  -1.817027
# 2021-05-02  -0.183109   1.058969  -0.397840   0.337438
# 2021-05-03   1.047579   1.045938   0.863717  -0.122092
```

讀者可以嘗試更改 Frame(.) 函數的內容。

例2　追蹤資料

續例 2，有了 Frame(.) 函數，我們可以進一步建立追蹤資料如：

```
def Panel(frame):
    N, K = frame.shape
    data = {
        "Values": frame.to_numpy().ravel("F"),
```

```
        "Variables": np.array(frame.columns).repeat(N),
        "Date": np.tile(np.array(frame.index), K),
    }
    return pd.DataFrame(data, columns=["Date", "Variables", "Values"])
```

Panel(.) 亦是一種自設的函數，我們說明如何使用。試下列指令：

```
np.random.seed(5678)
dft = Panel(Frame(2,'2021-05-01'))
dft
#        date  variable       value
# 0  2021-05-01     A     -0.709789
# 1  2021-05-02     A     -1.377454
# 2  2021-05-01     B     -0.017191
# 3  2021-05-02     B      1.949981
# 4  2021-05-01     C      0.319411
# 5  2021-05-02     C     -0.563810
# 6  2021-05-01     D     -2.265331
# 7  2021-05-02     D     -0.843738
```

上述 dft 就是一種追蹤資料，可以注意其排列方式。

例 3　6.1 節的追蹤資料例子

我們再考慮 6.1 節的例 3，可得：

```
dfp.head(2)
#               Au_An    Au_Ho     Br_An    Br_Ho
# 2006-01-01  23826.637   12.060  2032.8730    0.87
# 2007-01-01  24616.844   12.457  2164.8611    0.92
```

即 dfp 表示 6.1 節內的追蹤資料。利用前述的 Panel(.) 函數，可得：

```
P1 = Panel(dfp)
P1
P1.head(3)
#        date   variable       value
```

```
# 0    2006-01-01       Au_An       23826.637
# 1    2007-01-01       Au_An       24616.844
# 2    2008-01-01       Au_An       24185.703
P1.tail(3)
#              date     variable    value
# 41   2014-01-01       Br_Ho       1.21
# 42   2015-01-01       Br_Ho       1.21
# 43   2016-01-01       Br_Ho       1.24
```

讀者可想像 P1 的結果。

　　接下來使用 pivot(.) 函數指令，可得：

```
P1.pivot(index="date", columns="variable", values="value")
# variable          Au_An     Au_Ho        Br_An     Br_Ho
# date
# 2006-01-01    23826.637    12.060    2032.8730      0.87
# 2007-01-01    24616.844    12.457    2164.8611      0.92
# ……
# 2015-01-01    25349.900    12.832    2842.2820      1.21
# 2016-01-01    25643.729    12.981    2919.0239      1.24
```

即透過 pivot(.) 函數指令可將上述的 P1 轉換成 dfp。

例 4　使用 melt(.) 函數

　　續例 3，試下列指令：

```
D1 = pd.melt(dfp.reset_index(), id_vars=['index'], value_vars=['Au_An', 'Au_Ho', 'Br_
An','Br_Ho'])
D1
D1.head(3)
#              index    variable         value
# 0    2006-01-01       Au_An       23826.637
# 1    2007-01-01       Au_An       24616.844
# 2    2008-01-01       Au_An       24185.703
D1.tail(3)
#              index    variable    value
# 41   2014-01-01       Br_Ho       1.21
```

```
# 42    2015-01-01      Br_Ho    1.21
# 43    2016-01-01      Br_Ho    1.24
```

即透過 melt(.) 函數指令可將追蹤資料如 **dfp** 轉換成以另一種方式如上述之 P1 表示；
換言之，melt(.) 函數與上述 Panel(.) 函數的結果非常類似。

再來：

```
iter1 = [['Australia', 'Brazil'], time.repeat(2)]
index4 = pd.MultiIndex.from_product(iter1, names=["first", "second"])
D1.index = index4
D1
#                         index variable      value
# first        second
# Australia 2006-01-01 2006-01-01    Au_An   23826.6370
#           2006-01-01 2007-01-01    Au_An   24616.8440
#           2007-01-01 2008-01-01    Au_An   24185.7030
#           2007-01-01 2009-01-01    Au_An   24496.8380
# ....
#           2016-01-01 2015-01-01    Au_Ho      12.8320
#           2016-01-01 2016-01-01    Au_Ho      12.9810
# Brazil    2006-01-01 2006-01-01    Br_An    2032.8730
#           2006-01-01 2007-01-01    Br_An    2164.8611
#           2007-01-01 2008-01-01    Br_An    2250.1780
# ....
#           2016-01-01 2015-01-01    Br_Ho       1.2100
#           2016-01-01 2016-01-01    Br_Ho       1.2400
```

最後，我們將 D1 改成多層次資料框如；

```
iter1 = [['Australia', 'Brazil'], np.arange(0, 22)]
index4 = pd.MultiIndex.from_product(iter1, names=["first", 'second'])
D1.index = index4
D1
D1.head(3)
#                   index     variable      value
# first      second
# Australia    0     2006-01-01    Au_An   23826.637
```

```
#              1      2007-01-01    Au_An   24616.844
#              2      2008-01-01    Au_An   24185.703
D1.tail(3)
#                        index    variable  value
# first   second
# Brazil   19      2014-01-01    Br_Ho    1.21
#          20      2015-01-01    Br_Ho    1.21
#          21      2016-01-01    Br_Ho    1.24
```

即 D1 已成爲一種多層次追蹤資料。

習題

(1) 試解釋 df.stack() 與 df.unstack() 的意思。

(2) 續上題，試解釋 df.stack().unstack()、df.stack().unstack(1) 與 df.stack().unstack(0) 的意思。

(3) pivot(.) 函數的意義爲何？試解釋之。

(4) melt(.) 函數的意義爲何？試解釋之。

(5) pivot(.) 與 melt(.) 二函數之間的關係爲何？試解釋之。

(6) 試自行設計一個能模擬週頻率的資料框。假定模擬出的資料框稱爲 **A**。

(7) 續上題，將 **A** 轉換成一種追蹤資料型態，令後者爲 PanelW。

(8) 續上題，叫出 PanelW 內的元素。

(9) 續上題，PanelW 是否可以恢復爲 **A**？如何做？

(10) 試敘述如何建立追蹤資料。

Chapter 7

資料框的合併

　　本章將介紹不同資料框的合併，如同矩陣的合併，不同資料框之間亦可以進行合併。我們將介紹模組（pandas）內的 concat(.)、merge(.) 以及 join(.) 等函數指令，詳細的介紹則可以參考使用手冊（版本 1.2.4）[1]。

　　我們先來看本書所使用模組（pandas）的版本：

```
pd.show_versions()
print(pd.__version__) # 1.1.3
```

即模組（pandas）的版本爲 1.1.3。

7.1 使用 concat(.) 函數

　　我們介紹 concat(.) 函數指令。檢視圖 7-1，根據該圖，我們應該不難得到圖內 df1、df2 以及 df3 等三個資料框，接著試下列指令：

```
frames1 = [df1, df2, df3]
re1 = pd.concat(frames1)
```

---

[1] 可參考 https://pandas.pydata.org/pandas-dosc/stable/user_guide/merging.html。

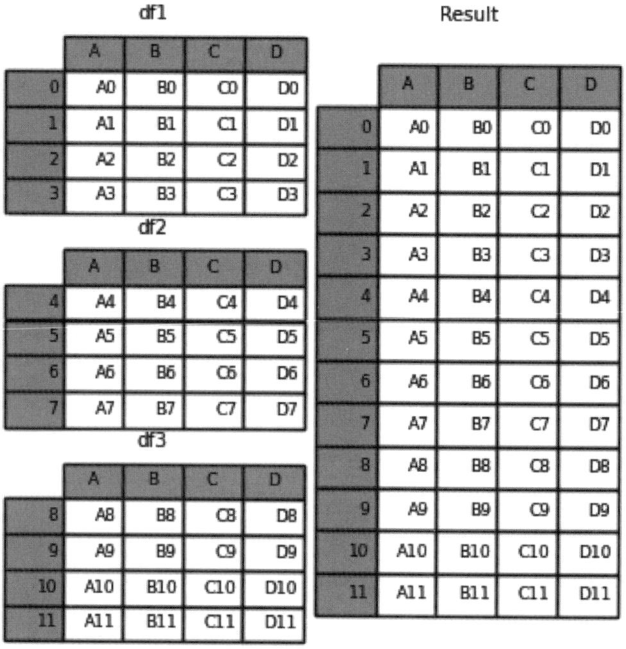

圖 7-1 列合併

即 re1 就是圖 7-1 內的 Result（詳細的指令可參考所附程式碼）；換言之，圖 7-1 就是 df1、df2 以及 df3 等三個資料框之間的「列」合併，其亦可用：

```
re2 = pd.concat(frames1, axis=0)
```

表示。至於「行」合併呢？試下列指令：

```
re3 = pd.concat(frames1, axis=1)
re3
#      A    B    C    D    A    B    C    D    A    B    C    D
# 0   A0   B0   C0   D0  NaN  NaN  NaN  NaN  NaN  NaN  NaN  NaN
# ......
# 3   A3   B3   C3   D3  NaN  NaN  NaN  NaN  NaN  NaN  NaN  NaN
# 4  NaN  NaN  NaN  NaN   A4   B4   C4   D4  NaN  NaN  NaN  NaN
# ......
# 7  NaN  NaN  NaN  NaN   A7   B7   C7   D7  NaN  NaN  NaN  NaN
# 8  NaN  NaN  NaN  NaN  NaN  NaN  NaN  NaN   A8   B8   C8   D8
# ......
# 11 NaN  NaN  NaN  NaN  NaN  NaN  NaN  NaN  A11  B11  C11  D11
```

可比較 re2 與 re3 之不同。

　　上述 df1、df2 以及 df3 的索引欄並不相同，但是若索引欄有相同呢？試下列指令：

```
df4 = pd.DataFrame({ "B": ["B2", "B3", "B6", "B7"],"D": ["D2", "D3", "D6", "D7"],
                     "F": ["F2", "F3", "F6", "F7"], },index=[2, 3, 6, 7])
df4
#     B    D    F
# 2   B2   D2   F2
# 3   B3   D3   F3
# 6   B6   D6   F6
# 7   B7   D7   F7
```

即 df4 的索引欄有部分與 df1 與 df2 重疊。我們來看 df1 與 df4 之間的行與列合併，即：

```
re7 = pd.concat([df1, df4], axis=1)
re7
#     A    B    C    D    B    D    F
# 0   A0   B0   C0   D0   NaN  NaN  NaN
# 1   A1   B1   C1   D1   NaN  NaN  NaN
# 2   A2   B2   C2   D2   B2   D2   F2
# 3   A3   B3   C3   D3   B3   D3   F3
# 6   NaN  NaN  NaN  NaN  B6   D6   F6
# 7   NaN  NaN  NaN  NaN  B7   D7   F7
re8 = pd.concat([df1, df4], axis=0)
re8
#     A    B    C    D    F
# 0   A0   B0   C0   D0   NaN
# 1   A1   B1   C1   D1   NaN
# 2   A2   B2   C2   D2   NaN
# 3   A3   B3   C3   D3   NaN
# 2   NaN  B2   NaN  D2   F2
# 3   NaN  B3   NaN  D3   F3
# 6   NaN  B6   NaN  D6   F6
# 7   NaN  B7   NaN  D7   F7
```

面對上述 re7 與 re8，我們有「精簡版」，試下列指令：

```
re7a = pd.concat([df1, df4], axis=1, join="inner") # intersection
re7a
#     A   B   C   D   B   D   F
# 2   A2  B2  C2  D2  B2  D2  F2
# 3   A3  B3  C3  D3  B3  D3  F3
re8a = pd.concat([df1, df4], axis=0, join="inner") # intersection
re8a
#     B   D
# 0   B0  D0
# 1   B1  D1
# 2   B2  D2
# 3   B3  D3
# 2   B2  D2
# 3   B3  D3
# 6   B6  D6
# 7   B7  D7
```

即 re7a 相當於 re7 內部的「交集」（即相當於除去有 NaN 值的整列），其是於 concat(.) 函數內使用 "join=inner" 指令；同理，re8a 與 re8 之間的關係可類推。再試下列指令：

```
re10 = pd.concat([df1, df4], axis=1, join="outer") # union
re10a = pd.concat([df1, df4], axis=0, join="outer") # union
```

其結果分別等於 re7 與 re8；換言之，"join=outer" 指令為 concat(.) 函數內的預設值（可省略），其相當於保留不同資料框的所有元素，故相當於「聯集」。

上述的列合併亦可合併成一種多層次資料框如圖 7-2 所示，其對應的指令為：

```
re6 = pd.concat(frames1, keys=["x", "y", "z"])
p1 = {"x": df1, "y": df2, "z": df3}
re6a = pd.concat(p1)
```

即 re6 與 re6a 的結果皆是圖 7-2，讀者可檢視看看。我們亦可叫出 re6 或 re6a 內的元素，例如：

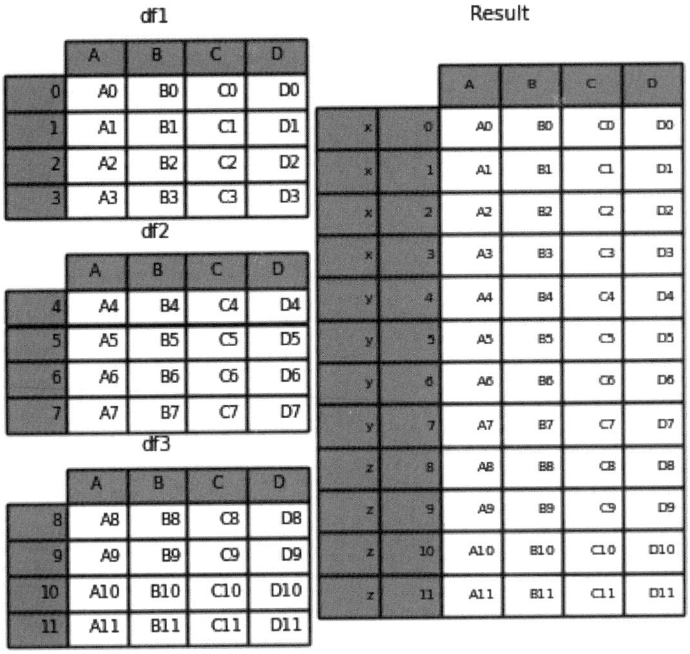

圖 7-2　合併成多層次資料框

```
re6.loc["y"]
#    A   B   C   D
# 4  A4  B4  C4  D4
# 5  A5  B5  C5  D5
# 6  A6  B6  C6  D6
# 7  A7  B7  C7  D7
```

讀者可嘗試叫出其他元素。

　　除了不同資料框之間的合併之外，concat(.) 函數亦可執行資料框與序列以及不同序列之間的合併。試下列指令：

```
s1 = pd.Series(["X0", "X1", "X2", "X3"], name="X")
re17 = pd.concat([df1, s1], axis=1)
re17
#    A   B   C   D   X
# 0  A0  B0  C0  D0  X0
# 1  A1  B1  C1  D1  X1
# 2  A2  B2  C2  D2  X2
```

```
# 3   A3   B3   C3   D3   X3
s3 = pd.Series([0, 1, 2, 3], name = "Y")
s4 = pd.Series([0, 1, 2, 3], name = "Z")
s5 = pd.Series([0, 1, 4, 5])
pd.concat([s3, s4, s5], axis=1)
#    Y   Z   0
# 0  0   0   0
# 1  1   1   1
# 2  2   2   4
# 3  3   3   5
```

讀者進一步可檢視下列指令：

```
re18 = pd.concat([s3, s4, s5], axis=0)
pd.concat([df1, s1], axis=0)
#     A     B     C     D     0
# 0   A0    B0    C0    D0    NaN
# 1   A1    B1    C1    D1    NaN
# 2   A2    B2    C2    D2    NaN
# 3   A3    B3    C3    D3    NaN
# 0   NaN   NaN   NaN   NaN   X0
# 1   NaN   NaN   NaN   NaN   X1
# 2   NaN   NaN   NaN   NaN   X2
# 3   NaN   NaN   NaN   NaN   X3
pd.concat([df1, re18], axis=0)
```

即型態不同亦可進行合併。

再試下列指令：

```
re6b = pd.concat([s3, s4, s5], axis=1, keys=["red", "blue", "yellow"])
re6b
#    red   blue   yellow
# 0   0     0       0
# 1   1     1       1
# 2   2     2       4
# 3   3     3       5
re6c = pd.concat([s3, s4, s5], axis=0, keys=["red", "blue", "yellow"])
re6c
```

```
# red     0   0
#         1   1
#         2   2
#         3   3
# blue    0   0
#         1   1
#         2   2
#         3   3
# yellow  0   0
#         1   1
#         2   4
#         3   5
# dtype: int64
```

讀者猜猜下列的結果為何？即：

```
re6d = pd.concat(frames1, axis = 1, keys=["x", "y", "z"])
re6d
```

re6d 的結果是一種名稱有多層次的資料框，檢視看看。

例 1　使用 append(.) 函數指令

其實利用 append(.) 函數，我們亦可以執行列合併，檢視下列指令：

```
re13 = df1.append(df2)
re13
#    A   B   C   D
# 0  A0  B0  C0  D0
# 1  A1  B1  C1  D1
# 2  A2  B2  C2  D2
# 3  A3  B3  C3  D3
# 4  A4  B4  C4  D4
# 5  A5  B5  C5  D5
# 6  A6  B6  C6  D6
# 7  A7  B7  C7  D7
re13a = df1.append(df4, sort=False)
re13a
```

```
#      A    B    C    D    F
# 0   A0   B0   C0   D0   NaN
# 1   A1   B1   C1   D1   NaN
# 2   A2   B2   C2   D2   NaN
# 3   A3   B3   C3   D3   NaN
# 2   NaN  B2   NaN  D2   F2
# 3   NaN  B3   NaN  D3   F3
# 6   NaN  B6   NaN  D6   F6
# 7   NaN  B7   NaN  D7   F7
re13b = df1.append(df4, sort=True)
re13b
```

再試：

```
re14 = df1.append([df2, df3])
re14
```

圖 7-1 的結果亦可用 re14 表示。

就 re13 而言，我們亦可以忽略索引欄，即：

```
re16 = df1.append(df4, ignore_index=True, sort=False)
re16
#      A    B    C    D    F
# 0   A0   B0   C0   D0   NaN
# 1   A1   B1   C1   D1   NaN
# 2   A2   B2   C2   D2   NaN
# 3   A3   B3   C3   D3   NaN
# 4   NaN  B2   NaN  D2   F2
# 5   NaN  B3   NaN  D3   F3
# 6   NaN  B6   NaN  D6   F6
# 7   NaN  B7   NaN  D7   F7
```

同理，concat(.) 函數指令亦有上述功能，試下列指令：

```
re15 = pd.concat([df1, df4], ignore_index=True, sort=False)
re15
```

226

即 r15 與 r16 的結果完全相同。

例 2 TWI 與道瓊指數的合併

試下列指令：

```
import yfinance as yf
TWI = yf.download("^TWII", start="2000-01-01", end="2019-07-31")
TWI.columns # Index(['Open', 'High', 'Low', 'Close', 'Adj Close', 'Volume'], dtype='object')
len(TWI) # 4816
DJI = yf.download("^DJI", start="2000-01-01", end="2019-07-31")
len(DJI) # 4925
```

透過模組（yfinance），我們可以下載 TWI 與道瓊（Dow Jones, Dow）指數的歷史資料如上述 TWI 與 DJI 所示，其中前者有 4,816 列而後者則有 4,925 列。

我們嘗試將上述 TWI 與 DJI 資料合併，試下列指令：

```
All = pd.concat([DJI, TWI])
All.columns # Index(['Open', 'High', 'Low', 'Close', 'Adj Close', 'Volume'], dtype='object')
len(All) # 9741
All1 = pd.concat([DJI, TWI], axis=1)
All1
All1.columns
# Index(['Open', 'High', 'Low', 'Close', 'Adj Close', 'Volume', 'Open', 'High',
#        'Low', 'Close', 'Adj Close', 'Volume'],
#        dtype='object')
len(All1) # 5082
```

從上述指令的結果應可知道何者屬於列合併？何者屬於行合併？

例 3 續例 2

試下列指令：

```
All2 = pd.concat([DJI, TWI], axis = 1, keys=["Dow", "Twi"])
All2
```

```
All2.columns
# MultiIndex([('Dow',      'Open'),
#             ('Dow',      'High'),
#             ('Dow',       'Low'),
#             ('Dow',     'Close'),
# ......
#             ('Twi',     'Close'),
#             ('Twi', 'Adj Close'),
#             ('Twi',    'Volume')],
#             )
All2.index
# DatetimeIndex(['1999-12-31', '2000-01-03', '2000-01-04', '2000-01-05',
#                '2000-01-06', '2000-01-07', '2000-01-10', '2000-01-11',
#                '2000-01-12', '2000-01-13',
#                ...
#                '2019-07-17', '2019-07-18', '2019-07-19', '2019-07-22',
#                '2019-07-23', '2019-07-24', '2019-07-25', '2019-07-26',
#                '2019-07-29', '2019-07-30'],
#                dtype='datetime64[ns]', name='Date', length=5082, freq=None)
All3 = pd.concat([DJI,TWI], axis = 0, keys=["Dow", "Twi"])
All3
All3.columns # Index(['Open', 'High', 'Low', 'Close', 'Adj Close', 'Volume'], dtype='object')
All3.index.levels
# FrozenList([['Dow', 'Twi'], [1999-12-31 00:00:00, 2000-01-03 00:00:00, 2000-01-04 00:00:00, ...
#                              2000-05-16 00:00:00, 2000-05-17 00:00:00, 2000-05-18 00:00:00, ...]])
```

可以留意的是，此時 All2 與 All3 皆是一種多層次資料框。事實上，若與上述的 All
與 All1 比較，顯然 All2 與 All3 的設定較符合實際（畢竟 TWI 與 DJI 有相同的行
名稱）。

例 4　TWI 與 DJI 的收盤價合併

　　續例 3，我們嘗試 TWI 與 DJI 內的收盤價合併。如前所述，TWI 與 DJI 有相
同的行名稱，故需要變更其中之一。試下列指令：

```
TWI1 = TWI.rename(columns={'Close':'St'})
TWI1.columns # Index(['Open', 'High', 'Low', 'St', 'Adj Close', 'Volume'], dtype='object')
```

即變更 TWI 的收盤價（Close）為 St。再試下列指令：

```
All2a = pd.concat([DJI,TWI1], axis = 1, keys=["Dow", "Twi"])
All2a.columns
# MultiIndex([('Dow',        'Open'),
#            ('Dow',        'High'),
#            ('Dow',         'Low'),
#            ('Dow',       'Close'),
#            ('Dow',   'Adj Close'),
#            ('Dow',      'Volume'),
#            ('Twi',        'Open'),
#            ('Twi',        'High'),
#            ('Twi',         'Low'),
#            ('Twi',          'St'),
#            ('Twi',   'Adj Close'),
#            ('Twi',      'Volume')],
#            )
```

可以留意（'Dow', 'Close'）與（'Twi', 'St'）的配對。再試：

```
TwiC = All2a.Twi.St
DowC = All2a.Dow.Close
re20 = pd.concat([TwiC, DowC], axis=1).reindex(TWI.index)
re20
```

即將 TwiC 與 DowC 進行行合併，不過因日期不一致，故透過 reindex(.) 函數指令可重新定義索引欄，即上述 r20 是根據 TWI 的索引日期定義。

檢視下列結果：

```
re20.head()
#                    St          Close
# Date
# 2000-01-04  8756.549805  10997.929688
# 2000-01-05  8849.870117  11122.650391
# 2000-01-06  8922.030273  11253.259766
# 2000-01-07  8849.870117  11522.559570
```

```
# 2000-01-10    9102.599609    11572.200195
DJI['Close'].head()
# Date
# 1999-12-31      11497.120117
# 2000-01-03      11357.509766
# 2000-01-04      10997.929688
# 2000-01-05      11122.650391
# 2000-01-06      11253.259766
# Name: Close, dtype: float64
TWI['Close'].head()
# Date
# 2000-01-04      8756.549805
# 2000-01-05      8849.870117
# 2000-01-06      8922.030273
# 2000-01-07      8849.870117
# 2000-01-10      9102.599609
# Name: Close, dtype: float64
```

即將相同的日期的收盤價合併（按照 TWI 的日期）。因 r20 內有 NaN 值，故再除去 NaN 值可得：

```
re20a = re20.dropna()
x = re20.St
y = re20.Close
len(x) # 4816
len(y) # 4816
x1 = re20a.St
y1 = re20a.Close
len(x1) # 4659
len(y1) # 4659
```

因此，上述 reindex(.) 是一個重要或有用的函數指令，即若無該函數指令，我們如何找出相同日期的收盤價（畢竟 TWI 與 Dow 的休市日並不一致）？

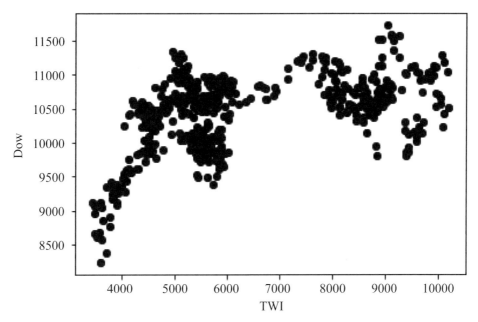

圖 7-3　TWI 與 Dow **收盤價之間的散佈圖**（前面 500 **個資料**）

例5　**散佈圖**

　　續例 4，我們進一步繪製出 TWI 與 Dow 收盤價之間的散佈圖（scatter diagram）如圖 7-3 所示。散佈圖將於第 9 章說明。我們可以進一步計算上述收盤價的相關係數約為 0.84（所有的樣本數），顯示出二者的相關程度並不低。

例6　join = 'inner' **指令的功能**

　　續例 4，除了使用 reindex(.) 函數指令外，其實亦可以於 concat(.) 函數內使用 "join = 'inner'" 指令。例如：前述 TWI 與 Dow 的收盤價皆各有 5,082 個觀察值，不過因「開市」日期未必一致，故並不容易進一步分析上述收盤價之間的關係。我們的確需要具有相同日期的 TWI 與 Dow 的收盤價資料，故試下列指令：

```
re22 = pd.concat([TwiC, DowC], axis=1, join='inner')
re22a = re22.dropna()
re22a.head()
#                      St          Close
# Date
# 2000-01-04   8756.549805   10997.929688
```

```
# 2000-01-05    8849.870117    11122.650391
# 2000-01-06    8922.030273    11253.259766
# 2000-01-07    8849.870117    11522.559570
# 2000-01-10    9102.599609    11572.200195
TwiC.head()
# Date
# 1999-12-31              NaN
# 2000-01-03              NaN
# 2000-01-04       8756.549805
# 2000-01-05       8849.870117
# 2000-01-06       8922.030273
# Name: St, dtype: float64
DowC.head()
# Date
# 1999-12-31    11497.120117
# 2000-01-03    11357.509766
# 2000-01-04    10997.929688
# 2000-01-05    11122.650391
# 2000-01-06    11253.259766
# Name: Close, dtype: float64
len(re22a)  # 4659
```

故刪除日期不一致以及 NaN 值後，re22a 內已有日期相同的收盤價二序列，而每序列共有 4,659 個觀察值。圖 7-4 進一步繪製出 re22a 內收盤價的時間走勢，不過為了能繪製於同一圖內，收盤價序列皆用對數值表示。

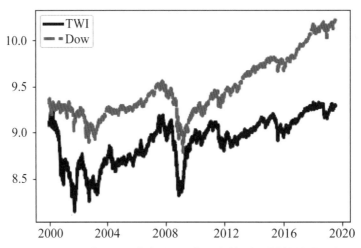

圖 7-4　TWI 與 Dow 收盤價的時間走勢（用對數值表示）

習題

(1) 不同的資料框如何合併成一種多層次的資料框？試解釋之。

(2) 利用下列的函數（取自第 6 章），我們可以模擬出內含標準常態分配觀察值的資料框，即：

```
def Frame(N, d): # d:Date
    K = 4
    X = np.array(norm.rvs(0, 1, N*K)).reshape(N, K)
    index = pd.date_range(d, periods=N, freq="D")
    frame = pd.DataFrame(X, columns=['A', 'B', 'C', 'D'], index = index)
    return frame
```

　　若 N = 4 與 d = '2021-05-01'，則 Frame(N, d) 的結果為何？

(3) 續上題，再模擬出 Frame(N, '2021-05-05') 與 Frame(N, '2021-05-09') 的觀察值，將上述三個資料框執行列合併。

(4) 續上題，上述三個資料框進行行合併。

(5) 續上題，d = ['2021-05-03', '2021-05-04', '2021-05-13', '2021-05-14']，令 Df4 = Frame(4, d)，則 Df4 的結果為何？

(6) 續上題，於 Df4 內刪除 A 行並更改 C 行的名稱為 F，令題 (2) 的結果為 Df1，則 Df1 與 Df4 之間的列與行合併分別為何？

(7) 續上題，若使用 'join = inner'，則 Df1 與 Df4 之間的列與行合併分別為何？

(8) 多層次資料框應可分成三類：多層次索引、多層次名稱以及多層次索引與名稱資料框。試各舉一例說明。提示：

```
DF2.head()
#                             h                     i   ...       j
#                             A     B     C     D   A   ...   D   A   B   C   D
# first second third                                     ...
# W      x       2021-05-01  0.47 -1.19  1.43 -0.31 NaN  ...  NaN NaN NaN NaN NaN
#                2021-05-05 -0.72  0.89  0.86 -0.64 NaN  ...  NaN NaN NaN NaN NaN
#                2021-05-09  0.02 -2.24  1.15  0.99 NaN  ...  NaN NaN NaN NaN NaN
#        z       2021-05-01  0.95 -2.02 -0.33  0.00 NaN  ...  NaN NaN NaN NaN NaN
#                2021-05-05  NaN   NaN   NaN   NaN -0.71 ... -2.27 NaN NaN NaN NaN
#
# [5 rows x 12 columns]
```

(9) 利用例 4 內的收盤價資料，試以 Dow 的索引合併 TWI 與 Dow 的日對數報酬率資料。

(10) 續上題，試繪製出日對數報酬率資料之間的散佈圖並計算對應的相關係數。
提示：可以參考圖 7a。

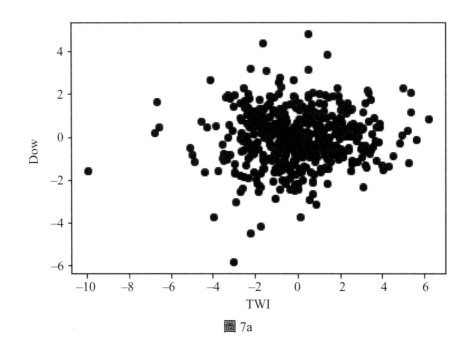

圖 7a

(11) 試敘述 reindex(.) 函數指令的用處。

(12) 於 concat(.) 函數內使用 join = 'inner' 與 join = 'outer' 指令有何用處？試解釋之。

7.2 使用 merge(.) 函數

現在我們來看 merge(.) 函數指令的用法，試下列指令：

```
re1 = pd.DataFrame({'學生':['林1','陳2','王3','葉4'],
                    '學號':[5,6,51,32]})
re2 = pd.DataFrame({'學生':['林1','葉4','陳2','王3'],
                    '系別':['財金','財金','經濟','會計']})
re3 = pd.merge(re1,re2)
re3
#    學生  學號  系別
```

```
# 0  林 1    5    財金
# 1  陳 2    6    經濟
# 2  王 3    51   會計
# 3  葉 4    32   財金
re3a = pd.merge(re1, re2, on='學生')
re3a
#    學生  學號  系別
# 0  林 1    5    財金
# 1  陳 2    6    經濟
# 2  王 3    51   會計
# 3  葉 4    32   財金
```

可以看出 merge(.) 函數指令係針對相同行名稱合併，即上述 re1 與 re2 內皆有「學生」欄，透過 merge(.) 函數指令可以「串聯」；比較 re3 與 re3a，可知預設值爲何？因此，merge(.) 函數指令可以進行「1-1（1 對 1）」的連接。例如：再試下列指令：

```
re2a = pd.DataFrame({'學生':['林 1','李 4','陳 2','王 3'],
                '系別':['財金','財金','經濟','會計']})
re3b = pd.merge(re1, re2a)
re3b
#    學生  學號  系別
# 0  林 1    5    財金
# 1  陳 2    6    經濟
# 2  王 3    51   會計
```

顯然「李 4」無法連接。

我們可以看出 merge(.) 與 concat(.) 函數指令之不同，例如：

```
Df = pd.concat([re1, re2], axis=1)
Df
#    學生  學號  學生  系別
# 0  林 1    5    林 1  財金
# 1  陳 2    6    葉 4  財金
# 2  王 3    51   陳 2  經濟
# 3  葉 4    32   王 3  會計
Df1 = pd.concat([re1, re2a], axis=1)
Df1
```

```
#     學生   學號   學生   系別
# 0  林 1     5    林 1   財金
# 1  陳 2     6    李 4   財金
# 2  王 3    51    陳 2   經濟
# 3  葉 4    32    王 3   會計
```

是故，merge(.) 函數指令有「對應」的味道，至於 concat(.) 函數指令則屬於純粹的合併。

　　除了 1-1 之外，merge(.) 函數指令亦可能存在「1- 多」或「多 -1」的情況，例如：

```
re4 = pd.DataFrame({' 系別 ':[' 財金 ',' 統計 ',' 經濟 ',' 企管 '],
                    ' 系主任 ':['A','B','K','J']})
re5 = pd.merge(re2, re4)
re5
#     學生   系別   系主任
# 0  林 1    財金    A
# 1  葉 4    財金    A
# 2  陳 2    經濟    K
re6 = pd.DataFrame({' 系別 ':[' 財金 ',' 會計 ',' 統計 ',' 經濟 ',' 企管 '],
                    ' 教室 ':[' 一樓 ',' 二樓 ',' 三樓 ',' 四樓 ',' 五樓 ']})
re7 = pd.merge(re2, re6)
re7
#     學生   系別   教室
# 0  林 1    財金    一樓
# 1  葉 4    財金    一樓
# 2  陳 2    經濟    四樓
# 3  王 3    會計    二樓
re7a = pd.merge(re4, re6)
re7a
#     系別 系主任  教室
# 0  財金    A     一樓
# 1  統計    B     三樓
# 2  經濟    K     四樓
# 3  企管    J     五樓
re2b = pd.DataFrame({' 系主任 ':['A','A','K','C'],
                     ' 系別 ':[' 財金 ',' 財金 ',' 經濟 ',' 會計 '],
                     ' 學生 ':[' 林 1',' 葉 4',' 陳 2',' 王 3']})
re7b = pd.merge(re2b, re4)
```

```
re7b
#    系主任    系別    學生
# 0     A      財金    林 1
# 1     A      財金    葉 4
# 2     K      經濟    陳 2
```

比較 re7、re7a 與 re7b 之不同，自然可看出 merge(.) 函數指令的用處。

　　再試下列指令：

```
re1a = pd.DataFrame({'學生':['林 1','陳 2','王 3','葉 4'],
                     '學號':[5, 6, 51, 32],
                     '城市':['基隆','新北','基隆','高雄']})
re8 = pd.DataFrame({'學生':['林 1','房 6','王 3','葉 4','張 5'],
                    '系別':['財金','經濟','會計','財金','數學'],
                    '城市':['基隆','台東','基隆','高雄','中壢']})
re9 = pd.merge(re1a, re8)
re9
#    學生    學號    城市    系別
# 0  林 1     5     基隆    財金
# 1  王 3    51     基隆    會計
# 2  葉 4    32     高雄    財金
re9a = pd.merge(re1a, re8, on=['學生','城市'])
re9a
#    學生    學號    城市    系別
# 0  林 1     5     基隆    財金
# 1  王 3    51     基隆    會計
# 2  葉 4    32     高雄    財金
```

即 merge(.) 函數指令亦可以執行多欄（行）的連接。

　　再試試：

```
re10 = pd.merge(re1a, re8, how='right')
re10
#    學生      學號     城市    系別
# 0  林 1      5.0     基隆    財金
# 1  房 6      NaN     台東    經濟
# 2  王 3     51.0     基隆    會計
```

```
# 3   葉 4     32.0    高雄    財金
# 4   張 5     NaN     中壢    數學
re11 = pd.merge(re1a, re8, how='left')
re11
#     學生    學號    城市    系別
# 0   林 1     5      基隆    財金
# 1   陳 2     6      新北    NaN
# 2   王 3     51     基隆    會計
# 3   葉 4     32     高雄    財金
re12 = pd.merge(re1a, re8, how='outer')
re12
#     學生    學號    城市    系別
# 0   林 1     5.0     基隆    財金
# 1   陳 2     6.0     新北    NaN
# 2   王 3     51.0    基隆    會計
# 3   葉 4     32.0    高雄    財金
# 4   房 6     NaN     台東    經濟
# 5   張 5     NaN     中壢    數學
re13 = pd.merge(re1a, re8, how='inner')
re13
#     學生    學號    城市    系別
# 0   林 1     5      基隆    財金
# 1   王 3     51     基隆    會計
# 2   葉 4     32     高雄    財金
```

可以比較 merge(.) 函數內 "how" 之用法的差異，從上述 re10~re13 的結果應可看出端倪。

除了 "how" 用法之外，merge(.) 函數內亦可以使用 "right_on" 或 "left_on" 指令，例如：

```
re14 = pd.DataFrame({'姓名':['林 1','陳 2','王 3','葉 4'],
                     '系別':['財金','經濟','會計','財金'],
                     '性別':['男','女','女','男']})
re15 = pd.merge(re1, re14, left_on="學生", right_on="姓名")
re15
#     學生    學號    姓名    系別    性別
# 0   林 1     5      林 1     財金    男
# 1   陳 2     6      陳 2     經濟    女
```

```
# 2   王 3    51    王 3    會計    女
# 3   葉 4    32    葉 4    財金    男
re15a = pd.merge(re1, re14, left_on=" 學生 ", right_on=" 姓名 ").drop(' 姓名 ',axis=1)
re15a
#      學生   學號   系別   性別
# 0    林 1    5     財金    男
# 1    陳 2    6     經濟    女
# 2    王 3    51    會計    女
# 3    葉 4    32    財金    男
re15b = pd.merge(re14, re1, left_on=" 姓名 ", right_on=" 學生 ")
re15b
#      姓名   系別   性別   學生   學號
# 0    林 1    財金    男     林 1    5
# 1    陳 2    經濟    女     陳 2    6
# 2    王 3    會計    女     王 3    51
# 3    葉 4    財金    男     葉 4    32
```

可以注意 re15a 的指令，其中 axis = 1 表示欄的名稱。

　　merge(.) 函數亦可以執行多層次序列的連接，即：

```
Name = [' 林 1',' 陳 2',' 張 3']
分數 = [30,60,90]
dfa = pd.DataFrame({" 姓名 ": Name, " 分數 ": 分數 })
rank = ['C', 'B', "A", 'c', 'b', 'a']
ser = pd.Series(rank,index=pd.MultiIndex.from_arrays([Name * 2, 分數 *2],
                                             names=[" 姓名 ", " 分數 "]))
re16 = pd.merge(dfa, ser.reset_index(), on=[" 姓名 ", " 分數 "])
re16.columns  # Index([' 姓名 ', ' 分數 ', 0], dtype='object')
re16a = re16.rename(columns={0:' 等級 '})
re16a
#      姓名   分數   等級
# 0    林 1    30    C
# 1    林 1    30    c
# 2    陳 2    60    B
# 3    陳 2    60    b
# 4    張 3    90    A
# 5    張 3    90    a
```

讀者可檢視上述 ser 與 ser.reset_index（）的結果爲何？

最後，再檢視下列指令：

```
re1b = pd.DataFrame({'學生':['林1','陳2','王3','葉4],
                     '學號':['7a','61a','3a','85a']})
re17 = pd.merge(re1,re1b, on="學生", suffixes=["_推甄","_聯招"])
re17
#     學生   學號_推甄   學號_聯招
# 0   林1       5       7a
# 1   陳2       6      61a
# 2   王3      51       3a
# 3   葉4      32      85a
```

即名稱可再加上附記或後綴（suffix）。

例1 相同的數值資料

試下列指令：

```
re24 = pd.DataFrame({"A": [65, 20], "B": [70, 80]})
re25 = pd.DataFrame({"C": [40, 55, 65], "B": [85, 65, 90]})
re26 = pd.merge(re24, re25, on="B", how="outer")
re26
#       A    B    C
# 0   65.0   70   NaN
# 1   20.0   80   NaN
# 2   NaN    85   40.0
# 3   NaN    65   55.0
# 4   NaN    90   65.0
```

上述 B 變數的結果皆是不同的數值資料，故連接並不會產生困擾；但是，若數值資料有相同呢？再試下列指令：

```
re21 = pd.DataFrame({"A": [65, 20], "B": [70, 80]})
re22 = pd.DataFrame({"C": [40, 55, 65], "B": [80, 80, 80]})
re23 = pd.merge(re21, re22, on="B", how="outer", validate="one_to_many")
re23
#   A_x   B   A_y
```

```
# 0    65    70    NaN
# 1    20    80    40.0
# 2    20    80    55.0
# 3    20    80    65.0
```

我們可看出 80 可對應至 re21 內的 20 同時也對應至 re22 內的 C，而函數內的 "v validate" 爲預設值可省略。再來：

```
e18 = pd.DataFrame({"數分": [65, 20], "國分": [80, 80]})
re19 = pd.DataFrame({"英分": [40, 55, 65], "國分": [80, 80, 80]})
re20 = pd.merge(re18, re19, on="國分", how="outer")
re20
#     數分   國分   英分
# 0    65    80    40
# 1    65    80    55
# 2    65    80    65
# 3    20    80    40
# 4    20    80    55
# 5    20    80    65
```

即 80 分別可對應至 re18 內的「數分」與 re19 內的「英分」。再試試：

```
re27 = pd.DataFrame({"數分": [65, 20], "國分": [80, 80]})
re28 = pd.DataFrame({"數分": [40, 55, 65], "國分": [80, 80, 80]})
re29 = pd.merge(re27, re28, on="國分", how="outer")
re29
#     數分_x   國分   數分_y
# 0    65     80    40
# 1    65     80    55
# 2    65     80    65
# 3    20     80    40
# 4    20     80    55
# 5    20     80    65
```

「數分」可以分成二種。仔細比較 re20 與 re29 之不同。

例 2 TWI 與 TSM

　　續例 1，至 Yahoo 分別下載 TWI 與 TSM（TSMC 的 ADR）的 2020 年日歷史
資料，我們有興趣的是 TWI 與 TSM 的收盤價之日對數報酬率為正數值的情況，試
下列指令：

```python
import yfinance as yf
TSM = yf.download("TSM", start="2020-01-01", end="2020-12-31") # TSMC, ADR
TWI = yf.download("^TWII", start="2020-01-01", end="2020-12-31")
TWI1 = TWI.rename(columns={'Open':'topen','High':'thigh','Low':'tlow',
                           'Close':'tclose','Adj Close':'tadj'})
TWI1.columns
# Index(['topen', 'thigh', 'tlow', 'tclose', 'tadj', 'Volume'], dtype='object')
TSM.columns # Index(['Open', 'High', 'Low', 'Close', 'Adj Close', 'Volume'], dtype='object')
DF1 = pd.concat([TWI1, TSM], axis=1, join='inner') # 日期一致
DF1.columns
# Index(['topen', 'thigh', 'tlow', 'tclose', 'tadj', 'Volume', 'Open', 'High',
#        'Low', 'Close', 'Adj Close', 'Volume'],
#        dtype='object')
St = DF1.tclose
st = DF1.Close # ADR
Rt = 100*np.log(St/St.shift(1)).dropna()
rt = 100*np.log(st/st.shift(1)).dropna()
len(Rt) # 235
R1 = (Rt >= 0)*1
r1 = (rt >= 0)*1
df1 = pd.DataFrame({'TWI':Rt,'Postive':R1})
df2 = pd.DataFrame({'TSM':rt,'Postive':r1})
DF2 = pd.merge(df1,df2)
DF2.columns # Index(['TWI', 'Postive', 'TSM'], dtype='object')
len(DF2) # 27845
```

即使用 merge(.) 函數指令連接上述 df1 與 df2，結果如 DF2 所示，其內竟然有
27,845 種結果。讀者可以嘗試檢視 DF2 以及解釋上述程式碼的意思。

例 3 TWI 與 Dow

　　試下列指令：

```python
TWI = yf.download("^TWII", start="2010-01-01", end="2020-12-31")
```

```
TWI.columns # Index(['Open', 'High', 'Low', 'Close', 'Adj Close', 'Volume'], dtype='object')
len(TWI) # 2694
DJI = yf.download("^DJI", start="2010-01-01", end="2020-12-31")
len(DJI) # 2769
TWI1 = TWI.rename(columns={'Open':'topen','High':'thigh','Low':'tlow',
                           'Close':'tclose','Adj Close':'tadj'})
TWI1.columns
ret1 = pd.merge(TWI1, DJI, on="Volume")
ret1['Volume'].head()
# 0    3480400
# 1    2820800
# 2    3368200
# 3    3449400
# 4    2705000
# Name: Volume, dtype: int64
len(ret1) # 164
```

上述指令是指從 Yahoo 分別下載 2010/01/01~2020/12/31 期間 TWI 與 Dow 的日歷史
資料，透過「交易量（Volume）」的連接，我們發現上述二個指數的日交易量竟
然有 164 個交易量完全相同。有點意思。

例 4　**例 3 內的日期**

　　續例 3，讀者可以思考如何分別叫出相同日交易量的日期。試下列指令：

```
Vol1 = TWI.Volume
m = len(ret1['Volume']);n = len(Vol1)
index1 = np.zeros(m)
for j in range(m):
    for i in range(n):
        if Vol1[i] == ret1['Volume'][j]:
            index1[j] = i
Vol1.iloc[index1]
# Date
# 2010-03-04    3480400
# 2010-06-03    2820800
# 2010-06-25    3368200
# 2010-11-03    3449400
# 2010-11-04    2705000
```

```
# ……..
# 2020-07-22     3424000
# 2020-09-21     3612600
# 2020-10-05     2876800
# 2020-10-20     2623800
# 2020-11-02     2950900
# Name: Volume, Length: 164, dtype: int64
```

根據上述指令，讀者應該有能力分別叫出 Dow 的日期與交易量，試試看。

習題

(1) 試解釋 pd.merge(.) 函數指令。
(2) 試寫出圖 7b 的程式碼。
(3) 試用 merge(.) 函數寫出表 7-1 內狀況 1-2 的程式碼。
(4) 續上題，試用 merge(.) 函數寫出表 7-1 內狀況 3-4 的程式碼。
(5) 續例 2，其實我們應該可以找出 TWI 與 TSM 之日對數報酬率同時為正數值的日期與樣本數，不過應如何做？

left

	key	A	B
0	K0	A0	B0
1	K1	A1	B1
2	K2	A2	B2
3	K3	A3	B3

right

	key	C	D
0	K0	C0	D0
1	K1	C1	D1
2	K2	C2	D2
3	K3	C3	D3

Result

	key	A	B	C	D
0	K0	A0	B0	C0	D0
1	K1	A1	B1	C1	D1
2	K2	A2	B2	C2	D2
3	K3	A3	B3	C3	D3

圖 7b

表 7-1　一種虛構的門診表

病患	科別	護士	醫生	樓層
		狀況 1		
張 3	內科		黃	
李 4	內科		黃	
王 5	外科		林	
陸 6	眼科		葉	

病患	科別	護士	醫生	樓層
		狀況 2		
張 3	內科	A	黃	
李 4	內科	B	黃	
王 5	外科	C	林	
陸 6	眼科	D	葉	
		狀況 3		
張 3	內科	A	黃	1
李 4	內科	B	黃	1
王 5	外科	C	林	2
陸 6	眼科	D	葉	1
		狀況 4		
張 3	內科	A	黃	1
李 4	內科	B	黃	1
王 5	外科	C	林	2
陸 6	眼科	D	葉	1
NaN	神經科	NaN	李	1
NaN	心臟科	NaN	蔡	2

7.3 使用 join(.) 函數

不同於 merge(.) 函數指令，模組（pandas）內的 join(.) 函數指令是透過「索引」的連結，試下列指令：

```
df1 = pd.DataFrame({'病患':['張 3','李 4','王 5'],'護士':['A','B','C']}, index=['K0','K1','K2'])
df1
df2 = pd.DataFrame({'醫生':['林 3','黃 4','陳 5'],'樓層':['1','1','2']}, index=['K0','K2','K3'])
df2
re1 = df1.join(df2)
re1
#      病患  護士   醫生    樓層
# K0  張 3   A    林 3    1
# K1  李 4   B    NaN   NaN
# K2  王 5   C    黃 4    1
```

可以留意上述 df1 與 df2 的索引欄並不相同；換言之，從上述結果可看出 df1 與 df2 分別可視為 re1 的「左側」與「右側」，然後透過「索引欄」連結。因此，可有「聯集」與「交集」的結果，即：

```
re2 = df1.join(df2,how='outer')
re2
#      病患    護士    醫生    樓層
# K0   張3     A      林3    1
# K1   李4     B      NaN    NaN
# K2   王5     C      黃4    1
# K3   NaN    NaN     陳5    2
re3 = df1.join(df2,how='inner')
re3
#    病患 護士   醫生 樓層
# K0  張3  A    林3  1
# K2  王5  C    黃4  1
```

其實，join(.) 函數與 merge(.) 函數是有關連的，或者說，從下列指令可看出原來前者是後者指令的「簡化」，即：

```
re4 = pd.merge(df1, df2, left_index=True, right_index=True, how="outer")
re4
#      病患    護士    醫生    樓層
# K0   張3     A      林3     1
# K1   李4     B      NaN    NaN
# K2   王5     C      黃4     1
# K3   NaN    NaN     陳5     2
re5 = pd.merge(df1, df2, left_index=True, right_index=True, how="inner")
re5
#    病患 護士   醫生 樓層
# K0  張3  A    林3  1
# K2  王5  C    黃4  1
```

我們可看出上述 re5 與 re3 以及 re4 與 re2 的結果完全相同。

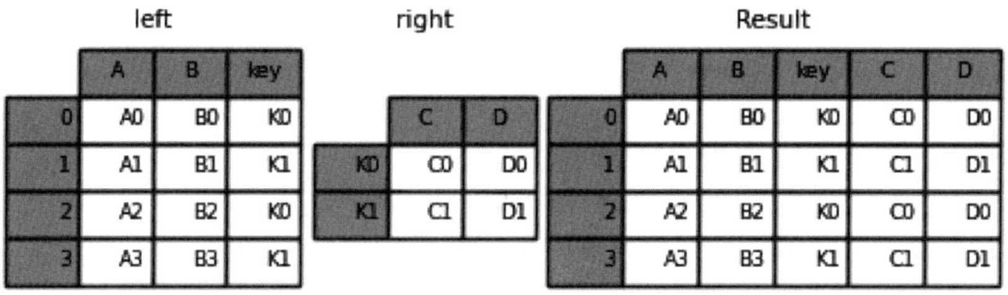

圖 7-5　join(.) 函數的使用

再舉一個 merge(.) 與 join(.) 函數相關的例子。面對圖 7-5 的結果，我們可以使用 merge(.) 函數指令直接取得：

```
left6 = pd.DataFrame({"A": ["A0", "A1", "A2", "A3"],"B": ["B0", "B1", "B2", "B3"],
                      "key": ["K0", "K1", "K0", "K1"]})
right6 = pd.DataFrame({"C": ["C0", "C1"], "D": ["D0", "D1"]}, index=["K0", "K1"])
rej7 = pd.merge(left6, right6, left_on="key", right_index=True, how="left",
sort=False)
rej7
#     A   B key   C   D
# 0  A0  B0  K0  C0  D0
# 1  A1  B1  K1  C1  D1
# 2  A2  B2  K0  C0  D0
# 3  A3  B3  K1  C1  D1
```

接著使用 join(.) 函數指令，即：

```
rej6 = left6.join(right6, on="key")
rej6
#     A   B key   C   D
# 0  A0  B0  K0  C0  D0
# 1  A1  B1  K1  C1  D1
# 2  A2  B2  K0  C0  D0
```

可以看出 rej6 與 rej7 的結果 [2]（即圖 7-5 內的 Result）完全相同。

我們不難舉一個較爲實際的例子說明。試下列指令：

---

[2] 即 join(.) 函數指令不僅可以有索引欄的連接，同時亦有「行（欄）」的連接。

```
df3 = pd.DataFrame({" 病患 ": [" 張 3", " 李 4", " 王 5", " 陸 6"]," 醫生 ": [" 林 ", " 黃 ", " 李 ", " 蔡 "],"key": ["K0", "K1", "K0", "K1"]})
df4  =  pd.DataFrame({" 科別 ":  [" 內科 ",  " 外科 "],  " 樓層 ":  ["1 樓 ",  "2 樓 "]}, index=["K0", "K1"])
re6 = df3.join(df4,on='key')
re6
#     病患 醫生 key  科別  樓層
# 0  張 3   林   K0   內科  1 樓
# 1  李 4   黃   K1   外科  2 樓
# 2  王 5   李   K0   內科  1 樓
# 3  陸 6   蔡   K1   外科  2 樓
```

我們可以比較 rej6 與 re6。

left

	A	B	key1	key2
0	A0	B0	K0	K0
1	A1	B1	K0	K1
2	A2	B2	K1	K0
3	A3	B3	K2	K1

right

		C	D
K0	K0	C0	D0
K1	K0	C1	D1
K2	K0	C2	D2
K2	K1	C3	D3

Result

	A	B	key1	key2	C	D
0	A0	B0	K0	K0	C0	D0
1	A1	B1	K0	K1	NaN	NaN
2	A2	B2	K1	K0	C1	D1
3	A3	B3	K2	K1	C3	D3

圖 7-6　單一索引與多層次索引的連接，結果仍為單一索引

既然 join(.) 數指令是索引欄的連接，自然亦可以連接多層次索引的連接，此可分成三種情況：

情況 1

檢視圖 7-6，試下列指令：

```
df5 = pd.DataFrame({"病患": ["張3", "李4", "王5", "陸6"],"醫生": ["林", "黃", "李", "蔡"],
                   "key1": ["K0", "K0", "K1", "K2"],"key2": ["K0", "K1", "K0", "K1"]})
index7 = pd.MultiIndex.from_tuples([("K0", "K0"), ("K1", "K0"), ("K2", "K0"), ("K2", "K1")])
df6 = pd.DataFrame({" 科別 ": [" 內科 ", " 外科 ", " 眼科 ", " 牙科 "],
                   " 樓層 ": ["1 樓 ", "2 樓 ", "3 樓 ", "4 樓 "]}, index=index7)
re7 = df5.join(df6, on=["key1", "key2"])
re7
```

```
#     病患 醫生 key1 key2    科別    樓層
# 0   張 3  林   K0   K0     內科   1 樓
# 1   李 4  黃   K0   K1     NaN    NaN
# 2   王 5  李   K1   K0     外科   2 樓
# 3   陸 6  蔡   K2   K1     牙科   4 樓
```

即單一索引與多層次索引的連接，其結果仍為單一索引的資料框。

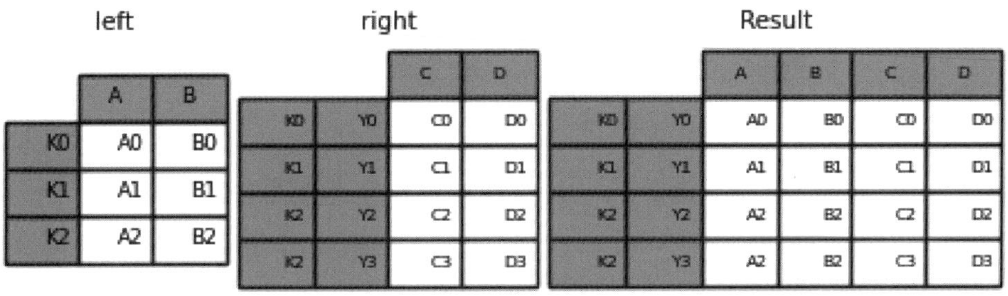

圖 7-7　單一索引與多層次索引的連接，結果為多層次索引

情況 2

檢視圖 7-7，再試下列指令：

```
df7 = pd.DataFrame({"病患": ["張 3", "李 4", "王 5"], "醫生": ["林", "黃", "李"]},
                index=pd.Index(["1 樓", "2 樓", "3 樓"], name="樓層"))
index8 = pd.MultiIndex.from_tuples([("1 樓", "房"), ("2 樓", "蔡"), ("3 樓", "葉"),
                        ("3 樓", "林")],names=["樓層", "護士"])
df8 = pd.DataFrame({"科別": ["內科", "外科", "眼科", "牙科"],
                "樓層": ["1 樓", "2 樓", "3 樓", "3 樓"]},index=index8)
re8 = df7.join(df8, how="inner")
re8
#            病患  醫生  科別   樓層
# 樓層 護士
# 1 樓  房   張 3  林   內科   1 樓
# 2 樓  蔡   李 4  黃   外科   2 樓
# 3 樓  葉   王 5  李   眼科   3 樓
#      林   王 5  李   牙科   3 樓
```

即其結果亦為一種多層次資料框。

情況 3

接下來的情況是二種多層次索引的連接，其結果亦是一種多層次資料框，試下
列指令：

```
leftindex = pd.MultiIndex.from_product([list("ABC"), list("01"), [1, 2]],
                                        names=["護士", "病患", "數目"])
leftindex
# MultiIndex([('A', '0', 1),
#             ('A', '0', 2),
#             ('A', '1', 1),
# ......
#             ('C', '1', 1),
#             ('C', '1', 2)],
#            names=['護士', '病患', '數目'])
left10 = pd.DataFrame({"病患總數": range(1, 13)}, index=leftindex)
left10
#           病患總數
# 護士 病患    數目
# A  0  1     1
#       2     2
# ......
#       2    10
#    1  1    11
#       2    12
rightindex = pd.MultiIndex.from_product([list("ABC"), list("01")],
                                        names=["護士", "病患"])

rightindex
# MultiIndex([('A', '0'),
#             ('A', '1'),
#             ('B', '0'),
#             ('B', '1'),
#             ('C', '0'),
#             ('C', '1')],
#            names=['護士', '病患'])
np.random.seed(425)
Cost = np.random.choice([500, 600, 700], 6)
right10 = pd.DataFrame({"門診費用":Cost}, index=rightindex)
re9 = left10.join(right10, on=["護士", "病患"], how="inner")
re9
```

```
#               病患總數   門診費用
# 護士 病患    數目
# A  0  1       1        600
#       2       2        600
#    1  1       3        600
# …….
#       2      10        500
#    1  1      11        700
#       2      12        700
```

讀者可以思考上述完整的結果為何（詳見所附的程式碼）？

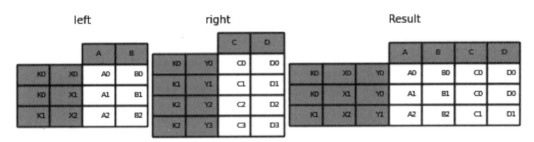

圖 7-8　二多層次索引的連接，結果亦為多層次資料框

例 1　使用 merge(.)

上述情況 3 亦可以使用 merge(.) 函數指令，例如：圖 7-8。我們舉一個例子說明，試下列指令：

```
leftindex1a = pd.MultiIndex.from_tuples([("內科", "1樓"), ("內科", "1樓"), ("外科", "2樓")],
                        names=["科別", "樓層"])
left11a = pd.DataFrame({"病患": ["張3", "李4", "王5"], "醫生": ["林", "黃", "李"]},
                index=leftindex1a)
rightindex1a = pd.MultiIndex.from_tuples([("內科", "林"), ("外科", "葉"),
                                ("眼科", "李"), ("眼科", "蔡")],
                                names=["科別", "護士"])
right11a = pd.DataFrame({"健保": ["無", "有", "有", "有"], "病房": ["01", "03", "03", "03"]},
                index=rightindex1a)
resultj11a = pd.merge(left11a.reset_index(), right11a.reset_index(),
                on=["科別"], how="inner").set_index(["科別", "樓層", "護士"])
```

```
resultj11a
#                 病患  醫生  健保   病房
# 科別 樓層 護士
# 內科 1樓 林     張3   林    無    01
#           林     李4   黃    無    01
# 外科 2樓 葉     王5   李    有    03
```

上述結果可與圖 7-8 比較。

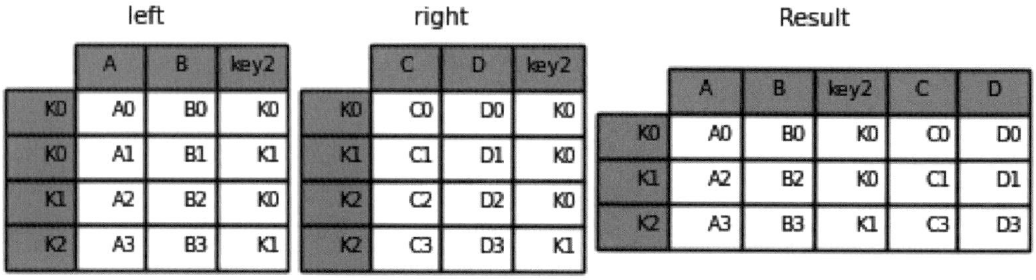

left					right					Result				
	A	B	key2			C	D	key2			A	B	key2	C	D
K0	A0	B0	K0		K0	C0	D0	K0		K0	A0	B0	K0	C0	D0
K0	A1	B1	K1		K1	C1	D1	K0		K1	A2	B2	K0	C1	D1
K1	A2	B2	K0		K2	C2	D2	K0		K2	A3	B3	K1	C3	D3
K2	A3	B3	K1		K2	C3	D3	K1							

圖 7-9　left 與 right 的合併

例2　續用 merge(.) 函數

　　檢視圖 7-9，因 left 與 right 的索引欄並不相同，故無法使用 join(.) 函數，我們改用 merge(.) 函數，亦以一個例子說明：

```
left_index2a = pd.Index(["內科", "內科", "外科", "眼科"], name="科別1")
left12a = pd.DataFrame({"病患": ["張3", "李4", "王5", "陸6"],"護士": ["李", "葉", "蔡", "章"],
                        "科別2": ["內科", "外科", "內科", "外科"]},index=left_index2a)
right_index2a = pd.Index(["內科", "外科", "眼科", "眼科"], name="科別1")
right12a = pd.DataFrame({"醫生": ["林", "黃", "張", "陳"],"樓層": ["1樓", "2樓", "1樓", "2樓"],
                        "科別2": ["內科", "內科", "內科", "外科"]},index=right_index2a)
resultj12a = left12a.merge(right12a, on=["科別1", "科別2"])
resultj12a
#         病患 護士 科別2 醫生  樓層
# 科別1
# 內科    張3  李   內科   林    1樓
# 外科    王5  蔡   內科   黃    2樓
# 眼科    陸6  章   外科   陳    2樓
```

若我們欲使用 join(.) 函數，則上述指令可以如何更改（習題）？

例3 行名稱重疊

試下列指令：

```
left = pd.DataFrame({"病患": ["張 3", "李 4", "王 5"], "門診號碼": [1, 2, 3]})
right = pd.DataFrame({"病患": ["張 3", "李 4", "陸 3"], "門診號碼": [4, 5, 6]})
rea = pd.merge(left, right, on="病患")
rea
#     病患  門診號碼 _x  門診號碼 _y
# 0  張 3      1          4
# 1  李 4      2          5
reb = pd.merge(left, right, on="病患", suffixes=("_1", "_2"))
reb
#     病患  門診號碼 _1  門診號碼 _2
# 0  張 3      1          4
# 1  李 4      2          5
```

可以看出若無使用 "suffixes" 指令，連接時相同的行名稱，Python 會自動加上後綴；當然，後綴名稱可以自己設定如上述 reb 所示。

再試下列指令：

```
left1 = left.set_index("病患")
right2 = right.set_index("病患")
rec = left.join(right, lsuffix="_1", rsuffix="_2")
rec
#     病患 _1  門診號碼 _1 病患 _2  門診號碼 _2
# 0  張 3      1       張 3      4
# 1  李 4      2       李 4      5
# 2  王 5      3       陸 3      6
red = left1.join(right2, lsuffix="_1", rsuffix="_2")
red
#         門診號碼 _1  門診號碼 _2
# 病患
# 張 3      1          4.0
# 李 4      2          5.0
# 王 5      3          NaN
```

讀者可以繼續練習若「左右交換」呢？

例 4 TWI 與 TSM

除了使用如例 3 內的後綴指令外，我們亦可以使用「重新命名」的方式如：

```
import yfinance as yf
TSM = yf.download("TSM", start="2010-01-01", end="2020-12-31") # TSMC, ADR
TWI = yf.download("^TWII", start="2010-01-01", end="2020-12-31")
TWI1 = TWI.rename(columns={'Open':'topen','High':'thigh','Low':'tlow',
                          'Close':'tclose','Adj Close':'tadj','Volume':'tVolume'})
len(TWI1) # 2694
len(TSM) # 2760
```

可以知道 TWI1 內有 2,694 列而 TSM 內有 2,760 列。接下來，使用 join(.) 函數，即：

```
DF = TSM.join(TWI1)
DF.columns
# Index(['Open', 'High', 'Low', 'Close', 'Adj Close', 'Volume', 'topen', 'thigh',
#        'tlow', 'tclose', 'tadj', 'tVolume'],
#       dtype='object')
DF
#                  Open        High    ...          tadj       tVolume
# Date                                 ...
# 2009-12-31   11.260000   11.500000   ...           NaN           NaN
# 2010-01-04   11.490000   11.690000   ...   8207.809570     6429400.0
# 2010-01-05   11.600000   11.660000   ...   8211.360352     6762000.0
# 2010-01-06   11.560000   11.610000   ...   8327.580078     6421600.0
# 2010-01-07   11.410000   11.440000   ...   8237.379883     7133000.0
#                  ...         ...     ...           ...           ...
# 2020-12-23  104.669998  104.870003   ...  14223.089844     5537300.0
# 2020-12-24  104.760002  106.339996   ...  14280.280273     5380500.0
# 2020-12-28  107.599998  108.169998   ...  14483.070312     6279800.0
# 2020-12-29  107.000000  107.150002   ...  14472.049805     7396000.0
# 2020-12-30  107.699997  109.699997   ...  14687.700195     6211900.0
#
# [2769 rows x 12 columns]
```

可以留意上述 DF 內共有 2,769 列。再試：

```
DF1 = TSM.join(TWI1,how='inner')
DF1
#                   Open       High ...         tadj   tVolume
# Date                             ...
# 2010-01-04   11.490000   11.690000 ...   8207.809570  6429400
# 2010-01-05   11.600000   11.660000 ...   8211.360352  6762000
# 2010-01-06   11.560000   11.610000 ...   8327.580078  6421600
# 2010-01-07   11.410000   11.440000 ...   8237.379883  7133000
# 2010-01-08   11.140000   11.220000 ...   8280.860352  5764400
#                   ...         ...  ...         ...       ...
# 2020-12-23  104.669998  104.870003 ...  14223.089844  5537300
# 2020-12-24  104.760002  106.339996 ...  14280.280273  5380500
# 2020-12-28  107.599998  108.169998 ...  14483.070312  6279800
# 2020-12-29  107.000000  107.150002 ...  14472.049805  7396000
# 2020-12-30  107.699997  109.699997 ...  14687.700195  6211900
#
# [2608 rows x 12 columns]
```

即 DF1 內共有 2,608 列。可以注意的是，透過上述指令，TWI1 與 TSM 亦已經「合併」成具有共同日期的資料框。

例 5　使用 merge(.) 函數

續例 4，試下列指令：

```
Df = TSM.merge(TWI1,left_on=TSM.index,right_on=TWI1.index)
Df.columns
# Index(['key_0', 'Open', 'High', 'Low', 'Close', 'Adj Close', 'Volume', 'topen',
#        'thigh', 'tlow', 'tclose', 'tadj', 'tVolume'],
#        dtype='object')
Df
#           key_0        Open       High ...       tclose         tadj   tVolume
# 0    2010-01-04   11.490000   11.690000 ...  8207.849609  8207.809570  6429400
# 1    2010-01-05   11.600000   11.660000 ...  8211.400391  8211.360352  6762000
# 2    2010-01-06   11.560000   11.610000 ...  8327.620117  8327.580078  6421600
# 3    2010-01-07   11.410000   11.440000 ...  8237.419922  8237.379883  7133000
# 4    2010-01-08   11.140000   11.220000 ...  8280.900391  8280.860352  5764400
#           ...         ...         ...  ...          ...          ...      ...
# 2603 2020-12-23  104.669998  104.870003 ... 14223.089844 14223.089844  5537300
```

```
# 2604  2020-12-24  104.760002  106.339996  ...  14280.280273  14280.280273  5380500
# 2605  2020-12-28  107.599998  108.169998  ...  14483.070312  14483.070312  6279800
# 2606  2020-12-29  107.000000  107.150002  ...  14472.049805  14472.049805  7396000
# 2607  2020-12-30  107.699997  109.699997  ...  14687.700195  14687.700195  6211900
#
# [2608 rows x 13 columns]
```

可以注意的是，上述 Df 是使用 merge(.) 函數內的 "left_on" 與 "right_on" 指令，而透過 TWI 與 TSM 的「索引欄」合併。比較 Df 與 DF1（例 4），讀者有看出二者有何異同嗎？

習題

(1) 試解釋 join(.) 函數指令。

(2) 於例 2 內，試改用 join(.) 函數指令。

(3) 利用例 4 內的 TWI 與 TSM 的資料，總共有多少種方法可以取得具有相同日期的資料框。

(4) 續例 4，試分別於 join(.) 函數內使用 "outer"、"left" 以及 "right" 指令，其結果分別為何？

(5) 續例 5，試分別於 merge(.) 函數內使用 "inner"、"outer"、"left" 以及 "right" 指令，其結果分別為何？

(6) 續上題，試比較 join(.) 與 merge(.) 函數。

(7) 根據 join(.) 與 merge(.) 函數，試分別利用「後綴」指令合併前述之 TSM 與 TWI 資料。

Chapter 8

資料的輸入與輸出

本書強調的是資料的處理，故如何接近或取得資料反而是本書最重要的課題，不過因 Python 的基本語法或一些資料的型態（或結構）如簡易資料框或多階層次資料框的觀念須建立，使得有關於資料的輸入與輸出延至本章方開始介紹。基本上，本章的重點仍著重於使用模組（panders）內的資料輸入與輸出指令，尤其是如何讀取「文字檔案（text files）」資料，更是本章欲介紹的主要標的。我們發現簡單的文字檔案資料亦可以轉換成簡易資料框或多階層次資料框。

本章除了介紹如何於 Python 內建立文字檔案資料之外，我們尚會介紹如何於網路上下載資料；當然，資料的輸入與輸出方式並不局限於本章所強調的部分，模組（panders）仍有相當多的指令可以用於建立或讀取不同類型的資料，故讀者若不滿意本章的內容或覺得不夠，可直接參考模組（panders）的使用手冊。筆者手上的使用手冊為 Wes McKinney（2021）。

8.1 使用 read_csv(.) 函數

逗號分隔值（common-separated value, csv）檔案有時亦稱為字元分隔值檔案，即分隔字元未必只可用逗號。逗號分隔值檔案的內容為純文字或數字，但是其卻可以用表格的型態儲存或顯示。逗號分隔值檔案是一種通用的檔案格式，由於相對上簡單易懂，故於商業或科學界內反而被廣泛使用。逗號分隔值檔案的另一個特色是其可以於不同程式語言之間相互轉移使用；或者說，遇到一種新的電腦程式語言，初次接觸到的檔案，也許就是逗號分隔值檔案。

利用模組（pandas），我們可以輕易地建立一種逗號分隔值檔案。試下列指令：

```
import pandas as pd
from io import StringIO
data1 = "col1, col2, col3\na, b, 1\na, b, 2\nc, d, 3"
data1 # 'col1, col2, col3\na, b, 1\na, b, 2\nc, d, 3'
print(data1)
# col1, col2, col3
# a, b, 1
# a, b, 2
# c, d, 3
type(data1) # str
```

上述指令有下列特色：

(1) 資料框亦可用「字串」建立，雖說上述 data1 的型態像資料框，不過其仍屬於字串。

(2) 因 "\n" 表示「另一行」，故 data1 的型態可以像資料框，只不過其需使用 print(.) 函數指令顯示。

(3) 眼尖的讀者應會發現有使用模組（io）內的 StringIO(.) 函數指令，我們可以試試：

```
S = '我喜歡 Python'
S # '我喜歡 Python'
print(S) # 我喜歡 Python
S1 = pd.read_csv(StringIO(S))
S1
# Empty DataFrame
# Columns: [我喜歡 Python]
# Index: []
type(S1) # pandas.core.frame.DataFrame
```

顧名思義，StringIO(.) 函數指令是字串的輸入與輸出（input and output），不過若搭配 pd.read_csv(.) 函數指令如上述 S1 所示，S1 竟是一種資料框的型態。

因此，我們不難將上述 data1 轉換成一種資料框如：

```
df1 = pd.read_csv(StringIO(data1))
df1
#   col1 col2  col3
# 0   a    b     1
# 1   a    b     2
# 2   c    d     3
type(df1) # pandas.core.frame.DataFrame
```

即 data1 已轉換爲 df1，其中後者是一種資料框

我們再舉一個例子看看。試下列指令：

```
data = '姓名, 年齡, 國分 \n 林 1, 20, 87\n 張 3, 18, 90\n 李 4, 22, 75'
print(data)
# 姓名, 年齡, 國分
# 林 1, 20, 87
# 張 3, 18, 90
# 李 4, 22, 75
df = pd.read_csv(StringIO(data))
df
#     姓名    年齡    國分
# 0   林 1    20    87
# 1   張 3    18    90
# 2   李 4    22    75
type(df) # pandas.core.frame.DataFrame
```

換言之，我們反倒可以輕易地建立一種資料框。

接下來，我們來看如何儲存。試下列指令：

```
df1.to_csv('F:/DataPython/ch8/data/data1.csv')
df1.to_csv('F:/DataPython/ch8/data/text1.txt')
```

即 csv 就是 txt 檔案。我們再叫回檔案：

```
dfa = pd.read_csv('F:/DataPython/ch8/data/data1.csv')
dfa
#   Unnamed: 0 col1 col2  col3
```

```
# 0         0    a    b    1
# 1         1    a    b    2
# 2         2    c    d    3
#
dfb = pd.read_csv('F:/DataPython/ch8/data/data1.txt')
dfb
#   col1 col2   col3
# 0   a    b      1
# 1   a    b      2
# 2   c    d      3
pd.read_csv('F:/DataPython/ch8/data/data1.txt', sep=',')
#   col1 col2   col3
# 0   a    b      1
# 1   a    b      2
# 2   c    d      3
pd.read_csv('F:/DataPython/ch8/data/text1.txt', sep=',')
#    Unnamed: 0 col1 col2   col3
# 0         0    a    b      1
# 1         1    a    b      2
# 2         2    c    d      3
pd.read_csv('F:/DataPython/ch8/data/text1.txt')
#    Unnamed: 0 col1 col2   col3
# 0         0    a    b      1
# 1         1    a    b      2
# 2         2    c    d      3
```

讀者應該可以看出上述指令的差異[1]。

　　再試試：

```
dfia = pd.read_csv('F:/DataPython/ch8/data/tem1.txt', sep="|", thousands=",")
dfia
#          ID    level category
# 0  Patient1  123000        x
# 1  Patient2   23000        y
# 2  Patient3  1234018        z
dfib = pd.read_csv('F:/DataPython/ch8/data/tem1a.txt', sep=";")
```

---

[1] 顧名思義，逗號分隔值檔案是用逗號分隔字元，故「sep=","」為預設值可省略。

```
dfib
#            ID:level category
# Patient1   123,000        x
# Patient2    23,000        y
# Patient3  1,234,018       z
```

我們除了可以檢視所附檔案 tem1 與 tem1a 的內容外，尚可以思考如何建立上述檔案。可以留意的是，tem1 與 tem1a 的內容分別以「|」與「；」分隔其內之元素。

底下，我們來看 read_csv(.) 函數的內容。試下列指令：

```
pd.read_csv(StringIO(data1), names=["x", "y", "z"])
#       x     y     z
# 0   col1  col2  col3
# 1    a     b     1
# 2    a     b     2
# 3    c     d     3
df2 = pd.read_csv(StringIO(data1), names=["x", "y", "z"], header=0)
df2
#    x  y  z
# 0  a  b  1
# 1  a  b  2
# 2  c  d  3
df2a = pd.read_csv(StringIO(data1), names=["x", "y", "z"], header=None)
df2a
#       x     y     z
# 0   col1  col2  col3
# 1    a     b     1
# 2    a     b     2
# 3    c     d     3
```

read_csv(.) 函數內的 names(.) 指令相當於「重新命名」；另一方面，header(.) 指令的角色除了可檢視上述指令外，亦可參考例 1。

再試下列指令：

```
data2 = 'a,b,a\n 0,1,2\n 3,4,5'
pd.read_csv(StringIO(data2))
#    a  b  a.1
```

```
# 0   0   1    2
# 1   3   4    5
```

即名稱相同，模組（pandas）會自動標示其差異。再試試：

```
data3 = "a, b, c, d\n 1, 2, 3, x\n 4, 5, 6, y\n 7, 8, 9, z"
pd. read_csv(StringIO(data3))
#    a  b  c  d
# 0  1  2  3  x
# 1  4  5  6  y
# 2  7  8  9  z
pd. read_csv(StringIO(data3), usecols=["b", "d"])
#    b  d
# 0  2  x
# 1  5  y
# 2  8  z
pd. read_csv(StringIO(data3), usecols=[0, 2, 3])
#    a  c  d
# 0  1  3  x
# 1  4  6  y
# 2  7  9  z
pd. read_csv(StringIO(data3), usecols=lambda x: x.upper() in ["A", "C"])
#    a  c
# 0  1  3
# 1  4  6
# 2  7  9
```

可以留意 read_csv(.) 函數內 usecols(.) 指令的用法。

最後，檢視下列指令：

```
data6 = "a, b, c\n4, 蘋果, 老師, \n8, 西瓜, 學生, "
print(data6)
# a, b, c
# 4, 蘋果, 老師,
# 8, 西瓜, 學生,
df6 = pd. read_csv(StringIO(data6))
df6
```

```
#    a    b    c
# 4  蘋果  老師  NaN
# 8  西瓜  學生  NaN
df6a = pd.read_csv(StringIO(data6), index_col=False)
df6a
#    a    b    c
# 0  4  蘋果  老師
# 1  8  西瓜  學生
df1a = pd.read_csv(StringIO(data1), index_col=False)
df1a
#    col1 col2 col3
# 0   a    b    1
# 1   a    b    2
# 2   c    d    3
```

應注意上述 df6 與 df6a 結果的不同，尤其是前者竟然將第 1 行內的元素視為「索引欄」；另一方面，加入 "index_col = False" 指令相當於強迫第 1 行內的元素不要成為索引欄！底下會再介紹 "index_col" 指令。

為何會有上述的差異？可以注意上述建立 data6 與 data1 的區別[2]，再試下列指令：

```
data1a = "col1,col2,col3\na,b,1,\na,b,2,\nc,d,3,"
print(data1a)
# col1,col2,col3
# a,b,1,
# a,b,2,
# c,d,3,
df1b = pd.read_csv(StringIO(data1a))
df1b
#    col1 col2 col3
# a   b    1    NaN
# a   b    2    NaN
# c   d    3    NaN
df1c = pd.read_csv(StringIO(data1), index_col=0)
```

---

[2] 上述 data6 的元素行後多了一個逗號。

```
df1c
#       col2  col3
# col1
# a       b     1
# a       b     2
# c       d     3
df1d = pd.read_csv(StringIO(data1a),index_col=0)
df1d
#    col1  col2  col3
# a    b     1   NaN
# a    b     2   NaN
# c    d     3   NaN
df1e = pd.read_csv(StringIO(data1a),index_col=False)
df1e
#    col1 col2  col3
# 0    a    b     1
# 1    a    b     2
# 2    c    d     3
```

仔細比較上述 data1 與 data1a、df1a 與 df1 以及 df1b 與 df1c 的差異。比較重要的是
df1c 的建立方式，其不是可用於建立含日期與時間的「索引欄」與多層次索引欄的
資料框嗎？

例 1 無名稱的資料框

試下列指令：

```
dataa = '林 1, 20, 87\n 張 3, 18, 90\n 李 4, 22, 75'
dfae = pd.read_csv(StringIO(dataa), names=[" 姓名 ", " 年齡 ", " 國分 "], header=None)
dfae
#    姓名  年齡  國分
# 0  林 1   20    87
# 1  張 3   18    90
# 2  李 4   22    75
dfad = pd.read_csv(StringIO(dataa), names=[" 姓名 ", " 年齡 ", " 國分 "], header=0)
dfad
#    姓名  年齡  國分
# 0  張 3   18    90
# 1  李 4   22    75
```

```
dfab = pd.read_csv(StringIO(dataa), header=0)
dfab
#    林1  20  87
# 0  張3  18  90
# 1  李4  22  75
dfaa = pd.read_csv(StringIO(dataa), header=None)
dfaa
#      0   1   2
# 0  林1  20  87
# 1  張3  18  90
# 2  李4  22  75
```

即 dataa 是刪除上述 data 內的「名稱」。有意思的是，比較上述的 dfad 與 dfab 的
差異，若使用 "head = 0" 指令，不管有無提供「名稱」，其結果只是 dataa 內的第
2 與 3 列；尤其甚者，檢視 dfab 的結果，其竟然將 dataa 內的第 1 列內的元素視
為各行的「名稱」！當然，若無提供「名稱」，使用 "header = None" 指令，模組
（panders）則自動提供各行的「名稱」如上述 dfaa 所示。

例2 叫出元素

續例 1，我們試著叫出上述 dfaa 與 dfab 內的元素，試下列指令：

```
dfaa[:][1]
# 0    20
# 1    18
# 2    22
# Name: 1, dtype: int64
dfaa.iloc[1]
# 0    張3
# 1    18
# 2    90
# Name: 1, dtype: object
dfab['20']
# 0    18
# 1    22
# Name: 20, dtype: int64
dfaa['1'] # KeyError: '1'
```

是否可看出上述指令的區別？繼續嘗試叫出其餘的元素。

例3　**附註釋的資料框**

試下列指令：

```
data4 = "\n a, b, c\n  \n # 我喜歡 Python\n 1, 2, 3\n\n 4, 5, 6"
print(data4)
#
#  a, b, c
#
#  # 我喜歡 Python
#  1, 2, 3
#
#  4, 5, 6
pd.read_csv(StringIO(data4), comment="#", header=0)
#     a    b    c
# 0        NaN  NaN
# 1   1  2.0  3.0
# 2   4  5.0  6.0
data5 = (
        "# 我喜歡 Python\n"
        "# 你也喜歡 Python\n"
        "# 那他呢 ?\n"
        "X, Y, Z\n"
        "1, 2, 3\n"
        "A, B, C\n"
        "1, 2., 4. \n"
        "5., NaN, 10. 0\n"
        )
print(data5)
# # 我喜歡 Python
# # 你也喜歡 Python
# # 那他呢 ?
# X, Y, Z
# 1, 2, 3
# A, B, C
# 1, 2., 4.
# 5., NaN, 10. 0
pd.read_csv(StringIO(data5), comment="#", skiprows=4, header=0)
```

```
#      1     2     3
# 0    A     B     C
# 1    1     2.    4.
# 2    5.    NaN   10.0
```

即可於資料框內加上「註釋」。可以注意 "skiprows" 指令的用法。

例 4　模擬的資料框

試下列指令：

```
import numpy as np
np.random.seed(1234)
for i in range(3):
    dataX = pd.DataFrame(np.random.randn(5, 4))
    dataX.to_csv("file_{}.csv".format(i))
files = ["file_0.csv", "file_1.csv", "file_2.csv"]
result = pd.concat([pd.read_csv(f) for f in files], ignore_index=True)
result
#     Unnamed: 0        0          1          2          3
# 0            0   0.471435  -1.190976   1.432707  -0.312652
# 1            1  -0.720589   0.887163   0.859588  -0.636524
# 2            2   0.015696  -2.242685   1.150036   0.991946
# ……
# 13           3  -1.401973  -0.100918  -0.548242  -0.144620
# 14           4   0.354020  -0.035513   0.565738   1.545659
```

讀者可以檢視 dataX 為何，並嘗試解釋上述程式碼的意思[3]。

習題

(1) 試解釋模組（pandas）內的 read_csv(.) 函數指令的意思。

(2) 試敘述本節所介紹建立資料框的方法。

(3) 試將下列的資料建立一種資料框。

---

[3] np.random.randn(5, 4) 是指模擬出 20 個標準常態分配的觀察值並存於一個 5×4 的矩陣內。

```
key1, key2, value1, value2
one, a, 1, 2
one, b, 3, 4
one, c, 5, 6
one, d, 7, 8
two, a, 9, 10
two, b, 11, 12
two, c, 13, 14
two, d, 15, 16
```

(4) 續上題，若索引欄的名稱為 key1，則對應的指令為何？

(5) 續上題，若索引欄的名稱分別為 key1 與 key2，則對應的指令為何？

(6) 續上題，試叫出多層次資料框的元素。

(7) 續例 4，試改用模組（scipy.stats）內的 norm(.) 函數模擬出資料。

(8) 試將下列的資料建立一種資料框。

```
ID;level;category
Patient1;123,000;x
Patient2;23,000;y
Patient3;1,234,018;z
```

(9) 續上題，除去數值資料內的逗號。提示：試下列指令：

```
dfk = pd.read_csv(StringIO(datak), index_col=False, sep=';')
dfk
#          ID      level category
# 0  Patient1    123,000        x
# 1  Patient2     23,000        y
# 2  Patient3  1,234,018        z
dfk1 = pd.read_csv(StringIO(datak), index_col=False, sep=';', thousands=",")
dfk1
#          ID    level category
# 0  Patient1   123000        x
# 1  Patient2    23000        y
# 2  Patient3  1234018        z
```

(10) 試建立底下的資料框。

```
         ID      level       category
0    病患 1    123,000    x # 非常不舒服
1    病患 2     23,000    y # 不願意吃藥
2    病患 3  1,234,018    z # 好棒
```

8.2 含日期時間的資料框

　　首先我們來看如何建立含日期的 csv 檔案。試下列指令：

```
data1 = "日期,數學,國文,英文\n20200501,80,85,75\n20200802,68,79,83\
n20201103,80,65,68"
print(data1)
# 日期,數學,國文,英文
# 20200501,80,85,75
# 20200802,68,79,83
# 20201103,80,65,68
df1 = pd.read_csv(StringIO(data1), index_col=0, parse_dates=True)
df1
#             數學   國文   英文
# 日期
# 2020-05-01   80     85     75
# 2020-08-02   68     79     83
# 2020-11-03   80     65     68
df1.index
# DatetimeIndex(['2020-05-01', '2020-08-02', '2020-11-03'],
#  dtype='datetime64[ns]', name='日期', freq=None)
df1b = pd.read_csv(StringIO(data1), index_col=0)
df1b
#           數學   國文   英文
# 日期
# 20200501   80     85     75
# 20200802   68     79     83
# 20201103   80     65     68
```

　　可留意 "index_col = 0" 指令的用法。上述程式碼是將 data1 轉換成 df1，其中後者的索引欄為日期。可以注意 pd.read_csv(.) 函數內 "parse_dates = True" 指令的用法，該指令另有其他用法，底下自然可看出。比較上述 df1 與 df1b 結果的差異，

自然可看出上述程式碼的意思。

雖說如此，還是有些困擾。例如：究竟 2020-05-01 是 5 月 1 日抑或是 1 月 5 日④？再試下列指令：

```
df1c = pd.read_csv(StringIO(data1), index_col=0, parse_dates=True,dayfirst=True)
df1c
#           數學   國文   英文
# 日期
# 2020-01-05   80    85    75
# 2020-02-08   68    79    83
# 2020-11-03   80    65    68
df1c.index
# DatetimeIndex(['2020-05-01', '2020-08-02', '2020-11-03'],
#   dtype='datetime64[ns]', name='日期', freq=None)
```

是故，爲了避免產生困擾，可於 read_csv(.) 函數內加入 "dayfirst = True" 指令。再試試：

```
data1a = "日期, 數學, 國文, 英文 \n20200105,80,85,75\n20200208,68,79,83\
n20202311,80,65,68"
df1d = pd.read_csv(StringIO(data1a), index_col=0, parse_dates=True)
df1d
#           數學   國文   英文
# 日期
# 20200105   80    85    75
# 20200208   68    79    83
# 20202311   80    65    68
df1d.index
# Int64Index([20200105, 20200208, 20202311], dtype='int64', name='日期')
df1e = pd.read_csv(StringIO(data1a), index_col=0, parse_dates=True,dayfirst=True)
df1e
#           數學   國文   英文
# 日期
# 2020-01-05   80    85    75
# 2020-02-08   68    79    83
# 2020-11-23   80    65    68
```

---

④ 美國的日期顯示爲 MM/DD/YYYY，但是國際上通用卻是 DD/MM/YYYY。

```
df1e.index
# DatetimeIndex(['2020-01-05', '2020-02-08', '2020-11-23'],
#     dtype='datetime64[ns]', name='日期', freq=None)
```

於上述 data1a 內可看出 "20202311" 應該為 2020 年 11 月 23 日。比較上述 df1、df1d 與 df1e，應可看出端倪。

再舉一個例子。試下列指令：

```
data2 = '姓名, 雇用日期, 薪水, 休假剩餘日 \n 林 1, 02/20/18, 50000.00, 11 \
    \n 張 3, 07/17/16, 65000.00, 9\n 李 4, 06/12/15, 45000.00, 10\n 王 5, 12/01/14, 70000.00, 5 \
    \n 陸 6, 08/12/14, 48000.00, 6\n 章 7, 06/24/12, 66000.00, 3'
print(data2)
# 姓名, 雇用日期, 薪水, 休假剩餘日
# 林 1, 02/20/18, 50000.00, 11
# 張 3, 07/17/16, 65000.00, 9
# 李 4, 06/12/15, 45000.00, 10
# 王 5, 12/01/14, 70000.00, 5
# 陸 6, 08/12/14, 48000.00, 6
# 章 7, 06/24/12, 66000.00, 3
dfn = pd.read_csv(StringIO(data2))
dfn
#      姓名      雇用日期       薪水    休假剩餘日
# 0    林 1     02/20/18    50000.0        11
# 1    張 3     07/17/16    65000.0         9
# 2    李 4     06/12/15    45000.0        10
# 3    王 5     12/01/14    70000.0         5
# 4    陸 6     08/12/14    48000.0         6
# 5    章 7     06/24/12    66000.0         3
dfn1 = pd.read_csv(StringIO(data3), index_col='姓名')
dfn1
#          雇用日期       薪水    休假剩餘日
# 姓名
# 林 1     02/20/18    50000.0        11
# 張 3     07/17/16    65000.0         9
# 李 4     06/12/15    45000.0        10
# 王 5     12/01/14    70000.0         5
# 陸 6     08/12/14    48000.0         6
# 章 7     06/24/12    66000.0         3
```

可以注意 "index_col" 指令的用法。接下來，將上述 dfn1 內的 " 雇用日期 " 改成：

```
dfn2 = pd.read_csv(StringIO(data3), index_col='姓名',parse_dates=['雇用日期'])
dfn2
#           雇用日期      薪水    休假剩餘日
# 姓名
# 林 1      2018-02-20    50000.0       11
# 張 3      2016-07-17    65000.0        9
# 李 4      2015-06-12    45000.0       10
# 王 5      2014-12-01    70000.0        5
# 陸 6      2014-08-12    48000.0        6
# 章 7      2012-06-24    66000.0        3
```

由此可看出 "parse_dates" 指令的用處；或者我們檢視下列的型態：

```
type(dfn1['雇用日期'][0]) # str
type(dfn2['雇用日期'][0]) # pandas._libs.tslibs.timestamps.Timestamp
```

即 dfn1 內的日期仍是字串，但是 dfn2 內的日期已是模組（pandas）內的日期表示方式。

假定我們想將上述 data2 儲存，可用下列方式：

```
dfn3 = pd.read_csv(StringIO(data2),
        index_col='員工',
        parse_dates=['雇用日期'],
        header=0,
        names=['員工', '雇用日期', '薪水', '休假剩餘日'])
dfn3
#           雇用日期      薪水    休假剩餘日
# 員工
# 林 1      2018-02-20    50000.0       11
# 張 3      2016-07-17    65000.0        9
# 李 4      2015-06-12    45000.0       10
# 王 5      2014-12-01    70000.0        5
# 陸 6      2014-08-12    48000.0        6
# 章 7      2012-06-24    66000.0        3
```

換言之，透過 "names" 指令可以更改名稱，接著儲存爲 csv 與 xlsx 檔案，即：

```
dfn3.to_csv('F:\DataPython\ch8\data\hired.csv')
dfn3.to_excel('F:\DataPython\ch8\data\hired.xlsx')
#
data2a = '姓名，雇用日期，薪水，休假剩餘日 \nA1, 02/20/18, 50000.00, 11 \
    \nB3, 07/17/16, 65000.00, 9\nC4, 06/12/15, 45000.00, 10\nD5, 12/01/14, 70000.00, 5 \
    \nE6, 08/12/14, 48000.00, 6\nF7, 06/24/12, 66000.00, 3'
dfn4 = pd.read_csv(StringIO(data2a),
              index_col='Employee',
              parse_dates=['Hired'],
              header=0,
              names=['Employee', 'Hired', 'Salary', 'Dayoff'])
dfn4
dfn4.to_csv('F:\DataPython\ch8\data\hired1.csv')
dfn4.to_excel('F:\DataPython\ch8\data\hired1.xlsx')
```

應留意上述 dfn4 的內容（含名稱與姓名等全用英文表示）。可以注意的是，上述所儲存的檔案分別用 Excel 與「記事本」開啓，結果會有所不同，讀者可以試試[5]。

我們再來看 "parse_dates" 指令還有何使用方式？試下列指令：

```
df2 = pd.read_csv('F:/DataPython/ch8/data/tem.txt', sep=';')
df2
#      儀器 A    20210327    18:00:00    17:56:00    0.8100
# 0    儀器 A    20210327    19:00:00    18:56:00       0.01
# 1    儀器 A    20210327    20:00:00    19:56:00      -0.59
# 2    儀器 A    20210327    21:00:00    20:56:00      -0.99
# 3    儀器 A    20210327    22:00:00    21:56:00      -0.59
# 4    儀器 A    20210327    23:00:00    22:56:00      -0.59
```

讀者可以檢視所附的 tem.txt 檔案。再試下列指令：

```
df3 = pd.read_csv('F:/DataPython/ch8/data/tem.txt', sep=';', header=None, parse_
dates=[[1, 2], [1, 3]])
```

---

[5] 例如：若我們用 Excel 開啓上述所儲存的檔案，應會發現 hired.csv 檔案內的中文部分會出現亂碼，但是若使用「記事本」開啓則可保留原檔案內容。

```
df3
#                       1_2                1_3      0      4
# 0 2021-03-27 18:00:00 2021-03-27 17:56:00  儀器A  0.81
# 1 2021-03-27 19:00:00 2021-03-27 18:56:00  儀器A  0.01
# 2 2021-03-27 20:00:00 2021-03-27 19:56:00  儀器A -0.59
# 3 2021-03-27 21:00:00 2021-03-27 20:56:00  儀器A -0.99
# 4 2021-03-27 22:00:00 2021-03-27 21:56:00  儀器A -0.59
# 5 2021-03-27 23:00:00 2021-03-27 22:56:00  儀器A -0.59
```

即透過 "parse_dates = [[1, 2], [1, 3]]" 指令可將 df2 內的時間重新「定義」。接著使用 "keep_date_col = True" 指令：

```
df4 = pd.read_csv('F:/DataPython/ch8/data/tem.txt', sep=';', header=None,
            parse_dates=[[1, 2], [1, 3]], keep_date_col=True)
df4
#                       1_2                1_3      0 ...        2        3      4
# 0 2021-03-27 18:00:00 2021-03-27 17:56:00  儀器A ...  18:00:00  17:56:00  0.81
# 1 2021-03-27 19:00:00 2021-03-27 18:56:00  儀器A ...  19:00:00  18:56:00  0.01
# 2 2021-03-27 20:00:00 2021-03-27 19:56:00  儀器A ...  20:00:00  19:56:00 -0.59
# 3 2021-03-27 21:00:00 2021-03-27 20:56:00  儀器A ...  21:00:00  20:56:00 -0.99
# 4 2021-03-27 22:00:00 2021-03-27 21:56:00  儀器A ...  22:00:00  21:56:00 -0.59
# 5 2021-03-27 23:00:00 2021-03-27 22:56:00  儀器A ...  23:00:00  22:56:00 -0.59
#
# [6 rows x 7 columns]
```

比較 df3 與 df4 結果的差異，可看出 "keep_date_col = True" 指令的功能，我們試叫出 df4 內的元素如：

```
df4.columns
# Index(['1_2', '1_3', 0, 1, 2, 3, 4], dtype='object')
df4[:][1]
# 0    20210327
# 1    20210327
# 2    20210327
# 3    20210327
# 4    20210327
# 5    20210327
```

```
# Name: 1, dtype: object
df4[:]['1_2']
# 0    2021-03-27 18:00:00
# 1    2021-03-27 19:00:00
# 2    2021-03-27 20:00:00
# 3    2021-03-27 21:00:00
# 4    2021-03-27 22:00:00
# 5    2021-03-27 23:00:00
# Name: 1_2, dtype: datetime64[ns]
df4[:].loc[0]
# 1_2    2021-03-27 18:00:00
# 1_3    2021-03-27 17:56:00
# 0                    儀器 A
# 1                20210327
# 2                18:00:00
# 3                17:56:00
# 4                    0.81
# Name: 0, dtype: object
df4[:].iloc[3]
# 1_2    2021-03-27 21:00:00
# 1_3    2021-03-27 20:56:00
# 0                    儀器 A
# 1                20210327
# 2                21:00:00
# 3                20:56:00
# 4                   -0.99
# Name: 3, dtype: object
df4[4]
# 0     0.81
# 1     0.01
# 2    -0.59
# 3    -0.99
# 4    -0.59
# 5    -0.59
# Name: 4, dtype: float64
```

從上述 df4[:].loc[0] 或 df4[:].iloc[3] 的結果可看出 "1_2" 與 "1_3" 欄類似於索引欄。

也許可以重新定義索引欄，試下列指令：

```
date_spec = {" 測試 ": [1, 2], " 開機 ": [1, 3]}
df5 = pd.read_csv('F:/DataPython/ch8/data/tem.txt', header=None, sep=';',
                  parse_dates=date_spec)
df5
#    測試                  開機                      0    4
# 0 2021-03-27 18:00:00 2021-03-27 17:56:00  儀器 A  0.81
# 1 2021-03-27 19:00:00 2021-03-27 18:56:00  儀器 A  0.01
# 2 2021-03-27 20:00:00 2021-03-27 19:56:00  儀器 A -0.59
# 3 2021-03-27 21:00:00 2021-03-27 20:56:00  儀器 A -0.99
# 4 2021-03-27 22:00:00 2021-03-27 21:56:00  儀器 A -0.59
# 5 2021-03-27 23:00:00 2021-03-27 22:56:00  儀器 A -0.59
df6 = pd.read_csv('F:/DataPython/ch8/data/tem.txt', header=None, sep=';',
                  parse_dates=date_spec, index_col=[0,1])
df6
#                                               0    4
#    測試                  開機
# 2021-03-27 18:00:00 2021-03-27 17:56:00  儀器 A  0.81
# 2021-03-27 19:00:00 2021-03-27 18:56:00  儀器 A  0.01
# 2021-03-27 20:00:00 2021-03-27 19:56:00  儀器 A -0.59
# 2021-03-27 21:00:00 2021-03-27 20:56:00  儀器 A -0.99
# 2021-03-27 22:00:00 2021-03-27 21:56:00  儀器 A -0.59
# 2021-03-27 23:00:00 2021-03-27 22:56:00  儀器 A -0.59
df6a = pd.read_csv('F:/DataPython/ch8/data/tem.txt', header=None, sep=';',
                   parse_dates=date_spec, index_col=[1,0])
df6a.columns = [' 儀器 ',' 結果 ']
df6a
#                                             儀器   結果
# 開機                  測試
# 2021-03-27 17:56:00 2021-03-27 18:00:00  儀器 A  0.81
# 2021-03-27 18:56:00 2021-03-27 19:00:00  儀器 A  0.01
# 2021-03-27 19:56:00 2021-03-27 20:00:00  儀器 A -0.59
# 2021-03-27 20:56:00 2021-03-27 21:00:00  儀器 A -0.99
# 2021-03-27 21:56:00 2021-03-27 22:00:00  儀器 A -0.59
# 2021-03-27 22:56:00 2021-03-27 23:00:00  儀器 A -0.59
```

即已將 df2 轉換成一種多層次資料框如上述 df6a 所示。

我們可以繼續建立一種含日期的多層次資料框。試下列指令：

```
Data = '年 | 季 |x|y\n2009|1|1.20|0.60\n2009|2|1.50|0.70 \
    \n2009|3|1.50|0.05\n2009|4|1.30|0.20 \
    \n2010|1|1.40|0.65\n2010|2|1.38|0.65 \
    \n2010|3|1.26|0.25\n2010|4|1.25|0.20 \
    \n2011|1|3.40|1.90\n2011|2|2.38|1.65 \
    \n2011|3|2.48|1.10\n2011|4|1.35|1.01'
print(Data)
# 年 | 季 |x|y
# 2009|1|1.20|0.60
# 2009|2|1.50|0.70
# 2009|3|1.50|0.05
# ……
# 2011|3|2.48|1.10
# 2011|4|1.35|1.01

dfj = pd.read_csv(StringIO(Data), index_col=[0, 1], sep='|')
dfj
#              x      y
# 年  季
# 2009 1   1.20   0.60
#      2   1.50   0.70
#      3   1.50   0.05
#      4   1.30   0.20
# 2010 1   1.40   0.65
#      2   1.38   0.65
#      3   1.26   0.25
#      4   1.25   0.20
# 2011 1   3.40   1.90
#      2   2.38   1.65
#      3   2.48   1.10
#      4   1.35   1.01
```

讀者可嘗試叫出 dfj 內的索引欄。再試：

```
Data1 = ",2019,2019,2019,2019,2020,2020,2020,2020 \
    \n,1,2,3,4,1,2,3,4 \
    \n 情況一 ,0.10,0.25,0.33,0.13,0.04,0.25,0.16,0.07 \
    \n 情況二 ,0.17,0.08,0.29,0.10,0.11,0.12,0.28,0.09"
print(Data1)
```

```
# , 2019, 2019, 2019, 2019, 2020, 2020, 2020, 2020
# , 1, 2, 3, 4, 1, 2, 3, 4
# 情況一 , 0. 10, 0. 25, 0. 33, 0. 13, 0. 04, 0. 25, 0. 16, 0. 07
# 情況二 , 0. 17, 0. 08, 0. 29, 0. 10, 0. 11, 0. 12, 0. 28, 0. 09
dfk = pd. read_csv(StringIO(Data1), header=[0, 1], index_col=0)
dfk. index. names = ['狀態']
dfk
#      2019                      2020              2020
#          1     2     3     4     1     2     3         4
# 狀態
# 情況一  0.10  0.25  0.33  0.13  0.04  0.25  0.16     0.07
# 情況二  0.17  0.08  0.29  0.10  0.11  0.12  0.28     0.09
dfk. values
# array([[0.1 , 0.25, 0.33, 0.13, 0.04, 0.25, 0.16, 0.07],
#        [0.17, 0.08, 0.29, 0.1 , 0.11, 0.12, 0.28, 0.09]])
```

讀者亦可嘗試叫出 dfk 內的姓名欄。

例 1 **使用模組（pandas._testing）內的 makeCustomDataframe(.) 函數**

試下列指令：

```
from pandas._testing import makeCustomDataframe as mkdf
dfm = mkdf(2, 8, r_idx_nlevels=1, c_idx_nlevels=2)
dfm
# C0        C_10_g0 C_10_g1 C_10_g2 C_10_g3 C_10_g4 C_10_g5 C_10_g6 C_10_g7
# C1        C_11_g0 C_11_g1 C_11_g2 C_11_g3 C_11_g4 C_11_g5 C_11_g6 C_11_g7
# R0
# R_10_g0   R0C0    R0C1    R0C2    R0C3    R0C4    R0C5    R0C6    R0C7
# R_10_g1   R1C0    R1C1    R1C2    R1C3    R1C4    R1C5    R1C6    R1C7
```

即使用模組（pandas._testing）內的 makeCustomDataframe(.) 函數指令（簡稱爲 mkdf）可得 dfm。我們參考 dfm 與上述 dfk 的「名稱」與「索引欄」的設定方式，可得：

```
dfm. index = dfk. index
dfm. columns
```

```
# MultiIndex([('C_10_g0', 'C_11_g0'),
#             ('C_10_g1', 'C_11_g1'),
#             ('C_10_g2', 'C_11_g2'),
#             ('C_10_g3', 'C_11_g3'),
#             ('C_10_g4', 'C_11_g4'),
#             ('C_10_g5', 'C_11_g5'),
#             ('C_10_g6', 'C_11_g6'),
#             ('C_10_g7', 'C_11_g7')],
#           names=['C0', 'C1'])
iterables1 = [["2019",'2020'], ["1", "2",'3','4']]
index2 = pd.MultiIndex.from_product(iterables1, names=[" 年 ", " 季 "])
index2
dfm.columns = index2
dfm.index = dfk.index
dfm
# 年    2019                        2020
# 季      1     2     3     4     1     2     3     4
# 狀態
# 情況一  R0C0  R0C1  R0C2  R0C3  R0C4  R0C5  R0C6  R0C7
# 情況二  R1C0  R1C1  R1C2  R1C3  R1C4  R1C5  R1C6  R1C7
```

即 dfm 與 dfk 的框架已相同。

例 2 續例 1

　　再試下列指令：

```
dfm1 = mkdf(4, 8, r_idx_nlevels=4, c_idx_nlevels=2)
dfm1
# C0                                      C_10_g0 C_10_g1 C_10_g2 ... C_10_g5 C_10_g6 C_10_g7
# C1                                      C_11_g0 C_11_g1 C_11_g2 ... C_11_g5 C_11_g6 C_11_g7
# R0       R1       R2       R3                               ...
# R_10_g0 R_11_g0 R_12_g0 R_13_g0   R0C0   R0C1   R0C2 ...   R0C5 R0C6 R0C7
# R_10_g1 R_11_g1 R_12_g1 R_13_g1   R1C0   R1C1   R1C2 ...   R1C5 R1C6 R1C7
# R_10_g2 R_11_g2 R_12_g2 R_13_g2   R2C0   R2C1   R2C2 ...   R2C5 R2C6 R2C7
# R_10_g3 R_11_g3 R_12_g3 R_13_g3   R3C0   R3C1   R3C2 ...   R3C5 R3C6 R3C7
dfm1.index
# MultiIndex([('R_10_g0', 'R_11_g0', 'R_12_g0', 'R_13_g0'),
#             ('R_10_g1', 'R_11_g1', 'R_12_g1', 'R_13_g1'),
```

```
#                    ('R_10_g2', 'R_11_g2', 'R_12_g2', 'R_13_g2'),
#                    ('R_10_g3', 'R_11_g3', 'R_12_g3', 'R_13_g3')],
#              names=['R0', 'R1', 'R2', 'R3'])
```

可知上述 dfm1 內有 4 種索引欄。

例3 續例2

也許上述 dfm1 的設定方式不符合我們的直覺，我們嘗試改變，即：

```
iterables2 = [["2020",'2021'], ["1", "2",'3','4']]
columns2 = pd.MultiIndex.from_product(iterables2, names=["年", "季"])
arrays = [["無疫情", "無疫情", "有疫情", "有疫情"],["情況一", "情況二", "情況一",
"情況二"]]
tuples = list(zip(*arrays))
index1 = pd.MultiIndex.from_tuples(tuples, names=["疫情", "狀態"])
import numpy as np
np.random.seed(1234)
X = np.round(np.random.randn(4, 8), 2)
dfm2 = pd.DataFrame(X, columns=columns2, index=index1)
dfm2
# 年              2020                    2021
# 季          1     2     3     4     1     2     3     4
# 疫情    狀態
# 無疫情  情況一  0.47 -1.19  1.43 -0.31 -0.72  0.89  0.86 -0.64
#        情況二  0.02 -2.24  1.15  0.99  0.95 -2.02 -0.33  0.00
# 有疫情  情況一  0.41  0.29  1.32 -1.55 -0.20 -0.66  0.19  0.55
#        情況二  1.32 -0.47  0.68 -1.82 -0.18  1.06 -0.40  0.34
```

讀者可練習看看。

習題

(1) 試敘述如何利用 pd.read_csv(.) 函數指令建立一種多層次資料框。

(2) 試敘述 pd.read_csv(.) 函數內 "parse_dates" 指令所扮演的角色。

(3) 猜猜下列的 DF 內容為何？

```
i = pd.date_range("20000101", periods=10000)
DF = pd.DataFrame({"year": i.year, "month": i.month, "day": i.day})
DF
```

(4) 續上題，試建立一個多層次資料框，其中索引欄為 DF。

(5) 將本節的 dfk 儲存為 dfk.txt 檔案，叫回後其內容是否與 Data1 相同？

(6) 續上題，試利用叫回的檔案建立內容與 dfk 相同的資料框。

(7) 就本節的 Data1 資料而言，若漏寫 2020 年第 4 季的名稱，其餘不變，則編成後的資料框，其內容為何？此時若欲叫出 2020 年第 4 季的資料，該如何操作。

(8) 想想看，下列的資料框如何建立？

	Param1	Param2	Param4	Param5
date				
2020-01-01 00:00:00	1	1	2	3
2020-01-01 01:00:00	5	3	4	5
2020-01-01 02:00:00	9	5	6	7
2020-01-01 03:00:00	13	7	8	9
2020-01-01 04:00:00	17	9	10	11
2020-01-01 05:00:00	21	11	12	13

(9) 續上題，若不知如何建立，不妨於「記事本或 Excel」內建立上述檔案（此時應不需要索引欄），再利用 pd.read_csv(.) 函數指令讀取。

(10) 續上題，試下列指令：

```
data12 = """;;;;
        ;;;;
        ;;;;
        ;;;;
        ;;;;
        ;;;;
        ;;;;
        ;;;;
        ;;;;
        ;;;;
        date;Param1;Param2;Param4;Param5
        ;m² ;˚C;m² ;m
```

```
            ;;;;
            01.01.2020 00:00;1;1;2;3
            01.01.2020 01:00;5;3;4;5
            01.01.2020 02:00;9;5;6;7
            01.01.2020 03:00;13;7;8;9
            01.01.2020 04:00;17;9;10;11
            01.01.2020 05:00;21;11;12;13
        """
DF5 = pd.read_csv(StringIO(data12), sep=";", skiprows=[11, 12], index_col=0,
                parse_dates=True, header=10)
DF5
link5 = "F:/DataPython/ch8/data/DF5.txt"
DF5.to_csv(link5)
```

8.3 從網路下載資料

接著，我們嘗試從網路下載資料。試下列指令：

```
dfm = pd.read_csv("https://download.bls.gov/pub/time.series/cu/cu.item", sep="\t")
dfm
#      item_code  ...  sort_sequence
# 0          AA0  ...              2
# 1         AA0R  ...            399
# 2          SA0  ...              1
# 3         SA0E  ...            374
# 4        SA0L1  ...            358
# ...        ...  ...            ...
# 394    SS68023  ...            352
# 395    SSEA011  ...            314
# 396   SSFV031A  ...            122
# 397    SSGE013  ...            355
# 398    SSHJ031  ...            165
#
# [399 rows x 5 columns]
```

詳細的資料可參考本章所附的 cu.item 檔案或上述網站。讀者可以練習叫出 dfm 內的元素。

上述是使用模組（pandas）內的 read_csv(.) 函數指令。其實，我們亦可以使用模組（pandas）內的 read_html(.) 函數指令。例如：

```
url = (
        "https://raw.githubusercontent.com/pandas-dev/pandas/master/pandas/tests/io/
         data/html/spam.html"
      )
dfs = pd.read_html(url)
```

讀者亦可以先檢視上述網站[6]。值得注意的是，上述 dfs 並不是一種資料框，我們可以透過下列指令得知，即：

```
type(dfs) # list
len(dfs) # 1
DFs = dfs[0]
type(DFs) # pandas.core.frame.DataFrame
```

換言之，dfs 是一種 list，而其內只有一種資料框 DFs。我們進一步檢視 DFs 的內容，試下列指令：

```
DFs.head()
            Nutrient        Unit ...  Unnamed: 4  Unnamed: 5
0          Proximates  Proximates ...  Proximates  Proximates
1               Water           g ...         NaN         NaN
2              Energy        kcal ...         NaN         NaN
3             Protein           g ...         NaN         NaN
4   Total lipid (fat)           g ...         NaN         NaN

[5 rows x 6 columns]
```

讀者可以檢視其他內容。

是故，利用模組（pandas）內的 read_html(.) 函數指令，我們可以截取許多網路上的「表格」內容。舉一個例子說明。假定我們欲下載台灣高鐵票價表，可先至下列網站，即：

---

[6] 若網站的路徑有改變或移除，則可參考本章所附的 spam 檔案。

```
url1 = (
    "https://www.thsrc.com.tw/ArticleContent/743c51ac-124d-4b1a-a57b-1fd820848032"
    )
```

然後再使用 pd.read_html(.) 函數指令，可得：

```
HSR = pd.read_html(url1)
type(HSR) # list
len(HSR) # 5
```

因此可知 HSR 仍是一種 list，不過其內卻有 5 種資料框。我們叫出一些資料框看看，試下列指令：

```
HSR[0].head()
#    車站  南港   台北   板橋  桃園  新竹   苗栗   台中   彰化   雲林   嘉義   台南   左營
# 0 南港    -   260*  310*  500  700   920  1330  1510  1660  1880  2290  2500
# 1 台北   40     -   260*  440  640   850  1250  1430  1600  1820  2230  2440
# 2 板橋   70    40     -   400  590   800  1210  1390  1550  1780  2180  2390
# 3 桃園  200   160   130    -   400   620  1010  1210  1370  1580  1990  2200
# 4 新竹  330   290   260   130    -   410   820  1010  1160  1390  1790  2000
HSR[1].head()
#    車站  南港   台北   板橋  桃園  新竹   苗栗   台中   彰化   雲林   嘉義   台南   左營
# 0 南港    -   NaN   NaN  NaN  NaN  NaN   NaN   NaN   NaN   NaN   NaN   NaN   NaN
# 1 台北   35     -   NaN  NaN  NaN  NaN   NaN   NaN   NaN   NaN   NaN   NaN
# 2 板橋   65    35     -   NaN  NaN  NaN   NaN   NaN   NaN   NaN   NaN   NaN
# 3 桃園  190   155   125    -   NaN  NaN   NaN   NaN   NaN   NaN   NaN   NaN
# 4 新竹  320   280   250   125    -   NaN   NaN   NaN   NaN   NaN   NaN   NaN
HSR[4].head()
#    車站  南港   台北   板橋  桃園  新竹   苗栗   台中   彰化   雲林   嘉義   台南   左營
# 0 南港    -   245*  290*  475  665   870  1260  1430  1575  1785  2175  2375
# 1 台北  35*     -   245*  415  605   805  1185  1355  1520  1725  2115  2315
# 2 板橋  65*   35*     -   380  560   760  1145  1320  1470  1690  2070  2270
# 3 桃園  190   150   120    -   380   585   955  1145  1300  1500  1890  2090
# 4 新竹  310   275   245   120    -   385   775   955  1100  1320  1700  1900
```

我們可檢視上述資料框屬於何種票價表（檢視上述高鐵網站）。

其實，我們應該已經知道上述 HSR 是屬於資料框之間的列合併；不過，因上述 HSR 並不屬於資料框，故需要進一步更改。試下列指令：

```
P1 = {"普通票 / 全票票價表": HSR[0], "自由座全票票價表": HSR[1], "優待票價表": HSR[2],
    "自由座優待票價表": HSR[3], "團體票票價表": HSR[4]}
HSRFarer = pd.concat(P1, axis=0)
```

接下來儲存上述票價表，即：

```
HSRFarer.to_excel("F:/DataPython/ch8/data/HSRFarer.xlsx", sheet_name="Row")
```

可以注意上述儲存的 Excel 頁面稱為 "Row"。

　　同理，HSR 資料框之間的行合併與儲存可為：

```
HSRFarec = pd.concat(P1, axis=1)
HSRFarec.to_excel("F:/DataPython/ch8/data/HSRFarec.xlsx", sheet_name="column")
```

我們亦可以利用下列指令同時儲存上述 HSRFarer 與 HSRFarec 二檔案：

```
with pd.ExcelWriter("F:/DataPython/ch8/data/HSRFare.xlsx") as writer:
    HSRFarer.to_excel(writer, sheet_name="Sheet1")
    HSRFarec.to_excel(writer, sheet_name="Sheet2")
```

即 HSRFarer 與 HSRFarec 二檔案分別置於 HSRFare.xlsx 檔案內的第 1 頁與 2 頁。
讀者可用 Excel 檢視上述 HSRFarer.xlsx、HSRFarec.xlsx 與 HSRFare.xlsx 檔案。

　　類似地，亦可以用下列指令將上述 Excel 檔案讀回來：

```
with pd.ExcelFile("F:/DataPython/ch8/data/HSRFare.xlsx") as xlsx:
    df1 = pd.read_excel(xlsx, "Sheet1")
    df2 = pd.read_excel(xlsx, "Sheet2")
df1.head()
#   Unnamed: 0    Unnamed:    1   車站   南港    台北   ...   彰化   雲林   嘉義   台南   左營
# 0   普通票 / 全票票價表   0   南港    -    260*  ...  1510  1660  1880  2290  2500
# 1          NaN    1   台北   40      -   ...  1430  1600  1820  2230  2440
# 2          NaN    2   板橋   70     40   ...  1390  1550  1780  2180  2390
# 3          NaN    3   桃園  200    160   ...  1210  1370  1580  1990  2200
```

```
# 4              NaN              4  新竹  330      290  ...  1010  1160  1390  1790  2000
#
# [5 rows x 15 columns]
# df2.head()
# Unnamed: 0  普通票 / 全票票價表  Unnamed: 2  ...  Unnamed: 63  Unnamed: 64  Unnamed: 65
# 0              NaN          車站        南港    ...          嘉義          台南          左營
# 1              NaN         NaN       NaN    ...         NaN         NaN         NaN
# 2              0.0          南港         -    ...        1785        2175        2375
# 3              1.0          台北        40    ...        1725        2115        2315
# 4              2.0          板橋        70    ...        1690        2070        2270
#
# [5 rows x 66 columns]
```

即上述 df1 與 df2 分別為 HSRFarer 與 HSRFarec 檔案。

例 1　中央銀行 110 年 2 月底外匯存底預定之發布時間

至下列中央銀行網站下載 110 年 2 月底外匯存底預定之發布時間如：

```
url2 = ("https://win.dgbas.gov.tw/dgbas03/bs7/calendar/calendar.asp?selorg=27")
bs7 = pd.read_html(url2)
bs7
type(bs7) # list
len(bs7) # 3
bs7[0]
#                           0                                                        1
# 0                       NaN                                                      NaN
# 1 【本表序號項有 "*" 符號者為列管項目】  109 年  110 年  1 月  2 月  3 月  4 月  5 月  6
# 月  7 月  8 月  9 月  1...
bs7[1]
#     0      1        2    ...      15                 16           17
# 0  序號   發布機關    資料種類   ...   預定發布日期           預定發布日期        備註
# 1  序號   發布機關    資料種類   ...   110 年 11 月        110 年 12 月      備註
# 2   1    中央銀行   金融中介統計  ...  2916:20 (11010)  2916:20 (11011)  NaN
# 3   2     NaN      NaN    ...  2416:20 (11010)  2416:20 (11011)  NaN
# 4  3*     NaN      NaN    ...  2416:20 (11010)  2416:20 (11011)  NaN
# 5  4*     NaN      NaN    ...  2416:20 (11010)  2416:20 (11011)  NaN
# 6   5     NaN      NaN    ...  2416:20 (11010)  2416:20 (11011)  NaN
# 7   6     NaN      NaN    ...  1116:20 (11010)  1016:20 (11011)  NaN
```

```
# 8    7    NaN    NaN    ...   2616:20 (11010)     2716:20 (11011)    NaN
# 9    8    NaN    NaN    ...   2416:20 (11010)     2416:20 (11011)    NaN
# 10   9    NaN    NaN    ...   1516:00~17:00       1516:00~17:00      NaN
                                    (11010)             (11011)
# 11   10   NaN    NaN    ...   2216:20 (11010)     2216:20 (11011)    NaN
#
# [12 rows x 18 columns]
bs7[2]
#        0                                     1
# 0 NaN  請跳頁第 02 頁第 03 頁   次頁   末頁 頁次 / 總頁數: 1/3
```

因隨時間經過上述檔案應已不存在，故我們事先將上述檔案（共三頁）分別儲存為
bs71.html、bs72.html 與 bs73.html（見本章所附資料），讀者可練習叫出上述三頁
後再合併為一種 Excel 檔案（習題）。

例2　亞洲股市指數

試下列指令：

```
urla = 'http://www.stockq.org/market/asia.php'
Asia = pd.read_html(urla)
type(Asia) # list
len(Asia) # 10
DfAsia = pd.concat(Asia)
DfAsia.to_excel("F:/DataPython/ch8/data/Asia.xlsx")
```

即我們可以於上述網站下載亞洲股市指數資料。如前所述，上述 Asia 是一種 list，
而其內有 10 個資料框，我們將 Asia 轉換成一種資料框並儲存為 Asia.xlsx。

例3　刪除多餘的部分

續例 2，若讀者有檢視上述 Asia.xlsx 檔案，應該會發現除了主要表格之外，上
述檔案尚有一些說明、註解或其他的部分，無怪乎上述 Asia 是一種含 10 種資料框
的 list；換言之，若我們只要取得「亞洲股市指數資料框」，必須要刪除多餘的資
料框。試下列指令：

```
Asia[0]
#                                                                    0
# 0   google_ad_client = "ca-pub-9803646600609510"; ...
Asia[1]
#                                                                    0
# 0   google_ad_client = "ca-pub-9803646600609510"; ...
# 1首頁 市場動態 歷史股價 基金淨值 基金分類 經濟數據總覽 2021行事曆技術指標 期貨...
len(Asia[2]) # 1
len(Asia[3]) # 1
Asia[4]
#                                                                                0
1
# 0   市場動態 全球股市排行榜 相對低檔股市指數 相對高檔股市指數 亞洲股市指數 歐洲股
市、
# 非洲指... 亞洲股市指數 刷新時間 2021/5/18 07:36:54  亞洲股市行情 (Asian ...
len(Asia[4]) # 1
len(Asia[5]) # 1
len(Asia[6]) # 1
len(Asia[7]) # 31
len(Asia[8]) # 1
len(Asia[9]) # 2
```

我們當然逐一檢視上述 Asia 的內容；或者說，從上述指令的結果可看出 Asia[7] 應
該就是我們的標的。再試下列指令：

```
DF = Asia[7]
DF.columns # Int64Index([0, 1, 2, 3, 4, 5, 6, 7, 8], dtype='int64')
```

故可知上述 DF 的名稱爲「0,1,2,…,8」。再試試：

```
DF[0]
# 0     亞洲股市行情 (Asian Markets)
# 1                    股市
# 2                   紐西蘭
# 3                  澳洲股市
# ...
# 28                 泰國股市
```

```
# 29                    印尼股市
# 30                    印度股市
# Name: 0, dtype: object
DF.iloc[1]
# 0      股市
# 1      指數
# 2      漲跌
# 3      比例
# 4      最高
# 5      最低
# 6      開盤
# 7      今年表現
# 8      當地時間
# Name: 1, dtype: object
```

是故應該知道上述「0,1,2,…,8」所對應到的「名稱」。例如：

```
DF[1]
# 0      亞洲股市行情 (Asian Markets)
# 1                  指數
# 2              12455.51
# ....
# 29              5833.86
# 30             49580.73
# Name: 1, dtype: object
DF[5]
# 0      亞洲股市行情 (Asian Markets)
# 1                  最低
# 2              12406.57
# ...
# 28              1529.69
# 29              5817.71
# 30             48923.13
# Name: 5, dtype: object
```

例 4 追蹤資料

　試下列指令：

```
urlb = 'https://raw.githubusercontent.com/QuantEcon/lecture-
        python/master/source/_static/lecture_specific/pandas_panel/realwage.csv'
# Display 6 columns for viewing purposes
pd.set_option('display.max_columns', 6)
# Reduce decimal points to 2
pd.options.display.float_format = '{:,.2f}'.format
realwage = pd.read_csv(urlb)
realwage.head()   # Show first 5 rows
#   Unnamed: 0      Time  Country                                      Series  \
# 0           0  2006-01-01  Ireland  In 2015 constant prices at 2015 USD PPPs
# 1           1  2007-01-01  Ireland  In 2015 constant prices at 2015 USD PPPs
# 2           2  2008-01-01  Ireland  In 2015 constant prices at 2015 USD PPPs
# 3           3  2009-01-01  Ireland  In 2015 constant prices at 2015 USD PPPs
# 4           4  2010-01-01  Ireland  In 2015 constant prices at 2015 USD PPPs
#
#   Pay period      value
# 0     Annual  17,132.44
# 1     Annual  18,100.92
# 2     Annual  17,747.41
# 3     Annual  18,580.14
# 4     Annual  18,755.83
realwage1 = realwage.pivot_table(values='value', index='Time',
            columns=['Country', 'Series', 'Pay period'])
realwage1.head()
# Country                                  Australia            \
# Series       In 2015 constant prices at 2015 USD PPPs
# Pay period                             Annual Hourly
# Time
# 2006-01-01                          20,410.65  10.33
# 2007-01-01                          21,087.57  10.67
# 2008-01-01                          20,718.24  10.48
# 2009-01-01                          20,984.77  10.62
# 2010-01-01                          20,879.33  10.57
#
# Country                                                      ...  \
# Series       In 2015 constant prices at 2015 USD exchange rates  ...
# Pay period                                           Annual  ...
# Time                                                          ...
# 2006-01-01                                        23,826.64  ...
# 2007-01-01                                        24,616.84  ...
# 2008-01-01                                        24,185.70  ...
# 2009-01-01                                        24,496.84  ...
```

```
# 2010-01-01                                  24,373.76  ...
#
# Country                         United States  \
# Series       In 2015 constant prices at 2015 USD PPPs
# Pay period                             Hourly
# Time
# 2006-01-01                              6.05
# 2007-01-01                              6.24
# 2008-01-01                              6.78
# 2009-01-01                              7.58
# 2010-01-01                              7.88
#
# Country
# Series       In 2015 constant prices at 2015 USD exchange rates
# Pay period                            Annual Hourly
# Time
# 2006-01-01                          12,594.40    6.05
# 2007-01-01                          12,974.40    6.24
# 2008-01-01                          14,097.56    6.78
# 2009-01-01                          15,756.42    7.58
# 2010-01-01                          16,391.31    7.88
#
# [5 rows x 128 columns]
```

上述程式碼是取自 Sargent 與 Stachurski（2021），其是描述追蹤資料的二種表示方式；或者說，再試下列指令：

```
realwage1.to_excel('F:/DataPython/ch8/data/realwage1.xlsx')
realwage.to_excel('F:/DataPython/ch8/data/realwage.xlsx')
```

我們可以分別檢視 realwage1.xlsx 與 realwage.xlsx 二檔案，自然可知上述程式碼的意思[7]。

---

[7] Sargent 與 Stachurski（2021）有提供一些不錯的指令以分析「事前的」追蹤資料，他們所使用的指令我們大多有接觸或使用過，有興趣的讀者可以參考看看。

習題

(1) 試敘述如何使用模組（pandas）內的 read_html(.) 函數指令。

(2) 續上題，利用上述函數指令得到的結果並不是一種資料框，我們如何得到想要的資料框。

(3) 試回答例 1。

(4) 試下列指令：

```
realwage1.to_excel('F:/DataPython/ch8/data/realwage1.xlsx')
realwage.to_excel('F:/DataPython/ch8/data/realwage.xlsx')
```

試檢視上述 Forex。

(5) 續上題，上述是南非第一國家銀行（簡稱為 FNB）的網址，其所顯示的是 2021-05-17 19:34:44.0 的外匯報價（例如：1 美元等於多少南非幣）。上述 Forex 內有四個資料框，試將其合併並刪除多餘的欄位以及忽略索引欄。

(6) 續上題，試找出歐元的銀行買入與美元的銀行賣出匯率。

Chapter 9

資料探索與繪圖

　　本章是根據 Katari（2020）所改寫而成。Katari 提醒我們注意資料探索分析（exploratory data analysis, EDA）的重要性。何謂 EDA？簡單地說，就是整理原始檔案可供我們分析之用。畢竟原始資料檔案的建立初期，建檔者未必知道該檔案有何用途？或者說，原始資料檔案的轉換，有可能產生一些多餘的或不需要的資料，此種情況我們在讀取網路上資料時已經見識過；因此，從事資料處理的第一件首要工作，當然需要「資料清理（data cleaning）」。之後，我們再來檢視清理過的資料特徵，此就是從事 EDA。

　　通常，從事 EDA 工作大多以圖形當作輔助工具。例如：本章使用 Katari 的資料，而該資料是一個 45,211×19 的矩陣（或資料框）；換言之，本章所分析的資料相當龐大，若能及時使用圖形說明，於視覺上，其說服力當然能提高。是故，本章會介紹如何於 Python 內繪圖。換言之，本章將分別使用模組（pandas）、模組（matplotlib.pyplot）與模組（seaborn）內的指令繪圖，其中以模組（pandas）的指令最為簡易，底下自然可看出；不過，因《統計》或《歐選》二書已多次使用模組（matplotlib.pyplot），故本章將以介紹或使用模組（seaborn）為主，而以模組（matplotlib.pyplot）為輔。上述三種模組的繪圖功能各有特色，讀者可比較看看。

　　由於模組（seaborn）是我們強調的重點，因此可先試下列指令：

```
import seaborn as sns
sns.set_theme(style="darkgrid")
print(sns.__version__) # 0.11.0
```

即模組（seaborn）簡稱爲 sns，而本章所使用的版本爲 0.11.0[①]。

9.1 EDA

我們使用 Katari 所提供的資料，該原始資料可於下列網址（見 link）找到，不過爲了分析方便，我們先將上述原始資料檔案存於本章所附的資料內，檔案名稱爲 "marketing.csv"。試下列指令：

```
import pandas as pd
# link = 'https://raw.githubusercontent.com/Kaushik-Varma/
#        Marketing_Data_Analysis/master/Marketing_Analysis.csv'
link1 = 'F:/DataPython/ch9/data/marketing.csv'
df = pd.read_csv(link1)
len(df) # 45213
type(df) # pandas.core.frame.DataFrame
df.columns
# Index(['banking marketing', 'Unnamed: 1', 'Unnamed: 2', 'Unnamed: 3',
#        'Unnamed: 4', 'Unnamed: 5', 'Unnamed: 6', 'Unnamed: 7', 'Unnamed: 8',
#        'Unnamed: 9', 'Unnamed: 10', 'Unnamed: 11', 'Unnamed: 12',
#        'Unnamed: 13', 'Unnamed: 14', 'Unnamed: 15', 'Unnamed: 16',
#        'Unnamed: 17', 'Unnamed: 18'],
#       dtype='object')
df.head()
#       banking marketing  ...                              Unnamed: 18
# 0  customer id and age.  ...  response of customer after call happned
# 1            customerid  ...                                 response
# 2                     1  ...                                       no
# 3                     2  ...                                       no
# 4                     3  ...                                       no
#
# [5 rows x 19 columns]
```

我們可以檢視 Spyder 內右上視窗「Variable explorer」內的 df，應會發現 df 內的確存在一些多餘的文字與數字；或者說，主要檔案是始於 df 的第 2 列，故刪除前 2

[①] sns.set_theme(style="darkgrid") 是指圖形的背景顏色是灰黑（加上格線），讀者可想像若改爲 "whitegrid"，對應的背景顏色爲何？

列可得：

```
data = pd.read_csv(link1, skiprows = 2)
data.columns
# Index(['customerid', 'age', 'salary', 'balance', 'marital', 'jobedu',
#         'targeted', 'default', 'housing', 'loan', 'contact', 'day', 'month',
#         'duration', 'campaign', 'pdays', 'previous', 'poutcome', 'response'],
#         dtype='object')
data.head()
#    customerid   age   salary   balance  ...  pdays  previous  poutcome  response
# 0           1  58.0   100000      2143  ...     -1         0   unknown        no
# 1           2  44.0    60000        29  ...     -1         0   unknown        no
# 2           3  33.0   120000         2  ...     -1         0   unknown        no
# 3           4  47.0    20000      1506  ...     -1         0   unknown        no
# 4           5  33.0        0         1  ...     -1         0   unknown        no
#
# [5 rows x 19 columns]
```

若再檢視上述 data 檔案，應可發現 "customerid" 欄功用不大而 "jobedu" 欄內 "edu"
與 "job" 合併，故刪除前者以及分開後者，再試下列指令：

```
data.drop('customerid', axis = 1, inplace = True)
data['job']= data["jobedu"].apply(lambda x: x.split(",")[0])
data['education']= data["jobedu"].apply(lambda x: x.split(",")[1])
data.drop('jobedu', axis = 1, inplace = True)
data.to_excel('F:/DataPython/ch9/data/Marketing1.xlsx')
```

即整理過的檔案稱爲 data，其轉存爲 Marketing1.xlsx，我們可以分別檢視前者與後
者。試試看。

接下來，我們檢視 data 檔案內是否存在「缺值（NaN）」？試下列指令：

```
data.isnull()
#       age   salary  balance  marital  ...  poutcome  response    job  education
# 0   False    False    False    False  ...     False     False  False      False
# 1   False    False    False    False  ...     False     False  False      False
# 2   False    False    False    False  ...     False     False  False      False
# 3   False    False    False    False  ...     False     False  False      False
```

```
# 4       False   False   False   False  ...   False   False   False   False
#          ...     ...     ...     ...  ...     ...     ...     ...     ...
# 45206  False   False   False   False  ...   False   False   False   False
# 45207  False   False   False   False  ...   False   False   False   False
# 45208  False   False   False   False  ...   False   False   False   False
# 45209  False   False   False   False  ...   False   False   False   False
# 45210  False   False   False   False  ...   False   False   False   False
#
# [45211 rows x 19 columns]
```

再試：

```
data.isnull().sum()
# age          20
# salary        0
# balance       0
# marital       0
# targeted      0
# default       0
# housing       0
# loan          0
# contact       0
# day           0
# month        50
# duration      0
# campaign      0
# pdays         0
# previous      0
# poutcome      0
# response     30
# job           0
# education     0
# dtype: int64
```

是故 "age"、"month" 與 "response" 等欄有缺值。例如："age" 欄內有 20 個缺值，其餘可類推。

我們先刪除 "age" 欄內的缺值，即：

```
data1 = data[~data.age.isnull()].copy()
len(data1) # 45191
len(data) # 45211
```

刪除 "age" 欄內缺值後的資料框改稱為 data1。比較 data 與 data1 的列數，二者的確差距 20 列。接著，檢視 "month" 欄。我們打算以「填補缺值」取代。試 "month" 欄的眾數（mode）：

```
data1.month.mode()
# 0    may, 2017
# dtype: object
month_mode = data1.month.mode()[0] # 'may, 2017'
data1.month.fillna(month_mode, inplace = True)
data.month.isnull().sum() # 50
data1.month.isnull().sum() # 0
```

即 "month" 欄的眾數為 "may, 2017" 因此 "month" 欄的缺值以上述眾數取代。

我們再刪除 "response" 欄內的缺值，可得：

```
data1 = data1[~data1.response.isnull()].copy()
data1.isnull().sum()
# age          0
# salary       0
# ...
# day          0
# month        0
# ...
# poutcome     0
# response     0
# job          0
# education    0
# dtype: int64
```

即 data1 檔案內已無缺值。

上述 data1 應該是我們「整理較完整」後的檔案，檢視其形態：

```
data1.info()
# <class 'pandas.core.frame.DataFrame'>
# Int64Index: 45161 entries, 0 to 45210
# Data columns (total 19 columns):
#  Column     Non-Null Count  Dtype
# ---  ------     --------------  -----
#  0   age        45161 non-null  float64
#  1   salary     45161 non-null  int64
#  2   balance    45161 non-null  int64
#  3   marital    45161 non-null  object
#  4   targeted   45161 non-null  object
#  5   default    45161 non-null  object
#  6   housing    45161 non-null  object
#  7   loan       45161 non-null  object
#  8   contact    45161 non-null  object
#  9   day        45161 non-null  int64
# 10   month      45161 non-null  object
# 11   duration   45161 non-null  object
# 12   campaign   45161 non-null  int64
# 13   pdays      45161 non-null  int64
# 14   previous   45161 non-null  int64
# 15   poutcome   45161 non-null  object
# 16   response   45161 non-null  object
# 17   job        45161 non-null  object
# 18   education  45161 non-null  object
# dtypes: float64(1), int64(6), object(12)
# memory usage: 6.9+ MB
```

我們發現 data1 內的元素，實際上係多種「量化變數」與「質化變數」的觀察值，其中前者的型態可為 "float64" 與 "int64"（即實數與整數）二種，而後者的型態則為 "object"。

　　我們當然可以進一步計算量化變數觀察值的基本敘述統計量如：

```
data1.salary.describe()
# count    45161.000000
# mean     57004.849317
# std      32087.698810
# min          0.000000
```

```
# 25%        20000.000000
# 50%        60000.000000
# 75%        70000.000000
# max       120000.000000
# Name: salary, dtype: float64
```

讀者可以繼續計算其餘量化變數觀察值的統計量。至於質化變數的觀察值呢？試下
列指令：

```
data1.loan.describe()
# count       45161
# unique         2
# top           no
# freq        37932
# Name: loan, dtype: object
```

即 loan 變數觀察值的統計量亦可以使用 describe(.) 函數指令顯示。我們進一步計算
所有的質化變數觀察值的統計量，即：

```
DF = data1.describe(include=['O'])
DF
#         marital targeted default ... response        job education
# count     45161    45161   45161 ...    45161      45161     45161
# unique        3        2       2 ...        2         12         4
# top     married      yes      no ...       no blue-collar secondary
# freq      27185    37051   44347 ...    39876       9722     23180
#
# [4 rows x 12 columns]
```

上述結果並不難了解其意思。count 是指「數」觀察值的總個數；unique 是指觀察
值共有多少種可能的結果而 top 與 freq 則分別表示出現頻率最高的可能結果以及對
應的總個數（次數），例如：

```
data1.job
# 0        management
# 1        technician
```

```
#  2           entrepreneur
#  3           blue-collar
#  4              unknown
#  ...
#  45206        technician
#  45207          retired
#  45208          retired
#  45209        blue-collar
#  45210       entrepreneur
#  Name: job, Length: 45161, dtype: object
```

即 job 變數的觀察值共有 12 種可能結果，其中 blue-collar 為出現頻率最高的結果（可與上述 DF 內的元素比較）。我們試著於 job 變數的觀察值內找出屬於 blue-collar 的總個數。試下列指令：

```
type(data1.job) # pandas.core.series.Series
data1.job.groupby('blue-collar')
n1 = np.where(data1.job=='blue-collar',1,0).sum() # 9722
n1 # 9722
```

於《統計》內我們已經知道質化變數亦可稱為虛擬變數，透過簡易的「二分法（即用 1 或 0 表示）」，我們可以輕鬆地計算出 blue-collar 的觀察值總個數為 9,722。讀者可以留意 np.where(.) 函數指令的用法。

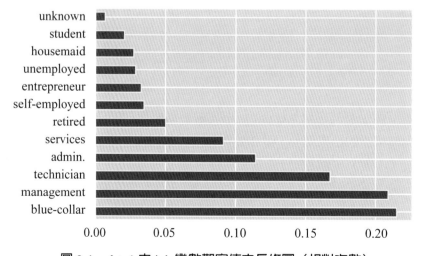

圖 9-1　data1 內 job 變數觀察值之長條圖（相對次數）

例 1 相對次數（表）與長條圖

試下列指令：

```
type(DF) # pandas.core.frame.DataFrame
N = DF.loc['count'].loc['job'] # 45161
n1/N # 0.21527424104869244
data1.job.value_counts(normalize=True)
# blue-collar      0.215274
# management       0.209273
# technician       0.168043
# admin.           0.114369
# services         0.091849
# retired          0.050087
# self-employed    0.034853
# entrepreneur     0.032860
# unemployed       0.028830
# housemaid        0.027413
# student          0.020770
# unknown          0.006377
# Name: job, dtype: float64
```

故上述結果表示「相對次數」；換言之，根據上述結果，我們可以編製「相對次數
（分配）表」或繪製長條圖（bar graph）如：

```
data1.job.value_counts(normalize=True).plot.barh()
```

其結果繪製如圖 9-1 所示。讀者倒是可以猜猜是否可以改成「次數（分配）表
（圖）」。

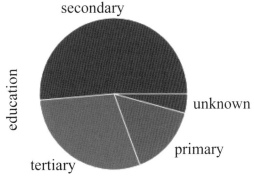

圖 9-2　education **變數觀察值（相對次數）的圓形圖**

例 2　圓形圖

試下列指令：

```
data1.education.value_counts(normalize=True)
# secondary     0.513275
# tertiary      0.294192
# primary       0.151436
# unknown       0.041097
# Name: education, dtype: float64
data1.education.value_counts(normalize=True).plot.pie()
```

上述指令繪製出 data1 內 education 變數觀察值結果之相對次數的圓形圖（pie chart）如圖 9-2 所式。值得注意的是，圖 9-1 與 9-2 皆是使用模組（pandas）內的繪圖指令。

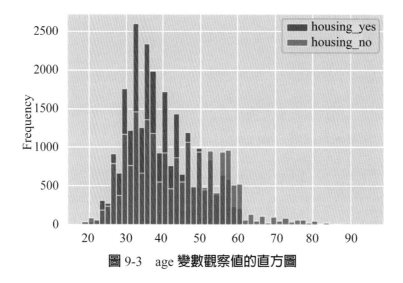

圖 9-3　age 變數觀察值的直方圖

例 3　直方圖

我們繼續使用模組（pandas）內的指令來繪圖。先試下列指令：

```
x1 = (data1.housing == 'yes')
age1 = pd.DataFrame(data1.age[x1])
```

```
len(age1) # 25099
x2 = (data1.housing == 'no')
age2 = pd.DataFrame(data1.age[x2])
len(age2) # 20062
type(age2) # pandas.core.frame.DataFrame
```

即 data1 內的 housing 變數只有 "yes" 與 "no" 二種可能，故可以找出上述二種可能
所對應的 age 變數觀察值，如 age1 與 age2 所示。接下來，我們繪製 age1 與 age2
（注意二者可以為序列或資料框）的直方圖（histogram）：

```
df12 = pd.concat([age1, age2], axis=1)
df12.columns = ['housing_yes', 'housing_no']
df12.plot.hist(bins=50, alpha = 0.8)
```

圖 9-3 就是根據上述指令所繪製。讀者可解釋圖 9-3 的意義。

例 4　使用 groupby(.) 函數指令

　　質化變數亦可為類別變數。顧名思義，類別變數是將可能的結果「分類」，試
下列指令：

```
age1.mean() # 39.175226
age2.mean() # 43.138321
hage = data1.groupby('housing')['age'].mean()
hage
# housing
# no      43.138321
# yes     39.175226
# Name: age, dtype: float64
hsal = data1.groupby('housing')['salary'].mean()
hsal
# housing
# no      58762.286911
# yes     55600.103590
# Name: salary, dtype: float64
```

其中 age1 與 age2 取自例 3。比較 age1 與 age2 的平均數以及 hage 的結果，我們應

該可以解釋上述 hage 與 hsal 的意思；或者說，再試下列指令：

```
resal = data1.groupby('response')['salary'].median()
resal
# response
# no      60000
# yes     60000
# Name: salary, dtype: int64
```

我們可以想像上述 resal 的結果如何計算？

例 5 　使用 pivot_table(.) 函數指令

第 6 章我們曾經介紹 pivot_table(.) 函數，我們再試試：

```
data1['default_rate'] = np.where(data1.default=='yes', 1, 0)
data1.default_rate.value_counts()
# 0     44347
# 1       814
# Name: default_rate, dtype: int64
table1 = pd.pivot_table(data=data1, index='education',
                        columns='marital', values='default_rate', aggfunc=np.sum)
table1
# marital     divorced   married   single
# education
# primary          21        84       22
# secondary        64       242      151
# tertiary         38       104       56
# unknown           5        17       10
```

即於 data1 內加入一個新的變數為 "default_rate"，該變數是將 default 變數觀察值屬於 "yes" 與 "no" 的結果分別以 1 與 0 表示。其次，default_rate 變數觀察值屬於 1 的總個數為 814。接下來，使用 pivot_table(.) 函數指令（可注意其設定方式）可得 table1。其實，table1 是一種聯合次數分配，其相當於 default 變數觀察值屬於 "yes" 內，同時再分別找出屬於 marital 與 education 二變數的成分，我們可以檢查看看：

```
np.sum(data1['default_rate']) # 814
np.sum(table1,axis=0)
# marital
# divorced    128
# married     447
# single      239
# dtype: int64
np.sum(table1,axis=0).sum() # 814
y = data1.default == 'yes'
Dm = data1.marital[y]
De = data1.education[y]
np.where((Dm =='divorced') & (De == 'primary'),1,0).sum() # 21
```

即 default 變數觀察值屬於 "yes" 內，同時屬於 "primary" 與 "divorced" 的個數為 21，其恰為上述 table1 內的觀察值（第1列第1行），故其餘觀察值的取得可類推。

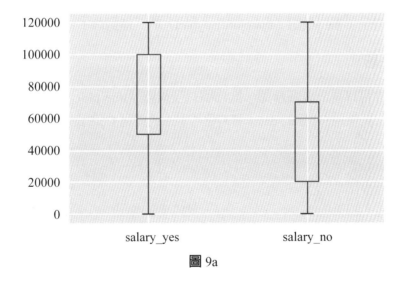

圖 9a

習題

(1) 何謂 EDA？試解釋之。

(2) 我們如何檢視一種資料框內元素的型態？

(3) 試將圖 9-1 的結果改為次數分配的型態，同時將長條圖改以「垂直面」表示。

(4) 檢視圖 9a，該圖是利用模組（pandas）內的盒狀圖（boxplot）指令所繪製而成。

試寫成對應的 Python 指令。

(5) 續上題，試使用 groupby(.) 函數指令分別計算圖 9a 內的平均數與標準差。

(6) 續上題，試於 response 屬於 "yes" 之下，編製 job 與 education 的聯合次數分配表。

(7) 續上題，改為編製 job 與 education 的聯合相對次數分配表。

(8) 試用模組（matplotlib.pyplot）的指令重新繪製圖 9-3。

(9) 想想看，其實亦可以改用模擬的方式取得許多類似於 data1 的結果，如何做？
提示：量化變數與質化變數的觀察值皆可以使用「抽出放回」的抽樣方法結果取代。

9.2 使用模組（seaborn）

現在我們來看如何使用模組（seaborn）。我們分成關係圖（relational plots）、分配圖（distributional plots）與類別圖（categorical plots）等三類介紹。模組（seaborn）幾乎可視為模組（matplotlib.pyplot）的「進階版」，我們檢視看看。

9.2.1 關係圖

關係圖亦可以再分成關聯圖、散佈圖以及線圖（line plot）三種。首先，我們來看關聯圖。仍使用 9.1 節的 data1 資料框（本節改成用 Data 表示），試下列指令：

```
import seaborn as sns
sns.set_theme(style="darkgrid")
sns.relplot(data=Data, x="age", y="salary", hue="marital",height=5,aspect=1.3)
```

圖 9-4 就是根據上述指令所繪製。關聯圖可用模組（seaborn）內的 relplot(.) 函數指令繪製，其中圖形的大小可由上述函數內的 "height" 與 "aspect"（寬）指令控制。

圖 9-4 繪製出 Data 內 age（年齡）與 salary（薪水）變數觀察值之間的關係，比較特別的是，上述關係可用 marital（婚姻狀態）變數分類；換言之，從圖 9-4 內可看出相對於「已婚」或「離婚」狀態而言，於相同的薪水之下，單身的年齡層較低，此種結果頗符合直覺。有意思的是，圖 9-4 的結果應該也可以用模組（matplotlib.pyplot）繪製，只不過需多費一些勁，由此可看出模組（seaborn）的用處。

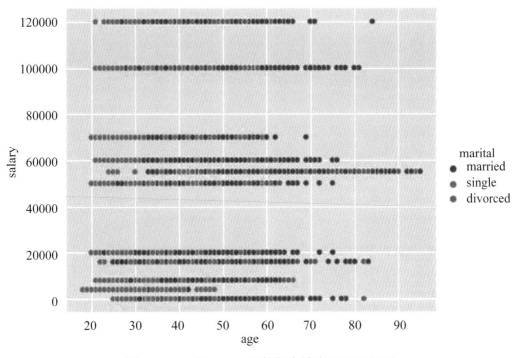

圖 9-4　age 與 salary 變數觀察值之間的關係圖

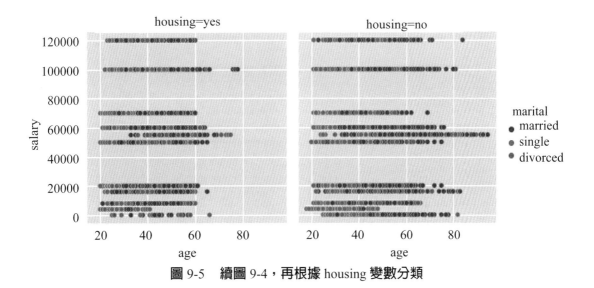

圖 9-5　續圖 9-4，再根據 housing 變數分類

事實上，上述 relplot(.) 函數指令的功能並不止於此，再試下列指令：

```
# 圖 9-5
sns.relplot(data=Data, x="age", y="salary", hue="marital", col="housing",
            height=4,aspect=1)
# 圖 9-6
sns.relplot(data=Data, x="age", y="salary", hue="marital", col="housing",
            row="default",height=4,aspect=1)
```

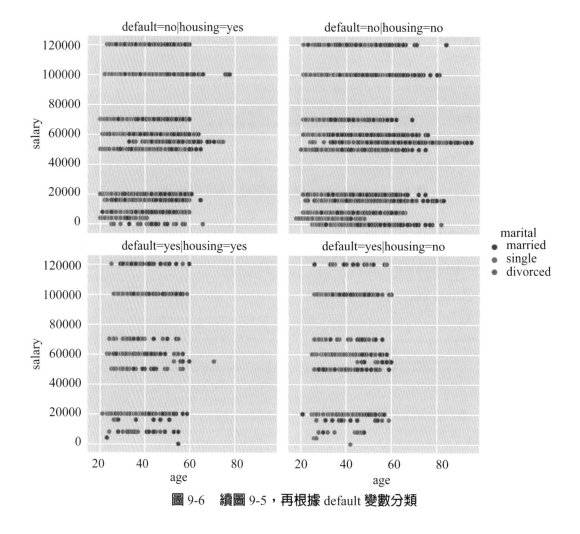

圖 9-6　續圖 9-5，再根據 default 變數分類

即於圖 9-4 內再進一步根據 housing 與 default 變數分類。比較圖 9-4、9-5 與 9-6，應可看出三圖之間的差異。事實上，從上述三圖可看出模組（seaborn）的特色，即我們利用該模組可輕易地利用類別變數「分類」。

　　如前所述，關係圖亦可包括散佈圖與線圖，因上述 Data 內的元素值較難顯示散佈圖與線圖的特性；或者說，Data 所包括的並不是一種時間序列資料，故需要我們額外再建立一種資料框來說明散佈圖與線圖，尤其是後者。我們打算建立一種含日期與時間的資料框，試下列指令：

```
import yfinance as yf
import datetime as dt
TWI = yf.download("^TWII", start="2000-01-01", end="2021-03-31")
Dow = yf.download("^DJI", start="2000-01-01", end="2021-03-31")
St = TWI.Close;st = Dow.Close
Rt = 100*np.log(St/St.shift(1)).dropna()
rt = 100*np.log(st/st.shift(1)).dropna()
df = pd.concat([Rt, rt], axis=1,join='inner')
df.columns = ['twi','dow']
df['date'] = df.index.strftime("%m/%d")
df['pos1'] = (Rt >= 0)
df['pos2'] = (rt < 0)
df['pos3'] = (Rt >= 0) & (rt >= 0)
df['Semineg'] = (Rt < -1)
df['year'] = df.index.strftime("%Y")
df['month'] = df.index.strftime("%B")
df['week'] = df.index.strftime("%m/%W")
df['day'] = df.index.strftime("%A")
```

即利用 TWI 與 Dow 的歷史資料建立一種資料框如上述 df 所示（df 的建立方式可參考第 5 章）。讀者可以進一步檢視 df 內部變數觀察值的型態。再試下列指令：

```
df.describe(include=['O'])
#          date   year  month   week       day
# count    5049   5049   5049   5049      5049
# unique    360     22     12     70         5
# top     06/20   2010  March  01/02  Wednesday
# freq       16    243    478    110      1047
```

即 df 內存在 date、year、month、week 以及 day 等類別變數。讀者可猜猜 pos1 等變數的型態為何？

　　接下來，我們利用模組（seaborn）內的指令繪製散佈圖。試下列指令：

```
sns.scatterplot(data=df, x="dow", y="twi", sizes=(10, 100))
```

上述指令繪製出如圖 9-7 所示的 TWI 與 Dow 日對數報酬率之間的散佈圖，可以留意 sns.scatterplot 內的 "sizes" 指令，該指令可控制所繪圖形的大小。比較不習慣的是 sns.relplot(.) 與 sns.scatterplot 函數內控制圖形大小的參數表示方式並不相同，讀者可留意。

我們已經知道根據散佈圖可知橫軸變數與縱軸變數之間的（線性）關係；或者說，再試下列指令：

```
np.corrcoef(df['dow'], df['twi'])[0, 1]  # 0.13954121433291602
```

即 TWI 與 Dow 日對數報酬率之間的相關係數約為 14%，而上述二日對數報酬率之間的相關程度形狀，則可參考圖 9-7。

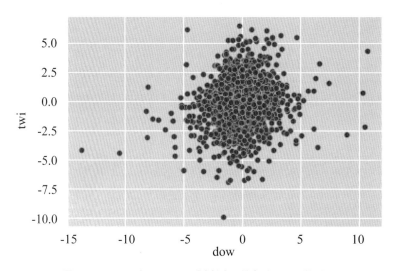

圖 9-7　TWI 與 Dow 日對數報酬率之間的散佈圖

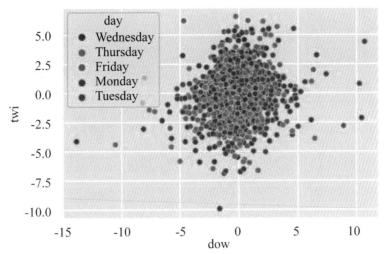

圖 9-8　TWI 與 Dow 日對數報酬率之間的散佈圖（根據 day 分類）

我們已經知道資料框內類別變數的特性，再試下列指令：

```
sns.scatterplot(data=df, x="dow", y="twi",hue="day",sizes=(10, 100))
```

圖 9-8 繪製出上述指令的結果。圖 9-8 相當於是圖 9-7 的結果再根據不同「星期」分類。

再試試：

```
# 圖 9-9~9-12
sns.scatterplot(data=df, x="dow", y="twi",hue="day",style="pos2",sizes=(10, 100))
sns.scatterplot(data=df, x="dow", y="twi",hue="day",style="pos2",size='pos1',sizes=(10, 100))
sns.relplot(data=df, x="dow", y="twi", hue="day",row="pos2",height=3,aspect=1.4,kind="scatter")
sns.relplot(data=df, x="dow", y="twi", hue="day",row="pos2",col='pos1',
            height=3,aspect=1.4,kind="scatter")
```

上述指令提醒我們利用 sns.relplot(.) 函數指令亦可以繪製散佈圖，其中內在的關鍵指令為 "kind = "scatter""。我們從圖 9-9（沒有附上，讀者可執行所附程式碼）與 9-10 內看不出分類的結果，不過透過圖 9-11 與 9-12 卻可較為清楚分類後的差異；換言之，於某些情況下 sns.relplot(.) 函數指令的結果可能較優[2]。

---

[2] 有些時候，sns.relplot(.) 函數指令的結果可能較不理想（見習題）。

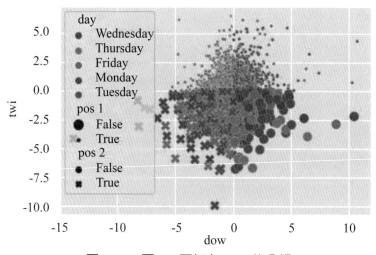

圖 9-10　圖 9-9 再加上 pos1 的分類

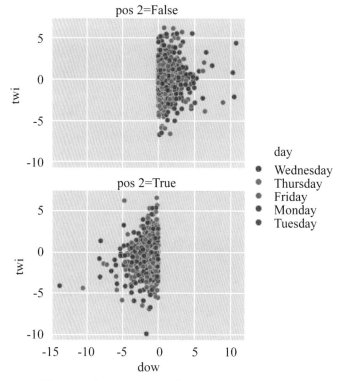

圖 9-11　以 relplot(.) 函數指令重新繪製圖 9-9

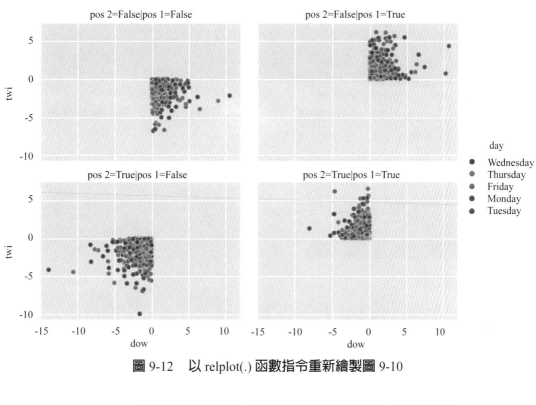

圖 9-12　以 relplot(.) 函數指令重新繪製圖 9-10

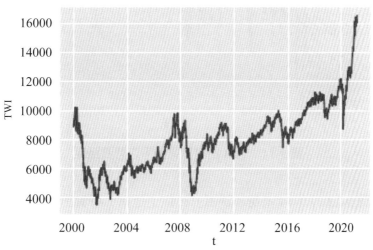

圖 9-13　TWI 日收盤價之時間路徑

最後，我們檢視線圖。先試下列指令：

```
df['TWI'] = St
df['DOW'] = st
df['t'] = df.index
```

即我們於 df 內再加入 TWI 日收盤價、Dow 日收盤價以及 "t"，其中後者就是 df 的索引欄。再試下列指令：

```
# 圖 9-13
sns.lineplot(data=df, x="t", y="TWI")
# 圖 9-14
sns.lineplot(data=df, x="t", y="twi")
```

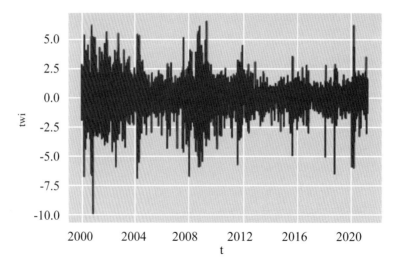

圖 9-14　TWI 日對數報酬率之時間路徑

顧名思義，圖 9-13 與 9-14 就是「線圖」，從上述指令可看出可使用 sns.lineplot(.) 函數指令繪製。

利用圖 9-14，我們可以根據 pos1 變數分類，其結果則繪製如圖 9-15 所示，其對應的指令為：

```
sns.lineplot(data=df, x="t", y="twi",hue='pos1')
```

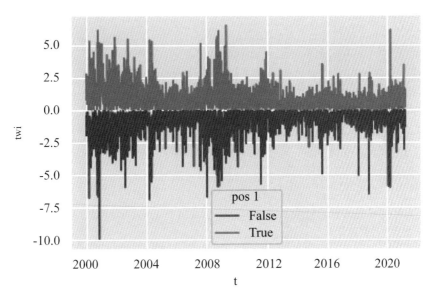

圖 9-15　TWI 日對數報酬率之時間路徑（根據 pos1 變數分類）

當然我們亦可以試下列的指令：

```
sns.lineplot(data=df, x="t", y="twi",style='pos1')
sns.lineplot(data=df, x="t", y="twi",size='pos1')
```

讀者可以試試。
　　再試下列指令：

```
# 圖 9-16
sns.lineplot(data=df, x="t", y="twi",hue='pos1',style='day')
# 圖 9-17
sns.relplot(data=df, x="t", y="twi", hue="pos1",col="day",
            height=5,aspect=1,kind="line")
```

即「線圖」除了可用 sns.lineplot(.) 函數繪製外，同時亦可以使用 sns.relplot(.) 函數
繪製，其中後者的內在關鍵指令為 "kind = "line""。

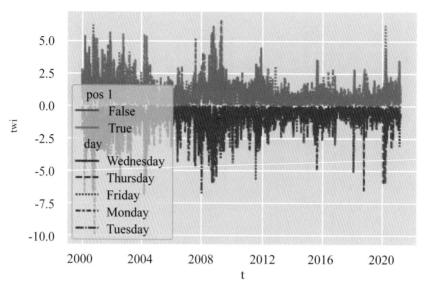

圖 9-16　根據 day **變數分類圖** 9-15

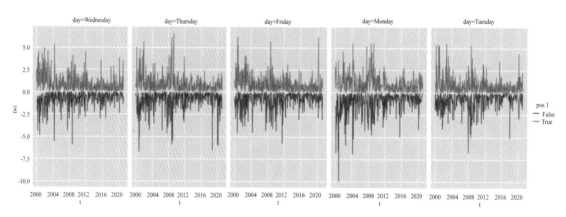

圖 9-17　使用 sns.relplot(.) **函數重新繪製圖** 9-16

習題

(1) 試敘述如何使用 sns.lineplot(.) 函數指令。

(2) 試下列指令：

```
sns.relplot(data=df, x="DOW", y="TWI", hue="month", row="pos2", col='pos1',
        height=3, aspect=1.4, kind="line")
```

(3) 試下列指令

```
sns.relplot(data=df, x="dow", y="twi", hue="month",row="year",col='pos1',
            height=3,aspect=1.4,kind="scatter")
```

(4) sns.relplot(.) 函數指令的缺點爲何？

(5) 圖 9b 對應的指令爲何？

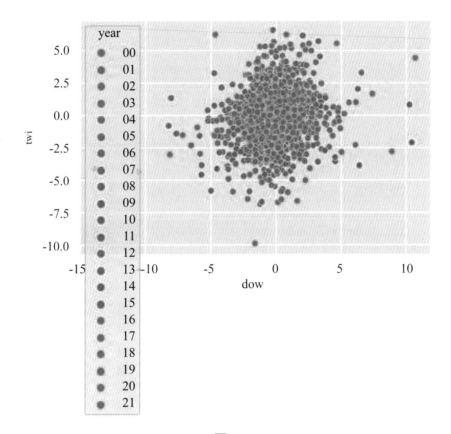

圖 9b

(6) 試敘述 sns.scatterplot(.) 函數內 "hue"、"style" 與 "size" 指令的差異。

(7) 圖 9c 對應的指令爲何？

(8) 其實，我們亦可以將圖 9-13 的結果再分類，該如何做？提示：可參考圖 9d。

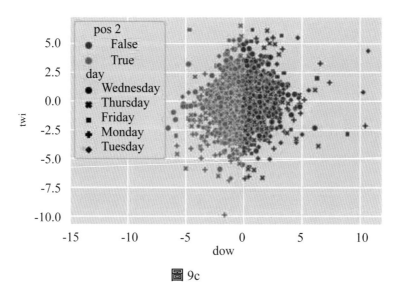

圖 9c

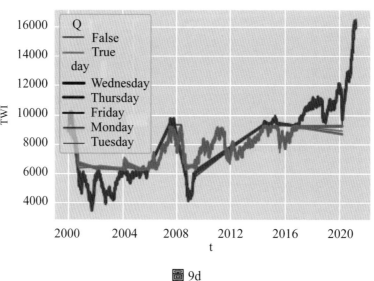

圖 9d

9.2.2 分配圖

現在我們檢視分配圖的繪製。模組（seaborn）至少有提供下列的分配圖繪製：

(1) displot(.) 函數指令，其可用於繪製直方圖、核密度估計（kernel density estimation, kde）圖以及實證累積分配函數（empirical cumulative distribution function, ecdf）圖。除了使用 displot(.) 函數指令之外，上述三圖亦有單獨的函

數指令。

(2) histplot(.) 函數指令，可用於繪製如計數（count）、次數（frequency）、機率以及密度[3]等之直方圖。

(3) kdeplot(.) 函數指令，可用於繪製核密度估計圖。

(4) ecdfplot(.) 函數指令，可用於繪製實證累積分配函數圖。

(5) jointplot(.) 函數指令，可用於繪製邊際分配（marginal distribution）圖。

(6) distplot(.) 函數指令，可用於繪製機率密度函數圖。

因此模組（seaborn）的確提供相當豐富且多元的分配圖繪製，本節當然無法逐一詳細介紹，若有不足，可參考使用手冊。

　　底下我們仍使用 9.2.1 節的 Data 與 df 資料框說明。

displot(.) 函數指令

　　圖 9-18 繪製出 age 變數觀察值之計數的直方圖（搭配 kde），其對應的指令為：

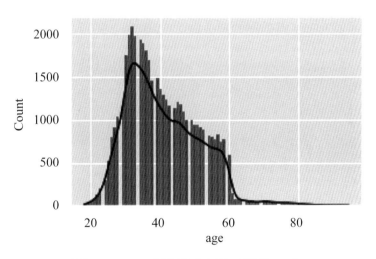

圖 9-18　age 之計數直方圖（搭配 kde）

```
sns.displot(Data, x="age", kde=True, color='black', height=3, aspect=1.5)
```

---

[3] 計數是指直方圖內的單一「小長方形」出現的個數，次數是指計數除以「小長方形」的寬度，機率則指所有「小長方形」的高度加總等於 1，至於密度則指直方圖的面積等於 1。

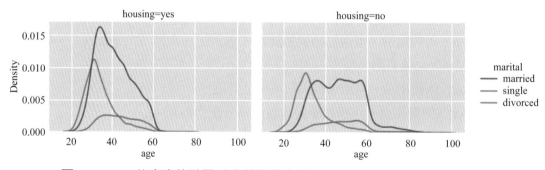

圖 9-19　age **的密度估計圖（分類變數分別為** housing **與** marital **變數）**

圖 9-19 對應的指令為：

```
sns.displot(data=Data, x="age", hue="marital", col="housing",
            kind="kde",height=3,aspect=1.5)
```

可以留意內部指令 "kind" 的用法。

最後，檢視圖 9-20，其對應的指令為：

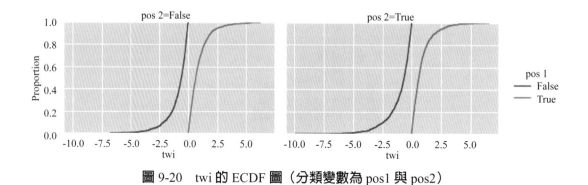

圖 9-20　twi **的** ECDF **圖（分類變數為** pos1 **與** pos2）

```
sns.displot(data=df, x="twi", hue="pos1", col='pos2',
            kind="ecdf",height=3,aspect=1.5)
```

讀者可嘗試解釋圖 9-20 的意思。

histplot(.) 函數指令

上述 displot(.) 函數指令雖可繪製直方圖，不過較完整的卻是 histplot(.) 函數指令。試下列指令：

```
sns.set_theme(style="whitegrid")
sns.histplot(data=Data, x="age", hue="marital", stat='density', shrink=2)
```

圖 9-21 就是根據上述指令所繪製而成。histplot(.) 函數指令亦可用於繪製長條圖如圖 9-22 所示；換言之，上述 histplot(.) 函數除了可繪製量化變數觀察值的直方圖之外，亦可繪製質化變數觀察值的長條圖。圖 9-22 所對應的指令為：

```
sns.histplot(data=Data, x="education", hue="marital", multiple="dodge", shrink=.8)
```

再舉一個量化變數觀察值的直方圖例子，可以參考圖 9-23，而其對應的指令為：

```
sns.histplot(data=df, x="twi", stat="density", hue='day')
```

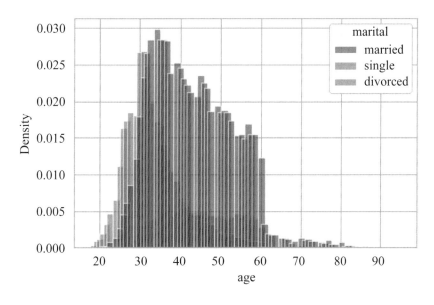

圖 9-21　age 變數觀察值之密度直方圖（按照 marital 變數分類）

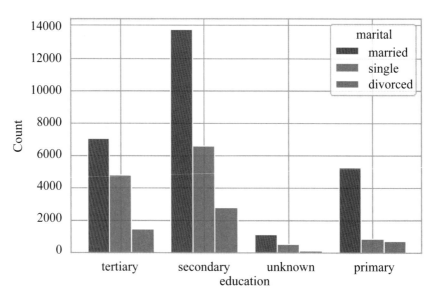

圖 9-22　education **變數觀察值之長條圖**（按照 marital **變數分類**）

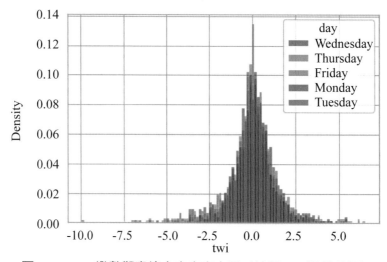

圖 9-23　twi **變數觀察值之密度直方圖**（按照 day **變數分類**）

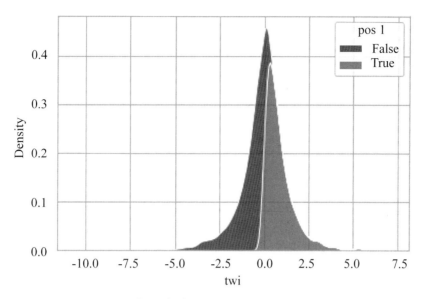

圖 9-24　twi **變數觀察值之** kde **圖（按照** pos1 **變數分類）**

kdeplot(.) 函數指令

　　我們檢視 kdeplot(.) 函數指令。試下列指令：

```
# 圖 9-24
sns.kdeplot(data=df, x="twi", hue="pos1",multiple="stack")
# 圖 9-25
sns.kdeplot(data=df, x="twi", hue="day")
```

從圖 9-24 與 9-25 內可看出使用 kde 圖的功能。

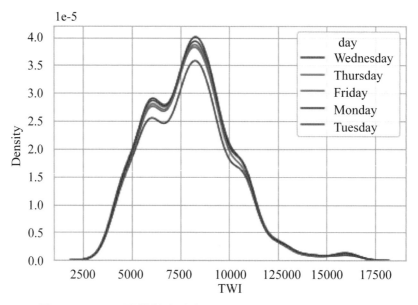

圖 9-25　TWI **變數觀察值之** kde **圖（按照** pos1 **變數分類）**

ecdfplot(.) 函數指令

檢視圖 9-26，其對應的指令爲：

```
sns.ecdfplot(data=df, x="twi",hue='day')
```

有關於 ecdf 的意義，可以參考《財統》或《統計》。

jointplot(.) 函數指令

可檢視圖 9-27 與 9-28，其對應的指令分別爲：

```
# 圖 9-27
sns.jointplot(data=df, x="twi", y="dow",color = 'red')
# 圖 9-28
sns.jointplot(data=df, x="twi", y="dow",hue='pos1')
```

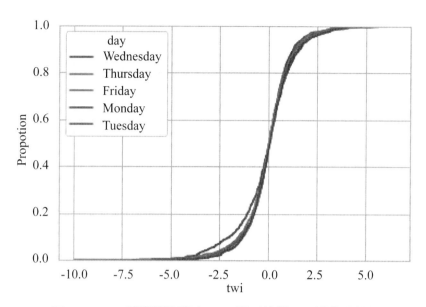

圖 9-26　twi 變數觀察值之 ecdf 圖（按照 day 變數分類）

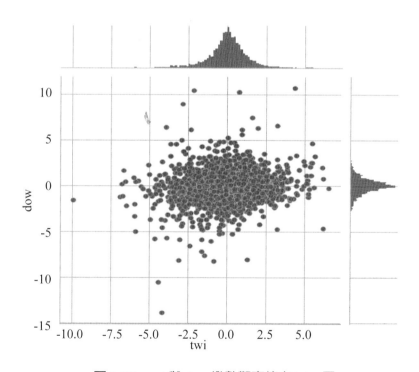

圖 9-27　twi 與 dow 變數觀察值之 joint 圖

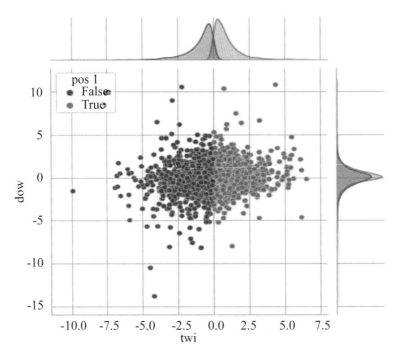

圖 9-28　twi 與 dow 變數觀察值之 joint 圖（按照 pos1 變數分類）

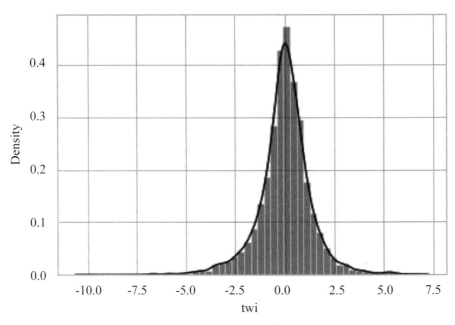

圖 9-29　twi 變數觀察值之 dist 圖

distplot(.) 函數指令

　　前述直方圖亦可以與常態分配的 PDF 比較，此時可用 distplot(.) 函數指令，可以參考圖 9-29，而該圖對應的指令爲：

```
sns.distplot(df.twi,norm_hist=True,color='black')
```

當然圖 9-29 亦可用圖 9-30 的方式表示，其中後者對應的指令爲：

```
sns.distplot(df.twi, rug_kws={"color": "r"},
            kde_kws={"color": "b", "lw": 3, "label": "KDE"},
            hist_kws={"histtype": "step", "linewidth": 5,
                    "alpha": 1, "color": "r"})
```

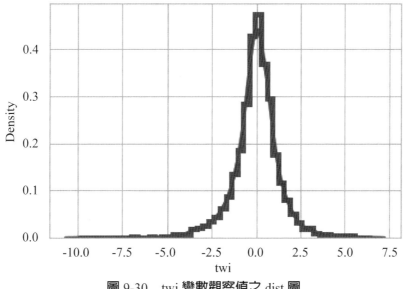

圖 9-30　twi **變數觀察值之** dist **圖**

習題

(1) 本節介紹的繪圖方式有何優缺點？試說明之。

(2) 續上題，若與模組（matplotlib.pyplot）比較呢？

(3) 續上題，例如 twi 變數內共有 5,049 個觀察值，若欲將上述觀察值分成 50 組，其結果爲何？似乎模組（seaborn）內的指令沒有「順便」提供該分組資料，但是模組（matplotlib.pyplot）卻有，我們如何取得上述分組資料？

(4) 利用 df 資料框，試繪製出 twi 之星期五的密度長條圖。

(5) 續上題，該分組資料為何？

9.2.3 類別圖

我們只介紹 catplot(.)、boxplot(.) 以及 barplot(.) 函數指令，其餘可參考使用手冊。仍使用 9.2.1 節內的 Data 與 df 資料框。

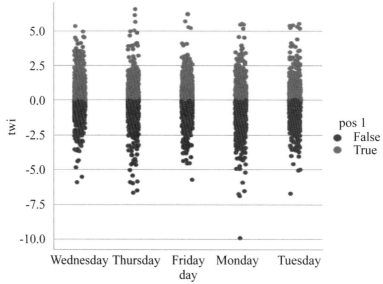

圖 9-31　twi **變數觀察值之** catplot（**按照** day **與** pos1 **變數分類**）

catplot(.) 函數指令

試下列指令：

```
sns.set_theme(style="ticks")
sns.catplot(x="day", y="twi", hue="pos1", data=df)
```

上述指令可繪製出圖 9-31，而從該圖內可看出 catplot(.) 其實就是繪製出 twi 變數觀察值的「分配圖」。再試下列指令：

```
sns.catplot(x="marital", y="age", hue="education",
            data=Data, kind="violin")
```

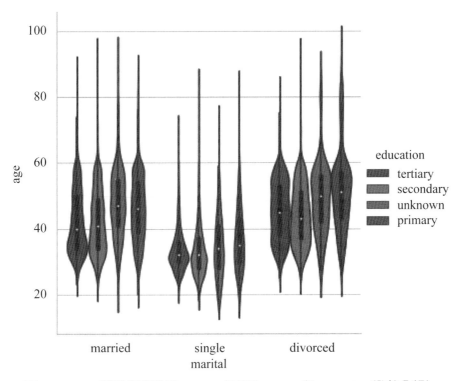

圖 9-32　age 變數觀察值之 catplot（按照 marital 與 education 變數分類）

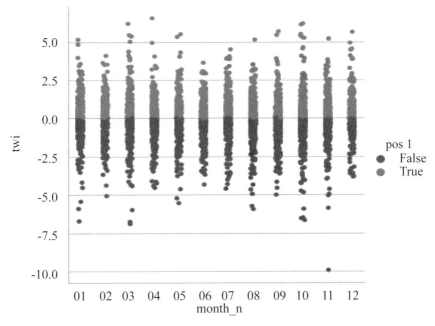

圖 9-33　twi 變數觀察值之 catplot（按照 month_n 與 pos1 變數分類）

圖 9-32 就是根據上述指令所繪製而成，其提醒使用者注意 catplot 的形狀有多種選擇，即再檢視圖 9-33 與 9-34 二圖，其對應的指令為：

```
df['month_n'] = df.index.strftime("%m")
# 圖 9-33
sns.catplot(x="month_n", y="twi", hue="pos1",
            data=df, kind="strip")
# 圖 9-34
sns.catplot(x="month_n", y="twi", hue="pos1", row='pos2',
            data=df, kind="boxen")
```

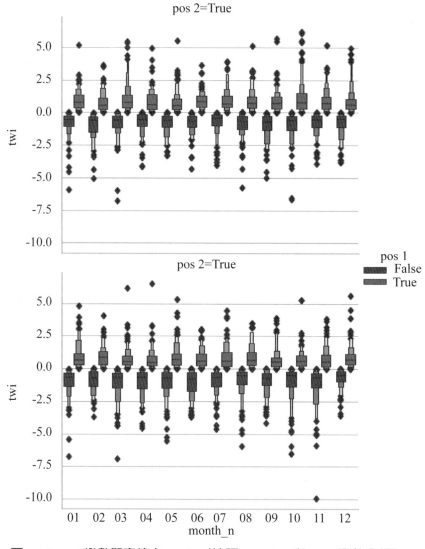

圖 9-34　twi 變數觀察值之 catplot（按照 month_n 與 pos1 變數分類）

boxplot(.) 函數指令

　　檢視圖 9-35，該圖亦繪製出 twi 變數觀察值的分配（離散）圖（按照 day 變數分類），不過其卻是使用 boxplot(.) 函數指令繪製。圖 9-35 是一種盒狀圖，詳見《統計》。圖 9-35 亦可擴充如圖 9-36 所示，上述二圖對應的指令為：

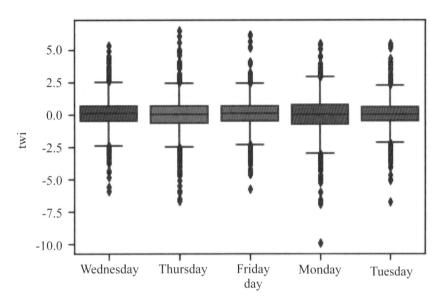

圖 9-35　twi 變數觀察值之 boxplot（按照 day 變數分類）

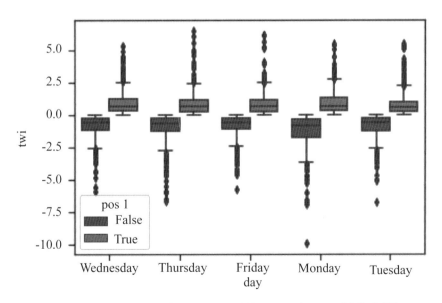

圖 9-36　twi 變數觀察值之 boxplot（按照 day 與 pos1 變數分類）

```
# 圖 9-35
sns.boxplot(x="day", y="twi", data=df)
# 圖 9-36
sns.boxplot(x="day", y="twi", data=df,hue='pos1')
```

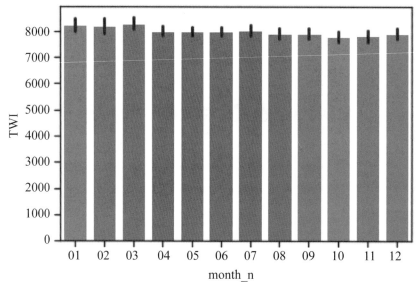

圖 9-37　TWI 變數觀察值之 barplot（按照 month_n 分類）（平均數）

barplot(.) 函數指令

我們再來看另外一種「長條圖」的繪製如圖 9-37 所示，該圖對應的指令為：

```
sns.barplot(x="month_n", y="TWI", data=df,estimator= np.mean)
```

其中 estimator= np.mean 為預設值（可省略）。圖 9-37 的結果與之前繪製的長條圖如圖 9-22 的結果不同，其中後者是類別變數觀察值出現的個數。至於圖 9-37 的結果呢？其乃表示於不同月分下，TWI 變數觀察值平均數的估計值，其中黑直線表示 95% 信賴度（不含抽樣誤差[④]），其為預設值（可省略）；換言之，我們也可以將圖 9-37 內的估計式改為標準差，可得圖 9-38 的結果，其對應的指令為：

[④] 抽樣誤差的定義可參考《統計》。

```
sns.barplot(x="month_n", y="TWI", data=df,estimator= np.std)
```

因此，圖 9-38 的結果可再延伸如圖 9-39 所示。圖 9-39 的指令爲：

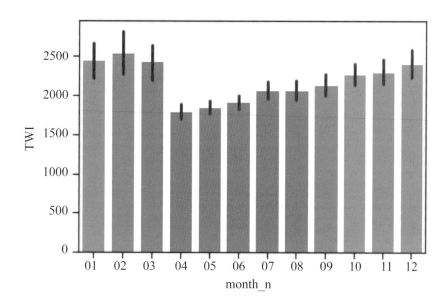

圖 9-38　TWI 變數觀察值之 barplot（按照 month_n 變數分類）（標準差）

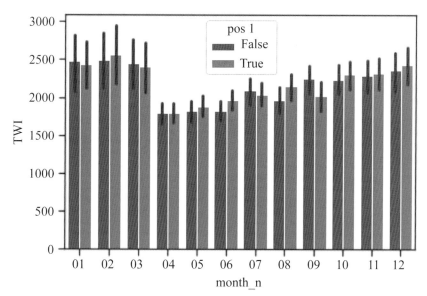

圖 9-39　TWI 變數觀察值之 barplot（按照 month_n 與 pos1 變數分類）（標準差）

```
sns.barplot(x="month_n", y="TWI", data=df, estimator= np.std, hue='pos1')
```

讀者可再練習看看（參考使用手冊）。

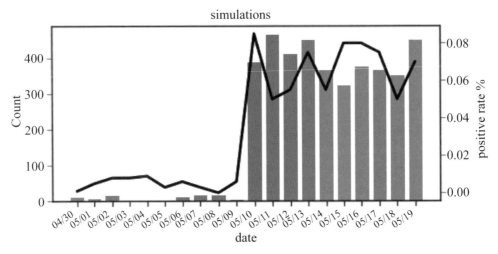

圖 9-40　　長條圖與線圖的合併

例 1　二圖的合併

　　檢視圖 9-40，該圖是長條圖與線圖的合併（可留意左右縱軸座標之不同）。
圖 9-40 內的資料框可用下列指令建立：

```
import datetime as dt
cond = dt.datetime(2021, 4, 30, 0, 0, 0, 0)
date3 = []
for i in range(20):
    date3.append(date2[i].strftime("%m/%d"))
np.random.seed(12)
df = pd.DataFrame(np.random.choice(range(20), 10))
df1 = pd.DataFrame(np.random.choice(range(250, 500), 10))
Df = pd.concat([df, df1], ignore_index=True)
Df.columns = ['Count'];Df['date'] = date3
np.random.seed(1256)
y1 = pd.DataFrame(np.random.choice(np.arange(0.00, 0.01, 0.001), 10))
y2 = pd.DataFrame(np.random.choice(np.arange(0.05, 0.1, 0.005), 10))
y12 = pd.concat([y1, y2], ignore_index=True)
Df['positive_rate'] = y12
```

再來繪製圖 9-40 的指令為：

```
fig, ax1 = plt.subplots(figsize=(8,4))
color = 'tab:orange'
ax1.set_title('simulations', fontsize=16)
ax1.set_xlabel('date', fontsize=16)
ax1.set_ylabel('Count', fontsize=16)
ax1 = sns.barplot(x = 'date',y='Count', data = Df)
ax1.tick_params(axis='y', color=color)
ax2 = ax1.twinx()
ax2.set_ylabel('positive rate %', fontsize=16)
ax2 = sns.lineplot(x='date', y='positive_rate', data = Df, sort=False, lw=3,
                   color="black",err_style="bars")
ax2.tick_params(axis='y', color=color)
fig.autofmt_xdate()
```

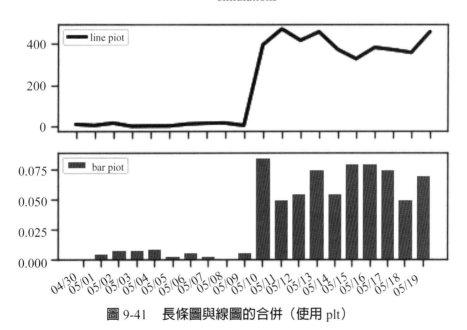

圖 9-41　長條圖與線圖的合併（使用 plt）

例2　使用模組（matplotlib.pyplot）

續例 1，我們亦可以使用模組（matplotlib.pyplot）內的指令：

```
fig, (ax1, ax2) = plt.subplots(2)
fig.suptitle('Simulations')
ax1.plot(Df.date, Df.Count, lw=3, color='black', label='line plot')
ax1.legend(fontsize=8)
ax2.bar(Df.date, height=Df.positive_rate, label='bar plot')
ax2.legend(fontsize=8)
fig.autofmt_xdate()
```

可得圖 9-41。

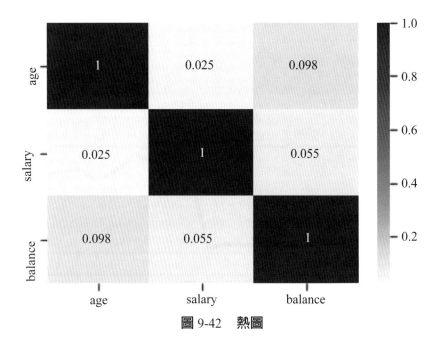

圖 9-42　熱圖

例3　heatmap(.) 函數

　　試下列指令：

```
sns.heatmap(Data[['age','salary','balance']].corr(),
            annot=True, cmap = 'Reds')
```

可得「熱圖」如圖 9-42 所示。從圖 9-42 內可看出三變數之間的關係，再試：

```
Data[['age','salary','balance']].corr()
#              age     salary    balance
# age      1.000000  0.024513  0.097710
# salary   0.024513  1.000000  0.055489
# balance  0.097710  0.055489  1.000000
```

上述結果可與圖 9-42 比較。

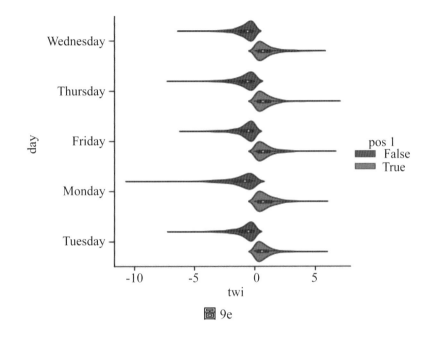

圖 9e

習題

(1) 試解釋 barplot(.) 函數指令的意思。

(2) 我們如何計算圖 9-37 內 TWI 某月的平均數。

(3) 以信賴度為 75% 重新繪製圖 9-37。

(4) 以信賴度為 95%（含抽樣誤差）重新繪製圖 9-37。

(5) catplot 圖亦可以用「水平」的方式顯示，試舉一例說明。提示：參考圖 9e。

(6) barplot 圖亦可以用「水平」的方式顯示，試舉一例說明。

參考文獻

Beazley, D. and B.K. Jones (2013), *Python Cookbook*, third edition, O'Reilly.

Katari, Kaushik (2020), "Exploratory data analysis (EDA): Python", in https:// towardsdatascience .com/exploratory-data-analysis-eda-python-87178e35b14.

Lutz, M. (2009), *Learning Python*, fourth edition, O'Reilly.

Maindonald, J. and W.J. Braun (2003), *Data Analysis and Graphics: Using R – an Example-Based Approach*, third edition, Cambridge University Press.

Mckinney, W. (2018), *Python for Data Analysis*, second edition, O'Reilly.

Sargent, T.J. and J. Stachurski (2021), "Pandas for panel data", in *Quantitative Economics with Python*. In https://python.quantecon.org //pandas_panel.html.

Wes McKinney and the Pandas Development Team (2021), *pandas: powerful Python data analysis toolkit*, Release 1.2.4.

中文索引

英文索引

國家圖書館出版品預行編目資料

資料處理：使用Python語言/林進益著. -- 初
版. -- 臺北市 ： 五南圖書出版股份有限公
司，2021.09
　面； 公分

ISBN 978-626-317-059-9(平裝)

1.Python(電腦程式語言)

312.32P97　　　　　　　110012858

1H2Z

資料處理：使用Python語言

作　　者 ― 林進益

發 行 人 ― 楊榮川

總 經 理 ― 楊士清

總 編 輯 ― 楊秀麗

主　　編 ― 侯家嵐

責任編輯 ― 侯家嵐　鄭乃甄

文字校對 ― 黃志誠

封面設計 ― 姚孝慈

出 版 者 ― 五南圖書出版股份有限公司

地　　址：106台北市大安區和平東路二段339號4樓

電　　話：(02)2705-5066　傳　　真：(02)2706-6100

網　　址：https://www.wunan.com.tw

電子郵件：wunan@wunan.com.tw

劃撥帳號：01068953

戶　　名：五南圖書出版股份有限公司

法律顧問　林勝安律師事務所　林勝安律師

出版日期　2021年9月初版一刷

定　　價　新臺幣480元